全国环境影响评价工程师职业资格考试系列参考资料

环境影响评价案例分析
基础过关 50 题

（2014 年版）

何新春　主编

中国环境出版社·北京

图书在版编目（CIP）数据

环境影响评价案例分析基础过关 50 题：2014 年版/
何新春主编. —7 版. —北京：中国环境出版社，2014.3
全国环境影响评价工程师职业资格考试系列参考资料
ISBN 978-7-5111-1733-5

Ⅰ．①环…　Ⅱ．①何…　Ⅲ．①环境影响—评价—案
例—工程技术人员—资格考试—习题集　Ⅳ．①X820.3-44

中国版本图书馆 CIP 数据核字（2014）第 027489 号

出 版 人	王新程
责任编辑	黄晓燕
文字编辑	李卫民
责任校对	扣志红
封面制作	宋 瑞

出版发行　中国环境出版社
　　　　　（100062　北京市东城区广渠门内大街 16 号）
　　　　　网　　址：http://www.cesp.com.cn
　　　　　电子邮箱：bjgl@cesp.com.cn
　　　　　联系电话：010-67112765（编辑管理部）
　　　　　　　　　　010-67112735（环评与监察图书出版中心）
　　　　　发行热线：010-67125803，010-67113405（传真）
印　　刷　北京中科印刷有限公司
经　　销　各地新华书店
版　　次　2007 年 3 月第 1 版　2014 年 3 月第 7 版
印　　次　2014 年 3 月第 1 次印刷
开　　本　787×960　1/16
印　　张　16.5
字　　数　300 千字
定　　价　43.00 元

本书编委会

前　言

近几年环评工程师职业资格考试越来越重实践、重运用，尤其是《环境影响评价案例分析》（以下简称《案例分析》）这一科，题目灵活多变，考点复杂多样。有许多考生连续几年均因《案例分析》而折戟沉沙，个中原因多样：有的考生"跨界"参考，无实践环评经验；有的考生从事环评多年，苦于涉及的行业单一，无法应对多样化的考题；还有一部分考生只注重死记硬背，结果事倍功半。

如何帮助考生在《案例分析》复习备考方面闯出一条新路？

总结近几年在环评师考前辅导的经验，结合考生的备考心得和教训，总结出一条经验：《案例分析》的复习不能靠单一的记忆，而应该使用技术导则、技术方法的知识内容进行分析，在理解行业案例特点的前提下进行复习。据此，笔者对 2014 年《环境影响评价考试大纲》进行了研究，结合近 8 年环评师案例分析考试的出题特点和考查重点，对本书原有内容进行了第七次修订。本书具有以下三个特点：

第一，书中所有案例均来自实践，为了高度仿真案例考试真题，由长期从事环境影响评价工作的资深环评师和专家进行了提炼、总结，涉及的案例考题与 2014 年《环境影响评价考试大纲》中"案例分析"的考试要点一一对应。

第二，本书除给出案例分析习题的"参考答案"外，还对每个案例涉及的问题进行了"考点分析"，以便让考生能迅速掌握考试重点，节省复习时间。

第三，书中各案例问题的设计，既注重体现各行业领域的特点，保证考题的涵盖范围，又提炼、总结了各案例的共性，并专门设计了"举一反三"部分，以便考生通过一道题，掌握一类知识点，触类旁通。这也正是近年来案例考试真题的特点。

本书对 2013 版《案例分析基础过关 50 题》出现的部分错误进行了更正，对少数不严谨的内容进行了修改。以后还会根据案例分析考试的实际特点和考生的需要不断及时更新。尤其是，本次修订综合案例分析考试的出题特点新增了部分行业的高频案例和高频考点，以便于考生抓住重点，达到事半功倍的复习效果。

本书修改过程中，得到中国环境科学研究院、北京国电华北电力工程有限公司、上海宝钢工程技术有限公司、河南省煤田地质局资源环境调查中心的环保同仁及广大网友考生的指导和帮助，在此一并致谢。同时感谢中国环境出版社黄晓燕、李卫民两位编辑为本书付出的辛勤劳动。

由于编者水平有限，书中肯定会有些不尽如人意之处，欢迎广大读者和环评界同仁不吝指正。作者邮箱：frankhxc@163.com。

何新春

2014 年 2 月于北京

《环境影响评价案例分析》考试注意事项

考试目的：通过本科目考试，检验具有一定实践经验的环境影响评价专业技术人员运用环境影响评价相关法律法规、技术导则与标准、技术方法解决环境影响评价实际问题的能力。

考试时间：180分钟（三个小时）

考试题目：卷面共计八道题目，2005年和2006年必答题为两道（全部为客观题），另外六道主观题选做四道；2007年至今均采用八道题选做六道（八道题全部为主观题）的形式进行。

答题方式：在提供的专用答题卡上规定的区域内进行作答，采用计算机网络阅卷方式计分。

从前三年的考试情况来看，有近80%的考生未能一次性通过考试，这主要是由于案例分析考试科目失败而造成的，可见案例考试已成为环评师考试最难的一道关口。因此，要通过环评师职业资格考试，就必须在备考复习阶段制定好复习战略，逐步提高自己的案例应试能力和技巧。根据高分通过环评师考试的人员总结的经验，将案例分析考试注意事项总结如下，作为大家复习应试的参考，希望能对广大考生有所帮助。

一、考试前认真系统地复习

1. 树立自信心，合理安排复习时间

很多未从事过环评工作的考生参加这类考试信心不足。有些考生没有真正从事过环评工作，或者只从事过与环评相关的工作，比如环境监测、环境管理、环境影响评价研究等，有的考生甚至从事的工作与环评工作风马牛不相及，往往自己担心考不过，其实这种担心是没必要的。俗话说："自卑生灰心，灰心生失望，失望生动摇，动摇生失败。"很多考生担心自己会过不了关，这是一种习惯性思维，如果拥有了自信，换种思路你就会发现，成功和失败的机会是均等的。如果你心理的天平偏向失败，压力也就随之加大，应有的成绩会因此而打"折扣"；如果在拼搏中憧憬成功，就会增添向命运挑战的勇气和力量。

环评师考生们无论是考四科，还是考两科，都要绷紧一根弦，对于考四科的考生来说，可能更需要决心，因为信心和决心不足，压力就不到位。无论考几科，都要树立破釜沉舟、一次通过全部考试科目的决心。

考试成绩与是否从事过环评工作有一定的关系，但不是必然的关系。三年来就有很多从事过十几年或者二十几年环评工作的前辈没有通过环评考试，而很多未从事过环评工作的考生却顺利通过。因此成功的关键是树立自信心＋方法技巧！

另外前四年很多考生在考完后，总结没有通过的原因时大多都是没有时间，仅仅看了遍书来不及复习做习题。所以，合理安排时间，处理好工作和学习的关系显得尤为重要。

2．全面有序地复习

考试命题往往"万变不离其宗"。环评案例考试的成功，取决于扎实的知识基础和灵活运用知识的能力。案例分析实际上就是考查法律法规、导则标准和技术方法在特定环评案例中的运用，它重点考查的是考生对案例的整体把握和对前三科各知识点的系统掌握情况。因此不能孤立地看案例教材，应当结合前三科的知识点进行系统和全面有序的复习，并应制订一个详细的复习计划，对前三科的内容至少要看两到三遍，相关知识点一定要掌握。对于案例，特别是自己不熟悉的行业的知识要努力做到多看熟记，把握同类项目的分析要点。

3．把握要点、紧扣考试大纲

考试大纲是考试命题的依据和根本，也是考生对课程进行复习的依据。考试大纲规定了课程考试的内容、范围和深度。因此一定要根据大纲提出的要求，结合教材，全面地理解和掌握大纲的内容，并尽力做到融会贯通。

厚厚的案例教材复习时也有一定的难度，但从四年来的案例考题来看，考题中出现的行业一般不会超出教材的范围，近四年来考试涉及的行业都可在教材中找到其影子，复习时还要特别注意每个案例后面专家的点评意见，这往往是出题者设计问题的源泉。因此，案例教材的全部案例务必要通读，通读时注意总结这类行业的共性与本案例的个性。

复习完各科的教材后，可以选择一些好的案例模拟题认真地做一做，以便更好地熟悉考试题型和检测复习程度。做题对将来考试很有帮助，做题的时候应该对自己提一些要求，比如说完全按照考试要求的时间来做。

二、考试前的准备工作

考试时由于每位考生的各科考场地点是计算机随机抽选的，所以考试地点会很分散，考生应该至少在考试头一天找好考试地点，熟悉一下考场环境。考试前出发时一定要检查一下考试所需的证件（俗称"两证"，即准考证和身份证），检查是否带好考试需要用的 2B 铅笔（至少准备 2 支）、0.5 mm 的黑色钢笔或签字笔（至少准备 2 支）和无编辑功能、无声、无存储功能的计算器。

2B 铅笔注意要把笔尖削成扁的，这样在填涂的时候，只要画一道就能涂满整个框了，以节约时间。橡皮应当配合 2B 铅笔使用"绘图橡皮"。计算器应当在考试前仔细阅读说明书，熟练掌握类似于 X 的 Y 次方、Exp 之类常用的功能，这会在考试中起到不小的作用，可大量节省时间。

三、考试时策略——先易后难，通览试卷，做到心中有数

本科考试共八道大题，选做六道，时间相当紧。在考场上，要"遇难心不慌，遇易心更细"，沉着冷静，从容应考；要以大局为重，不能因一道题不会做，影响整场考试。要果断地放弃自己没有思路的题，以节约时间做其他的试题。会做的题不能错，回答问题时要切中得分点。考试时要避免两种不良倾向：一是思想静不下来，心神不定，不知从哪个题目做起，耽误了时间；二是在某一题上花过多的时间，影响做其他题目。要做到会多少答多少，即使是没有把握也要敢于写，碰碰运气也无妨。

拿到考卷后，首先要浏览全部的试题，先选择自己熟悉的案例题目，认真读题，要有将文字转化为图示和将图示转化为文字的能力。在分析题目的基础上，将题目所涉及的各个知识点都联系起来，挖掘出若干个潜在条件和知识之间的内在联系，并针对考点运用相应的法律法规、导则标准和技术方法进行解答。答题时一定要把握住要点来回答，每道大题一般有 5～8 个小题，每个小题一般为 3～6 分，因此要点最多不会超过 10 个。回答时一定要择要点来回答，切忌将问题展开，切忌整段整段地回答，并将考试时间合理分配（每道题目 30 分钟左右），避免发生考试时间不够用的情况。从某个角度来讲，答完题目考试就成功了一半。

回答问题时力求精准，遣词造句力求专业。尤其在生态类案例考题答题时务必恰当使用专业术语。例如植被群落方面的术语：植被类型、种类、分布，植被覆盖率、频度、密度、优势度，物种重要值、物种量，生物量、生物多样性、群落异质性、生态系统完整性、稳定性；再如水土流失方面的术语：土壤侵蚀模数、面积等；还有农田使用方面的术语：基本农田情况、农田土地质量、土壤类型及肥力、农田土地生产力、土地利用方向、土壤理化性质等。

四、案例考试温馨提示

目前环境影响评价职业资格考试《环境影响评价案例分析》科目为计算机网络阅卷，要求考生必须在专门提供的答题卡上作答，因此答题前一定要认真阅读有关注意事项。在答题时应该注意以下几个方面：

（1）考生要特别注意试卷一拿到手就必须先检查试卷有无题目字迹不清晰、发错、掉页及漏页等情况发生，切忌一拿着试卷就做；考生遇分发错误及试题字迹不清等问题，可举手示意询问；涉及试题内容的疑问，则不得向监考员询问。

（2）客观题（选择题）必须使用 2B 铅笔在指定区域填涂，2B 铅笔最好是国家正规生产厂家生产的，因为质量不合格的铅笔会影响计算机阅读。

（3）主观题（文字回答题）必须使用 0.5 mm 的黑色钢笔或签字笔，不得使用铅笔、红笔、蓝色的钢笔或圆珠笔等其他笔书写。如遇到案例作图题可先用铅笔绘出，经确认后，再用 0.5 mm 黑色墨水签字笔描清楚。

（4）回答问题时一定要看清楚题目编号，并在指定区域内和相对应的题号下作答，切忌答错区域；切勿超出规定的黑色边框，超出答题区域书写的答案无效。

（5）考生应当书写工整、字迹清晰可辨，不要写得太细长，字距要适当，答题行距不宜过密，以便最后能得到清晰的扫描图像。

（6）答题卡必须保持清洁，不得折叠和污损。

（7）主观题目回答完后一定要在前面指定的地方涂黑。

（8）在试卷每一页的上方请务必填写考生的姓名、考号和工作单位。

（9）回答主观题答题的时候，如需要对答案进行修改，可用修改符号将该书写内容划去，千万不要在原地改得乱七八糟。然后紧挨着在其后或上下方写出新的答案，修改部分书写时与正文一样不能超过该题答题区域的矩形边框，否则修改的答案无效。修改答案时，禁止使用涂改液和修正胶带纸。

（10）切记不要将手机带到考场座位上，这有可能导致考生的分数为零分并以作弊论处。

最后，衷心地祝福每一位参加环评考试的考生们都能考出自己满意的成绩！

目　　录

一、轻工纺织化纤类 1

案例1　新建生猪屠宰项目 1

案例2　制浆造纸技改项目 5

案例3　新建70万t/a林纸一体化项目 12

案例4　年产3万t黏胶纤维项目 17

案例5　年产2.5万张牛皮革新建项目 20

案例6　新建纺织印染项目 24

二、化工石化及医药类 28

案例1　新建石化项目 28

案例2　离子膜烧碱和聚氯乙烯项目 31

案例3　化学原料药生产项目 34

案例4　某化工制造工程 38

案例5　对氨基苯磺酰胺制造工程 42

案例6　某化工改扩建项目 48

三、冶金机电类 53

案例1　新建电子元器件厂项目 53

案例2　新建汽车制造项目 57

案例3　铜精矿冶炼厂扩建改造工程 71

案例4　80万t/a竖炉球团项目 76

案例5　金属铜熔炼厂项目 80

案例6　矿山冶金设备制造项目 86

案例7　电解铜箔项目 90

四、建材火电类 93

案例1　煤矸石电厂项目 93

案例2　新建热电联产项目 97

案例3　热电厂"上大压小"项目 105

案例4　水泥项目 110

五、输变电及广电通信类 116

案例1　500 kV输变电工程 116

案例2　珠三角双回500 kV输变电项目 121

六、社会区域 124

案例1　新建80万m³/d自来水厂项目 124

案例 2　新建 10 万 t/d 污水处理厂项目 128

案例 3　污水处理厂项目 133

案例 4　危险废物处置中心项目 138

案例 5　300 万 t 垃圾填埋场项目 144

案例 6　新建住宅小区项目 150

七、采掘类 153

案例 1　新建铜矿项目 153

案例 2　露天金属矿改扩建项目 157

案例 3　洋丰油田开发项目 160

案例 4　1 200 万 t 煤矿项目 165

案例 5　古圣砂岩开采项目 172

案例 6　某选矿厂尾矿库项目 177

八、交通运输类 183

案例 1　新建成品油管道工程 183

案例 2　道路改扩建项目 188

案例 3　新建高速公路项目 191

案例 4　新建铁路建设项目 196

九、农林水利类 199

案例 1　新建水库工程 199

案例 2　跨流域调水工程 202

案例 3　新建水利枢纽工程 205

案例 4　梯级开发引水式电站项目 209

案例 5　水电站扩建项目 213

十、规划环境影响评价 216

案例 1　用地性质调整规划项目 216

案例 2　煤矿矿区规划环评 220

案例 3　水电规划环评 223

案例 4　工业园规划环评项目 227

十一、验收监测 233

案例 1　某综合医院竣工环保验收项目 233

案例 2　铜冶炼竣工环保验收监测项目 238

十二、验收调查 241

案例 1　高速公路竣工验收项目 241

案例 2　山西省某煤矿工程竣工环保验收调查 246

案例 3　某井工煤矿竣工验收调查 249

一、轻工纺织化纤类

案例1 新建生猪屠宰项目

【素材】

B 企业拟在 A 市郊区原 A 市卷烟厂厂址处(现该厂已经关闭)新建屠宰量为 120 万头猪/年的项目(仅屠宰,无肉类加工),该厂址紧临长江干流,A 市现有正在营运的日处理规模为 3 万 t 的城市污水处理厂,距离 B 企业 1.5 km。污水处理厂尾水最终排入长江干流(长江干流在 A 市段水体功能为 II 类)。距 B 企业、沿长江下游 7 km 处为 A 市饮用水水源保护区。

工程建设后工程内容包括:新建 4 t/h 的锅炉房、6 000 m² 待宰车间、5 000 m² 分割车间、1 000 m² 氨机房、4 000 m² 冷藏库。配套工程有供电工程、供汽工程、给排水工程、制冷工程、废水收集工程及焚烧炉工程等。工程建成后所需的原材料有:生猪(生猪进厂前全部经过安全检疫)、液氨、包装纸箱、包装用塑料薄膜。项目废水经调节池后排入城市污水处理厂处理。牲畜粪尿经收集后外运到指定地方堆肥处置。

A 市常年主导风向为东北风,A 市地势较高,海拔为 789 m,属亚热带季风气候区,厂址以西 100 m 处有居民 260 人,东南方向 80 m 处有居民 120 人。

【问题】

请根据上述背景材料,回答以下问题:

1. 应从哪些方面论证该项目废水送城市污水处理厂处理的可行性?

2. B 企业拟在长江干流处新建一个污水排放口,请问是否可行并说明理由。如果不可行,拟建项目的污水如何处理?

3. 该项目竣工大气环境保护验收监测如何布点?

4. 针对该工程的堆肥处置场应关注哪些主要的环保问题?

5. 该建设项目的评价重点是什么?

【参考答案】

1. 应从哪些方面论证该项目废水送城市污水处理厂处理的可行性?

答:该项目废水送城市污水处理厂处理的可行性主要从如下几方面进行论证:

（1）城市污水处理厂目前的处理工艺是否满足当前城市污水污染物的处理要求，处理效率是否满足达标排放的要求，最大处理能力是多少，目前接纳污水规模为多少，剩余污水处理能力是多少；

（2）调查该污水处理厂的接管水质要求，尤其是是否对某些污染物有特别严格的限制要求；

（3）分析本项目污水产生量是否小于污水处理厂的剩余处理能力；项目污水量及排放方式是否会冲击市政污水处理厂的处理工艺，影响其处理效率；

（4）本项目污染物种类、污染物浓度等是否满足城市污水处理厂的接管要求；污染物的种类、浓度等是否满足污水处理厂处理工艺的要求；

（5）项目附近是否属于城市污水处理厂的收水范围。附近有无市政污水排水管网。

2．B 企业拟在长江干流处新建一个污水排放口，请问是否可行并说明理由。如果不可行，拟建项目的污水如何处理？

答：不可行。理由：长江属特大水体，为 II 类水体功能。《污水综合排放标准》中规定："I 类、II 类和 III 类水域中划定的保护区，禁止新建排污口。"对于 B 企业产生的生产废水和生活污水可自建厂区污水处理站进行预处理，尾水排入 3 万 t/d 城市污水处理站处理，最终达标后排入长江。排入设置二级污水处理厂的城镇排水系统的污水，执行三级标准。

3．该项目竣工大气环境保护验收监测如何布点？

答：该项目竣工大气环境保护验收监测布点如下：

（1）锅炉及焚烧炉废气。大气监测断面布设于废气处理设施（锅炉除尘器以及焚烧炉）各单元的进出口烟道、废气排放烟道。

（2）待宰车间及分割车间、污水处理站产生的恶臭。监控点在单位周界外 10 m 范围内浓度最高点。监控点最多可设 4 个，参照点设 1 个。

4．针对该工程的堆肥处置场应关注哪些主要的环保问题？

答：该工程的堆肥处置场应关注的主要环保问题包括：

（1）固体废物处理处置过程中产生的大气污染问题，尤其是猪粪尿容易产生的恶臭问题以及卫生防护距离内居民的搬迁问题；

（2）猪粪尿里病原生物的污染与传播对健康产生的威胁问题；

（3）冲洗及部分屠宰废水的污染及处置问题；

（4）堆肥处置过程中的渗滤液对地下水的污染问题；

（5）堆肥处置过程中容易产生的机器噪声污染问题；

（6）堆肥处置过程中的渗滤液可能对土壤产生的污染问题；

（7）堆肥处置场对城市规划及景观的影响问题。

5．该建设项目的评价重点是什么？

答：对原 A 市卷烟厂遗留的大气、土壤、生态等环境问题做回顾性评价，大气环境影响预测与评价，地表水环境影响预测与评价（着重分析生产废水及生活污水对长江干流及 A 市饮用水水源保护区有无影响），固体废物影响分析评价，清洁生产分析，施工期生态环境影响（水土流失），环境污染防治措施及经济技术可行性分析，长江水环境承载力分析，拟选厂址合理性分析及评述，环境风险评价（液氨泄漏造成的环境风险），卫生防护距离内居民的搬迁与安置。

【考点分析】

1. 应从哪些方面论证该项目废水送城市污水处理厂处理的可行性？

《环境影响评价案例分析》考试大纲中"六、环境保护措施分析（2）分析污染控制措施及其技术经济可行性"。

本题是 2011 年案例分析考试的一个小题，从这个题可以看出现在案例考试侧重解决实际问题，希望考生从此题的出题点领悟到案例考试复习的诀窍。

举一反三：

本项目属于依托可行性的论证问题，一般情况下可以从三方面考虑：

（1）被依托对象的处理能力、处理工艺及其对收纳污染物的特殊要求；

（2）污染物排放的规模、浓度是否满足被依托对象的要求；

（3）项目与被依托对象之间是否存在距离、高差等客观情况的限制。

2. B 企业拟在长江干流处新建一个污水排放口，请问是否可行并说明理由。如果不可行，拟建项目的污水如何处理？

《环境影响评价案例分析》考试大纲中"一、相关法律法规运用和政策、规划的符合性分析（1）分析建设项目环境影响评价中运用的法律法规的适用性；（2）分析建设项目与相关环境保护政策及产业政策的符合性"。

本题考点为《污水综合排放标准》关于禁止新建排污口的规定。对于厂区污水处理问题，企业可建设厂区自建污水处理站将废水进行预处理（执行三级标准）后进入 A 市污水处理站，尾水经处理达标后排入长江。

举一反三：

《污水综合排放标准》规定："GB 3838 中 I、II 类水域和III类水域中划定的保护区，GB 3097 中一类海域，禁止新建排污口，现有排污口应按水体功能要求，实行污染物总量控制，以保证受纳水体水质符合规定用途的水质标准。"

3. 该项目竣工大气环境保护验收监测如何布点？

《环境影响评价案例分析》考试大纲中"八、建设项目竣工环境保护验收监测与调查（4）确定建设项目竣工环境保护验收监测点位"。

本题考点主要是竣工环境保护验收监测布点原则及点位的布设。本项目大气环境监测包括有组织排放（锅炉除尘器以及焚烧炉）和无组织排放（氨和硫化氢）两个方面。

举一反三：

有组织排放的监测点位，布设于废气处理设施各处理单元的进出口烟道、废气排放烟道。大气监测点位按《固定污染源排气中颗粒物测定与气态污染物采样方法》（GB/T 16157—1996）要求布设。

无组织排放的监测点位：二氧化硫、氮氧化物、颗粒物和氟化物的监控点设在无组织排放源的下风向 2～50 m 的浓度最高点，相对应的参照点设在排放源上风向 2～50 m，其余污染物的监控点设在单位周界外 10 m 范围内浓度最高点。监控点最多可设 4 个，参照点只设 1 个。

4．针对该工程的堆肥处置场应关注哪些主要的环保问题？

《环境影响评价案例分析》考试大纲中"四、环境影响识别、预测与评价（1）识别环境影响因素与筛选评价因子"。

本项目的堆肥处置场属于项目的环保工程，但该工程同样产生废水、废气、噪声等相关污染物，考试作答时应结合书本知识灵活运用。

举一反三：

本项目的参考答案可参考垃圾填埋场的环境影响。但要注意屠宰废物堆肥处置的特殊性。

5．该建设项目的评价重点是什么？

《环境影响评价案例分析》考试大纲中"四、环境影响识别、预测与评价（5）确定评价重点"。

通过判断建设项目环境影响的主要因素及产生的主要环境问题，确定该项目的评价重点。从该项目实际及周边环境出发，分析主要的环境影响和评价重点，以水、大气、固体废物等为基本因素，重点考虑环境承载力以及施工期和营运期两个阶段的影响，评价建设项目的厂址合理性，并要特别注意根据工程行业特点分析可能引起的环境风险。

案例 2 制浆造纸技改项目

【素材】

某纸厂位于长江下游，现有一个制浆车间，4 个抄纸车间，一个热电车间，一个碱回收车间和配套的公用、储运、环保工程，生活区等。制浆车间有 3 万 t/a 化学麦草浆生产线一条，抄纸车间有长网纸机 8 台、机制纸产量 5 万 t/a，热电车间有 3 台 35 t/h 链条炉配 9 MW 抽凝式汽轮机，碱回收车间有 150 t/d 碱回收炉一座。根据地区总量分配指标，该厂 2012 年排放总量指标为 SO_2 1 000 t/a、NO_x 1 200 t/a、COD 2 200 t/a、氨氮 200 t/a。该厂现有总量排放量为 SO_2 1 989 t/a、NO_x 1 976 t/a、COD 2 200 t/a，氨氮 600 t/a。

该纸厂拟通过技改淘汰现有麦草浆生产线，新建 60 万 t/a 硫酸盐化学浆和配套 400 万亩林基地。

新建制浆项目依托原厂建设于长江边，该项目主要包括备料、化浆和浆板车间等工艺生产车间，碱回收车间、热电站、化学品制备厂、空压站、机修、白水回收、堆场及仓库等辅助生产车间，及给水站、污水处理站、配电站、消防、场内外运输、油库、办公楼及职工生活区等公用工程，污水处理站、灰渣场等环保工程，年运行天数 330 天、7 920 h。年运行综合能耗（标煤）498 kg。碱回收车间日处理黑液 15 000 t、固形物 2 400 t，碱回收率 98%，碱自给率 100%，520 t/h 碱炉为低臭性碱炉，烟气经静电除尘后经 100 m 烟囱排放，烟气量 6.5×10^5 m^3/h，粉尘浓度 50 mg/m^3、SO_2 浓度 100 mg/m^3、NO_x 浓度 150 mg/m^3、TRS（以 H_2S 表示）12 mgS/m^3；白泥回收石灰窑烟气经静电除尘后经 60 m 烟囱排放，烟气量 5.0×10^4 m^3/h，粉尘浓度 50 mg/m^3、SO_2 浓度 100 mg/m^3、NO_x 浓度 200 mg/m^3、TRS（以 H_2S 表示）6 mgS/m^3。热电厂拟建 220 t/h 燃煤循环流化床锅炉一台，配 37 MW×3（2 用 1 备）双抽-冷凝汽轮发电机组，年平均热电比 280%、年平均总热效率 55%，锅炉烟气经电袋除尘和湿法脱硫后经 100 m 烟囱排放，烟气量 2.4×10^5 m^3/h，粉尘浓度 20 mg/m^3、SO_2 浓度 60 mg/m^3、NO_x 浓度 300 mg/m^3，灰渣 100%综合利用并同步建设事故周转灰场。项目平均用水量 80 000 m^3/d，平均排水量 73 000 m^3/d，经处理后排长江，设计排水水质为 COD 90 mg/L、氨氮 8 mg/L，排污口位于长江岸边，排污口附近河宽 480 m，平均流速 0.3 m/s、平均水深 7 m，坡度 0.001。

该项目拟建 400 万亩①林基地，包括桉树林、相思树林、松树林。其中改造现有林地 200 万亩，新造浆纸林 200 万亩，林基地项目区最长长度为 40km，项目区内有水源涵养功能区 2 个，生物多样性保护功能区 3 个，土壤保持功能区 3 个。项目林基部分位于以上生物多样性保护功能区。新造浆纸林分布在海拔 500 m 以下、坡度小于 25°的宜林地，整地采用机械带全垦，挖大穴，施基肥，造林方式采用树种多样性、空间多样性混交造林。

年产 60 万 t 硫酸盐化学浆，年需原木 246 万 m^3，该项目 400 万亩林基地年提供木材 400 万 m^3，按出材率 70%、保证率 90%考虑，可满足纸浆的原料需求。

【问题】

1．该项目建设是否符合产业政策？请说明理由。

2．该项目林基地生态影响评价应为几级？其生态影响评价应包括哪些主要内容？（生态影响导则判据见附 1）

3．请计算该项目排污口下游混合过程段长度。

$$L = \frac{(0.4B - 0.6a)Bu}{(0.058H + 0.006\,5B)\sqrt{gHi}}$$

4．请核算该项目主要污染物排放总量，并判断是否符合总量控制要求。为满足总量控制要求，应采取何种措施？

附 1：《环境影响评价技术导则—生态影响》（HJ 19—2011）表 1。

表 1　生态影响评价工作等级划分表

影响区域生态敏感性	工程占地（含水域）范围		
	面积≥20 km^2 或长度≥100 km	面积 2～20 km^2 或长度 50～100 km	面积≤2 km^2 或长度≤50 km
特殊生态敏感区	一级	一级	一级
重要生态敏感区	一级	二级	三级
一般区域	二级	三级	三级

【参考答案】

1．该项目建设是否符合产业政策？请说明理由。

答：该项目建设符合产业政策。理由如下：

---

① 1 亩=0.0667 hm^2。

（1）根据发改委令第 9 号《产业结构调整指导目录（2011 年本）》，"单条化学木浆 30 万吨/年及以上……的林纸一体化生产线及相应配套的纸及纸板生产线（新闻纸、铜版纸除外）建设"属于鼓励类项目，"单条 3.4 万吨/年以下的非木浆生产线"属于淘汰类项目。

该项目淘汰现有 3 万 t/a 化学麦草浆生产线，新建 60 万 t/a 硫酸盐化学浆，满足上述造纸产业政策要求。

（2）根据发改委令第 9 号《产业结构调整指导目录（2011 年本）》，"30 万千瓦及以下常规燃煤火力发电设备制造项目（综合利用、热电联产机组除外）"属于限制类，而该项目为单机容量在 30 万千瓦以下的常规热电联产机组，属于允许类。按照《关于发展热电联产的规定》：热电比年平均应大于 100%；总热效率年平均大于 45%；热电厂、热力网、粉煤灰综合利用项目应同时审批、同步建设、同步验收投入使用。该项目：热电比年平均为 280%，总热效率年平均 55%，灰渣 100%综合利用并同步建设事故周转灰场。故符合热电联产产业政策。

2. 该项目林基地生态影响评价应为几级？其生态影响评价应包括哪些主要内容？

答：该项目林基地项目区最长长度为 40 km＜50 km，但拟建 400 万亩林基地，合 2 667 km^2，大于 20 km^2；项目区内有水源涵养、生物多样性保护、土壤保持等重要生态敏感区，且项目林基地部分位于以上生态功能调节区。根据表 1 判据，该项目林基地生态影响评价应为一级。

该项目林基地生态环境影响评价主要应包括如下几部分内容：

（1）论证原料林基地占用土地的合法性与合理性：林基地建设用地应符合《全国重点地区速生丰产用材林基地建设工程规划》《全国林纸一体化工程建设"十五"及 2010 年专项规划》，并用叠图法论证项目建设符合原料林基地所在地区的林浆纸一体化产业发展规划、土地利用规划、水土保持规划、生态保护规划、自然保护区规划、退耕还林规划等，避免在基本农田、水源涵养地、自然保护区、特殊用途林、坡度 25°以上地区造林。

（2）论证原料林基地生态环境影响：通过分析影响作用的方式、范围、强度和持续时间来判别生态系统受影响的范围、强度和持续时间；评价论证大面积林基地建设引起的植物种类、树种结构、森林植物群落变化，分析其对土地利用结构、生态系统稳定性、生物多样性保护、水源涵养、水土流失和水土保持、土壤退化和土壤生态环境、地下水环境外来生物入侵、生态敏感区、景观生态环境等的影响途径、影响方式、影响范围、影响强度和持续时间，预测生态系统组成和服务功能的变化趋势和潜在的后果。分析单一树种引发的病虫害、施肥及农药面源污染等方面的生态环境风险影响。还应包括林区公路建设的生态环境影响分析。

（3）论证原料林基地的供材保证率：根据原料林季度的立地条件，通过代表性样方调查数据，估算不同立地条件下林木生长量和出材率，分析原料林基地的供材保证率，分析原料供给不足可能带来的生态环境风险。

　　3. 请计算该项目排污口下游混合过程段长度

$$(\ L=\frac{(0.4B-0.6a)Bu}{(0.058H+0.006\,5B)\sqrt{gHi}}\ )$$

　　答：根据题目中有关参数，计算混合过程段长度为 29 938 m，计算过程如下：

$$L=\frac{(0.4\times480-0.6\times0)\times480\times0.3}{(0.058\times7+0.0065\times480)\sqrt{9.8\times7\times0.001}}=29\,938\ m$$

　　4. 请核算该项目主要污染物排放总量，并判断是否符合总量控制要求。为满足总量控制要求，应采取何种措施？

　　答：该项目淘汰原有生产线，即污染物排放总量来自于新建 60 万 t/a 硫酸盐化学浆项目，其中：

SO_2 排放总量为：$(100\times6.5\times10^5+100\times5.0\times10^4+60\times2.4\times10^5)\times7\,920\div$
1 000 000 000 = 668.448 t/a

NO_x 排放总量为：$(150\times6.5\times10^5+200\times5.0\times10^4+300\times2.4\times10^5)\times7\,920\div$
1 000 000 000 = 1 421.64 t/a

COD 排放总量为：$90\times73\,000\times330/1\,000\,000=2\,168.1$ t/a

氨氮排放总量为：$8\times73\,000\times330/1\,000\,000=192.72$ t/a

　　根据地区总量分配指标，该厂 2012 年总量指标为 SO_2 1 000 t/a、NO_x 1 200 t/a、COD 2 200 t/a；新建 60 万 t/a 硫酸盐化学浆项目排放总量 SO_2 668.448 t/a＜1 000 t/a，COD 2 168.1 t/a＜2 200 t/a，氨氮 192.72 t/a＜200 t/a，但 NO_x 1 421.64 t/a＞1 200 t/a，故不满足总量控制要求。

　　为满足总量控制要求，应增加热电锅炉烟气脱硝措施。

【考点分析】

　　1. 该项目建设是否符合产业政策？

　　《环境影响评价案例分析》考试大纲中"一、相关法律法规运用和政策、规划的符合性分析（2）分析建设项目与相关环境保护政策及产业政策的符合性"。

　　举一反三：

　　项目是否符合相关产业政策是环评必须要回答的问题，林纸一体化项目的产业政策涉及的类型比较多，主要内容包括：产业结构调整指导目录、造纸产业发展政策和热电联产产业政策等。当前国家对节能减排高度重视，各行业环保准入要求不断提高，要注意跟踪了解最新的产业政策要求。其中，部分造纸产业政策如下：

　　（1）鼓励类：① 单条化学木浆 30 万 t/a 及以上、化学机械木浆 10 万 t/a 及以上、化学竹浆 10 万 t/a 及以上的林纸一体化生产线及相应配套的纸及纸板生产线（新闻纸、铜版纸除外）建设；采用清洁生产工艺、以非木纤维为原料、单条 10 万 t/a 及以上的纸浆生产线建设。② 无元素氯（ECF）和全无氯（TCF）化学纸浆漂白工艺开发及应用。

（2）限制类：① 新建单条化学木浆 30 万 t/a 以下、化学机械木浆 10 万 t/a 以下、化学竹浆 10 万 t/a 以下的生产线；新闻纸、铜版纸生产线。② 元素氯漂白制浆工艺。

（3）淘汰类：①5.1 万 t/a 以下的化学木浆生产线。②单条 3.4 万 t/a 以下的非木浆生产线。③单条 1 万 t/a 及以下、以废纸为原料的制浆生产线。④ 幅宽在 1.76 m 及以下并且车速为 120 m/min 以下的文化纸生产线。⑤幅宽在 2 m 及以下并且车速为 80 m/min 以下的白板纸、箱板纸及瓦楞纸生产线。

2. 该项目造林基地生态影响评价应为几级？其生态影响评价应包括哪些主要内容？

《环境影响评价案例分析》考试大纲中"四、环境影响识别、预测与评价（4）确定评价工作等级、评价范围及各环境要素的环境保护要求（8）预测和评价环境影响（含非正常工况）"。

举一反三：

2011 年新颁布了《环境影响评价技术导则 生态影响》（HJ 19—2011），调整了评价工作等级的划分标准，规范和系统化了工程生态影响分析内容，并增加了生态影响预测内容和基本方法。有关规定如下：

4.2 评价工作分级

4.2.1 依据影响区域的生态敏感性和评价项目的工程占地（含水域）范围，包括永久占地和临时占地，将生态影响评价工作等级划分为一级、二级和三级，如表 1[①]所示。位于原厂界（或永久用地）范围内的工业类改扩建项目，可做生态影响分析。

4.2.2 当工程占地（含水域）范围的面积或长度分别属于两个不同评价工作等级时，原则上应按其中较高的评价工作等级进行评价。改扩建工程的工程占地范围以新增占地（含水域）面积或长度计算。

4.2.3 在矿山开采可能导致矿区土地利用类型明显改变，或拦河闸坝建设可能明显改变水文情势等情况下，评价工作等级应上调一级。

……

7 生态影响预测与评价

7.1 生态影响预测与评价内容

生态影响预测与评价内容应与现状评价内容相对应，依据区域生态保护的需要和受影响生态系统的主导生态功能选择评价预测指标。

---

① 见本书第 6 页。

　　a) 评价工作范围内涉及的生态系统及其主要生态因子的影响评价。通过分析影响作用的方式、范围、强度和持续时间来判别生态系统受影响的范围、强度和持续时间；预测生态系统组成和服务功能的变化趋势，重点关注其中的不利影响、不可逆影响和累积生态影响。

　　b) 敏感生态保护目标的影响评价应在明确保护目标的性质、特点、法律地位和保护要求的情况下，分析评价项目的影响途径、影响方式和影响程度，预测潜在的后果。

　　c) 预测评价项目对区域现存主要生态问题的影响趋势。

7.2 生态影响预测与评价方法

　　生态影响预测与评价方法应根据评价对象的生态学特性，在调查、判定该区主要的、辅助的生态功能以及完成功能必需的生态过程的基础上，分别采用定量分析与定性分析相结合的方法进行预测与评价。常用的方法包括列表清单法、图形叠置法、生态机理分析法、景观生态学法、指数法与综合指数法、类比分析法、系统分析法和生物多样性评价等，可参见附录 C[①]。

3. 请计算该项目排污口下游混合过程段长度

（ $L = \dfrac{(0.4B-0.6a)Bu}{(0.058H+0.0065B)\sqrt{gHi}}$ ）

《环境影响评价案例分析》考试大纲中"四、环境影响识别、预测与评价（7）选择、运用预测模式与评价方法"。

举一反三：

　　预测范围内的河段可以分为充分混合段、混合过程段和上游河段。充分混合段是指污染物浓度在断面上均匀分布的河段。当断面上任意一点的浓度与断面平均浓度之差小于平均浓度的 5%时，可以认为达到均匀分布。混合过程段是指排放口下游达到充分混合以前的河段。上游河段是排放口上游的河段。

　　混合过程段的长度可由下式估算： $L = \dfrac{(0.4B-0.6a)Bu}{(0.058H+0.0065B)\sqrt{gHi}}$

　　注意式中参数的含义：

L —— 混合过程段长度，m；

B —— 河流宽度，m；

a —— 排放口距近岸边距离，m；

u —— 河流断面平均流速，m/s：

H —— 平均水深，m；

g —— 重力加速度，9.8 m/s；

i —— 河流底坡坡度。

① 本书略。

在利用数学模式预测河流水质时，充分混合段采用一维模式或零维模式预测断面平均水质。当排污口位于大、中河流，评价等级为一、二级，且排放口下游 3～5 km以内有集中取水点或其他特别重要的环保目标时，应采用二维模式（或弗-罗模式）预测混合过程段水质。其他情况可根据工程、环境特点评价工作等级及当地环保要求，决定是否采用二维模式。

1. 请核算该项目主要污染物排放总量，并判断是否符合总量控制要求。为满足总量控制要求，应采取何种措施？

《环境影响评价案例分析》考试大纲中"六、环境保护措施分析（4）分析污染物排放总量情况"。

举一反三：

该项目涉及目前国家节能减排的大趋势。总量控制指标要采用最新的"十二五"总量分配指标，技改项目应在采取"以新带老"措施后满足上述总量控制指标。

环发[2006]189 号"关于印发《主要水污染物总量分配指导意见》的通知"和环发[2006]182 号"关于印发《二氧化硫总量分配指导意见》的通知"对总量控制指标的计算提出了新的要求，建议认真研究其具体计算方法。

国发[2011]26 号"国务院关于印发'十二五'节能减排综合性工作方案的通知"要求"2015 年，……全国氨氮和氮氧化物排放总量分别控制在 238.0 万吨、2 046.2万吨，比 2010 年的 264.4 万吨、2 273.6 万吨分别下降 10%。""十二五"新增了氨氮和氮氧化物排放总量的控制要求，需要特别注意。

案例 3 新建 70 万 t/a 林纸一体化项目

【素材】

红星造纸公司拟在位于大洪河流域的 A 市近郊工业园内新建生产规模为 70 万 t/a 的化学制浆工程，在距公司 20 km、大洪河流域附近建设速生丰产原料林基地。项目组成包括：原料林基地、主体工程（制浆和造纸）、辅助工程（碱回收系统、热电站、化学品制备、空压站、机修、白水回收、堆场及仓库）、公用工程（给水站、污水处理站、配电站、消防站、场内外运输、油库、办公楼及职工生活区）。红星公司年工作时间为 340 天，三班四运转制，其主要生产工艺流程如下：

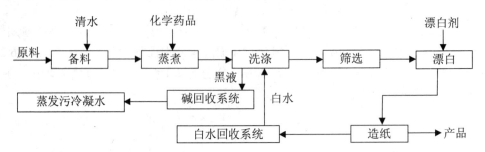

厂址东南方向为大洪河，其纳污段水体功能为一般工业用水及一般景观用水。大洪河自东向西流经 A 市市区。该地区内雨水丰富，多年平均降雨量为 1 987.6 mm，最大年降雨量为 3 125.7 mm，大洪河多年平均流量为 63 m³/s，河宽为 30～40 m，平均水深为 7.3 m。大洪河在公司排污口下游 3 km 处有一个饮用水源取水口，下游 9 km 处为国家级森林公园，下游约 18 km 处该水体汇入另一较大河流。初步工程分析表明，该项目废水排放量为 2 230 m³/d。

【问题】

请根据上述背景材料，回答以下问题：

1. 该项目工程分析的主要内容是什么？
2. 原料林基地建设潜在的主要环境问题是什么？
3. 该 70 万 t/a 化学制浆项目营运期主要污染因子有哪些？
4. 请确定地表水环境影响评价等级并说明理由，同时制定水环境质量现状调查监测方案。

【参考答案】

1．该项目工程分析的主要内容是什么？

答：（1）拟建设项目工程概况。工程项目的基本情况、项目性质、工程总投资、厂区平面布置、主要原辅材料及能量消耗、主要技术经济指标、项目组成、公用工程（给水排水工程、污水处理站、消防、油库、堆场、仓库、道路工程、绿化工程等）、工程主要设备、劳动定员、工作制度、燃料指标参数、产品方案及生产规模。

（2）工艺流程及产污环节分析。生产工艺流程简述及流程图、全厂水平衡、碱回收工艺流程、生产车间水平衡、碱回收车间蒸发与燃烧工段物料平衡、苛化与石灰回收工段的物料平衡、蒸汽平衡等。

（3）污染源源强分析与核算。污染物排放估算种类包括废水、废气、固体废物及噪声。其中废水和废气应当包括种类、成分、浓度、排放方式、拟采取的治理措施及污染物的去除率和最终排放去向。固体废物包括成分，是否属于危险废物，排放量处理或处置方法。噪声包括产生的源强及分布和拟采取的降噪措施。还要进行正常及非正常、事故状态下污染物排放分析等。

（4）清洁生产水平分析。将国家公布的造纸行业清洁生产标准与该拟建项目相应的指标进行比较，衡量建设项目的清洁生产水平。

（5）总图布置方案与外环境关系分析。根据气象、水文等自然条件分析红星造纸公司及各生产车间布置的合理性，结合现有的有关资料，确定该公司对环境敏感点的影响程度及饮用水水源地保护措施。

2．原料林基地建设潜在的主要环境问题是什么？

答：该项目属于林纸一体化建设项目。原料林基地建设潜在的主要环境问题是：

（1）在造林过程中，清除原有植被、平整土地时会将破坏原来的生态系统；

（2）大面积连片种植单一树种，可导致生态单一、降低区域生物多样性，灌区及林道的改造与建设可能引起扬尘；

（3）种植管理过程施加化肥与喷洒农药，可造成有害物面源污染及影响土壤结构；潜在有土壤物理、化学特性变化，退化或次生盐碱化等环境风险；

（4）不恰当的采伐造成新的水土流失和生态环境破坏；

（5）伐木及车辆噪声对动物产生影响，木材运输车辆产生的尾气、扬尘对环境产生影响；

（6）自然生态系统向人工生态系统转变带来的影响；

（7）外来物种入侵影响分析。

3．该 70 万 t/a 化学制浆项目营运期主要污染因子有哪些？

答：（1）工程排污以有机废水为主。废水主要来自制浆、碱回收、抄浆和造纸车间，主要污染因子为 COD、BOD、SS 和 AOX（可吸收有机卤化物）。

（2）废气污染物主要来热电站、碱回收炉、石灰回转窑、化学品制备及制浆过程，主要污染因子为 SO_2、TRS（还原硫化物）、NO_x、烟尘以及污水处理站恶臭等无组织排放。

（3）噪声和固体废物。

4. 请确定地表水环境影响评价等级并说明理由，同时制定水环境质量现状调查监测方案。

答：根据题目给定的已知条件，污水排放量不大（2 230 m³/d）、污水水质复杂程度属中等（污染物类型为 2，均为非持久性污染物，水质参数数目小于 7），地面水域规模属中河（流量 63 m³/s＞15 m³/s），地表水水质要求Ⅳ类水体（一般工业用水及一般景观要求水域），故地表水评价等级为三级。

判定地表水环境影响评价等级为三级。制定水环境质量现状调查监测方案如下：

监测水期：枯水期监测一期（三级评价）。监测项目：pH、COD、BOD_5、DO、SS。同步观测水文参数。

监测断面：排污口上游 500 m 处布设 1#监测断面，森林公园布设 2#监测断面，大洪河排入大河入口处布设 3#监测断面，在入口处的大河上、下游各设一个 4#、5#监测断面，饮用水源取水口处设 6#监测断面，共设 6 个监测断面。

水质监测时间为 3～4 天，大洪河上共设 2 条取样垂线，水深大于 5 m，在水面下 0.5 m 深处及距河底 0.5 m 处各取样一个，共 4 个水样。各取样断面中的水样混合成一个水样。

【考点分析】

1. 该项目工程分析的主要内容是什么？

《环境影响评价案例分析》考试大纲中"二、项目分析（1）分析建设项目生产工艺过程的产污环节、主要污染物、资源和能源消耗等，给出污染源强，生态影响为主的项目还应根据工程特点分析施工期和运营期生态影响的因素和途径；（2）从生产工艺、资源和能源消耗指标等方面分析建设项目清洁生产水平；（3）分析计算改扩建工程污染物排放量变化情况；（4）不同工程方案（选址、规模、工艺等）的分析比选"。

TRS 和 AOX 是造纸行业的特征污染物。TRS 即还原硫化物，主要来自蒸煮系统、蒸发站、碱回收炉，包括氢化硫、甲硫醇和二甲基硫。TRS 物质具有酸性及可燃性特点，因此，可以通过碱液洗涤、燃烧来处理及加高排气筒的方法来减小 TRS 臭气的影响。

造纸工艺中，氯漂工艺因其漂白白度高，且价格相对便宜而广泛使用于漂白工段中，这使得在漂白过程中产生了大量有机氯化物，所排放的废水中含有 AOX 污染物。AOX 是可吸附有机卤化物(Adsorbable Organic Halides)，对人体具有致毒、致畸、致癌作用。造纸工业污染物排放标准中，AOX 已经列为考核指标之一。

举一反三：

对于污染类型的项目，如果题目要求考生回答工程分析的内容，一定要结合项目特点回答下列问题：工程概况、工艺流程及产污环节分析、污染源源强分析与核算、清洁生产水平分析、环保措施方案分析及总图布置方案与外环境分析。

2. 原料林基地建设潜在的主要环境问题是什么？

《环境影响评价案例分析》考试大纲中"四、环境影响识别、预测与评价（2）判断建设项目影响环境的主要因素及分析产生的主要环境问题"。

该项目属于林纸一体化建设项目，虽然往年案例考试没有涉及造纸项目，但这类项目属于污染防治类和生态类相结合的项目，出题的机动性和灵活性很大，因此应当引起考生的关注。原料林虽然是植树造林活动，但它的建设同建设项目一样会带来环境问题，在回答该类型的问题时，要从生物多样性、土壤性质改变及人类活动等方面进行考虑。

3. 该 70 万 t/a 化学制浆项目营运期主要污染因子有哪些？

《环境影响评价案例分析》考试大纲中"四、环境影响识别、预测与评价（1）识别环境影响因素与筛选评价因子"。

本题主要考查建设项目营运期的主要环境影响因子。一般包括废水污染因子、大气污染因子、噪声和固体废物。纸浆造纸行业主要污染物为 COD、BOD、SS；特征污染物为：AOX 和恶臭。考生在回答此类问题时一定要注意行业特征污染物。

4. 请确定地表水环境影响评价等级并说明理由，同时制定水环境质量现状调查监测方案。

《环境影响评价案例分析》考试大纲中"三、环境现状调查与评价（2）制定环境现状调查与监测方案"和"四、环境影响识别、预测与评价（4）确定评价工作等级、评价范围及各环境要素的环境保护要求"。

本题考点主要是地表水环境影响评价工作的判定及水质断面布设，首选应确定水环境评价等级。地表水评价工作等级确定是依据建设项目的污水排放量、污水水质的复杂程度、受纳水域的规模以及水质要求进行的。

举一反三：

地表水水质取样断面布设的原则为：

（1）在调查范围的两端应布设取样断面；

（2）调查范围内重点保护对象附近水域应布设取样断面；

（3）水文特征突然变化处（如支流汇入处等）、水质急剧变化处（如污水排入处等）、重点水工构筑物（如取水口、桥梁涵洞等附近）应布设取样断面；

（4）水文站附近等应布设取样断面，并适当考虑水质预测关心点；

（5）在拟建成排污口上游500 m处应设置一个取样断面。

题目给出"河宽为30~40 m，平均水深为7.3 m"的条件，对于河宽小于50 m的中河，共设两条取样垂线，在取样断面上距两岸边1/3处各设一条取样垂线；水深7.3 m，大于5 m，则在水面下0.5 m处及在距河底0.5 m处各取样一个。对于二、三级评价项目，需要预测混合过程段水质的情况，每次将该段内各取样断面中每条垂线上的水样混合成一个水样。其他情况下每个取样断面每次只取一个混合水样。

案例 4 年产 3 万 t 黏胶纤维项目

【素材】

某公司 2010 年拟在某工业园区内新建年产 3 万 t 黏胶纤维生产线，该工业区地处丘陵低山地区，属于环境空气功能二类区，企业污水经厂内污水站处理达标进入长江水体，该段长江水体执行地表水III类水体功能。

黏胶纤维生产主要是以浆粕为原料经过碱化、黄化（加入 CS_2）生成黏胶，黏胶经凝固浴（A 浴）中凝固再生成纤维素丝条，经切断等后加工工序生产黏胶纤维。项目年工作日 333 天，8 000 h。项目建设内容：项目生产车间有原液、纺丝、酸站；辅助及公用车间有冷冻站、软水站、原材料贮库，污水及废气治理设施。项目使用主要原料为浆粕、二硫化碳、烧碱、硫酸、硫酸锌等。项目排放的主要废气污染物 CS_2 为 116.37 kg/h、H_2S 为 13.98 kg/h；废水排放情况详见表 1。

该项目 COD 排放总量控制指标为 200 t/a。（已知《污水综合排放标准》（GB 8978—1996）一级、二级排放标准中硫化物质量浓度均为 1.0 mg/L，总锌一级、二级排放标准中质量浓度限值分别为 2.0 mg/L、5.0 mg/L）

表 1 废水排放情况一览表

类别	废水量/（m^3/h）	废水性质
W_1	40	碱性废水含 NaOH、Na_2S、CS_2、纤维素等，pH：7～10；S^{2-}：56 mg/L；COD：1 850 mg/L
W_2	175	酸性废水含 H_2SO_4、$ZnSO_4$、Na_2SO_4 等，pH：2～4；COD：400 mg/L；Zn^{2+}：130 mg/L；S^{2-}：12 mg/L
W_3	5	生活污水经化粪池处理后，污水中含 COD：240 mg/L；BOD：180 mg/L
W_4	78	其他废水，pH：6～8；COD：50 mg/L

【问题】

1. 确定该项目水环境评价等级。

2. 该项目需进入污水处理站的废水有哪些？废水要达标排放，Zn 和 S 的处理效率要达到多少？

3．污水处理站对废水处理后，COD 应达到多少才可满足总量控制指标？

4．该项目涉及哪些危险化学品？存在哪些重大事故风险？

【参考答案】

1．确定该项目水环境评价等级。

答：该项目废水为 W_1、W_2、W_3，其总量为 220 m^3/h，废水量为 5 285 m^3/d，废水中主要污染物为 pH、COD、硫化物、锌，其水质的复杂程度属于复杂，纳污水体长江属于大规模地面水域，其地表水水质要求达到《地表水环境质量标准》（GB 3838—2002）Ⅲ类标准，按照《环境影响评价技术导则　水环境影响评价工作分级方法》，水环境影响评价等级定为二级。

2．**该项目需进入污水处理站的废水有哪些？废水要达标排放，Zn 和 S 的处理效率要达到多少？**

答：该项目需进入污水处理站的废水有 W_1、W_2、W_3。W_4 为净下水，可直接外排。

混合废水 Zn 的浓度：$175 \times 130 /（175+40+5）=103.4$ mg/L；

混合废水 S 的浓度：$（40 \times 56+175 \times 12）/（175+40+5）=19.73$ mg/L

根据《污水综合排放标准》（GB 8978—1996）中标准分级规定：排入 GB 8978 中Ⅲ类水域（划定的保护区和游泳区除外）和排入 GB 3097 Ⅱ类海域的污水执行一级标准。该项目企业污水经厂内污水站处理达标进入长江水体，该段长江水体执行地表水Ⅲ类水体功能，因此项目污水执行一级排放标准，即硫化物质量浓度 1.0 mg/L；总锌 2.0 mg/L。

Zn 的处理效率：$（103.4-2.0）/103.4=98\%$

S 的处理效率：$（19.73-1.0）/19.73=95\%$

3．**污水处理站对废水处理后，COD 应达到多少以下可满足总量控制指标？**

答：该项目净下水 COD 排放量为：$78 \times 8\,000 \times 50=31.2$ t/a

项目总量指标为 200 t/a。

则污水处理站废水 COD 总量为：$200-31.2=168.8$ t/a

污水处理站废水 COD 为：$168.8 \times 10^9 /（220 \times 10^3 \times 8\,000）=96$ mg/L。污水处理站废水 COD 在 96 mg/L 以下，可以满足总量控制要求。

4．**该项目涉及哪些危险化学品？存在哪些重大事故风险？**

答：该项目在原辅材料中使用的易燃、易爆、有毒有害、腐蚀性强的化学品主要为：二硫化碳、烧碱、硫酸。

项目重大事故风险主要为运输、贮存以及生产过程中二硫化碳泄漏和火灾爆炸事故引发 CS_2 大量挥发所造成的环境风险。

【考点分析】

1. **确定该项目水环境评价等级。**

《环境影响评价案例分析》考试大纲中"四、环境影响识别、预测与评价（4）确定评价工作等级、评价范围及各环境要素的环境保护要求"。

请注意，水环境影响评价工作等级和废水排放执行的标准没有关系。评价工作等级和水质复杂程度、纳污水体类别、废水排放量有关。废水排放执行标准的级别只和纳污水体类别有关。确定评价工作等级应按照《环境影响评价技术导则—地面水环境》的相关规定，结合废水水质情况与受纳水体情况进行确定。

2. **该项目需进入污水处理站的废水有哪些？废水要达标排放，Zn 和 S 的处理效率要达到多少？**

《环境影响评价案例分析》考试大纲中"六、环境保护措施分析（1）分析污染物达标排放情况"。

对所排放的废水各污染物按《污水综合排放标准》一级标准进行比较，全部低于一级标准的，可作为净下水直接排放；高于一级标准的废水均应进入污水处理站进行处理。污染物的处理效率应根据每个处理单元进行核算。在环评中对每个处理单元的去除率进行核算，确定总的去除率和污染物最终排放浓度，将废水最终排放浓度与《污水综合排放标准》的相应标准进行比较，分析废水中的污染物达标排放情况。

净下水定义：循环水、间接冷却水和含污染物极少的水。

3. **污水处理站对废水处理后，COD 应达到多少以下可满足总量控制指标？**

《环境影响评价案例分析》考试大纲中"六、环境保护措施分析（4）分析污染物排放总量情况"。

污染物不仅需要满足达标排放，而且应满足总量控制要求。

4. **该项目涉及哪些危险化学品？存在哪些重大事故风险？**

《环境影响评价案例分析》考试大纲中"五、环境风险评价（1）识别重大危险源及可能发生的风险事故"。

危险化学品通常指易燃、易爆、有毒有害、腐蚀性强的化学品。该项目硫酸和烧碱属腐蚀性强的化学品。CS_2 属易燃、易爆、有毒有害的化学品，因此一旦发生泄漏和火灾爆炸事故，将造成环境空气质量严重恶化的后果。

案例 5　年产 2.5 万张牛皮革新建项目

【素材】

A 皮革公司在 B 市某工业园有一个年加工皮革 2.5 万张（折牛皮标张）的制革生产装置。几年后在 C 市新建一个制革厂，生产规模为年加工皮革 11.5 万张（折牛皮标张）。拟建项目占地面积 551 300 m^2，总投资为 7 800 万元。主体工程包括鞣制车间、整饰车间、冲洗车间；配套建设的有职工宿舍、厂区污水处理站。A 皮革公司拟将污水经处理后农灌。

制革生产一般包括准备工段、鞣制工段和整饰工段，其工艺流程如下：

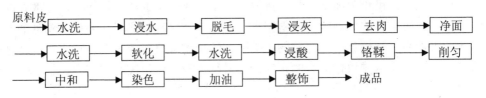

工艺介绍：

准备工段。指原料皮从浸水到浸酸之前的工序操作，其作用在于除去制革加工不需要的各种物质，使原料恢复到鲜皮状态，除去表皮层、皮下组织层、毛鞘、纤维间质等物质，适度松散真皮层胶原纤维，使裸皮处于适合鞣制状态。

鞣制工段。包括鞣制和鞣后湿处理两部分。铬鞣工艺一般指鞣制到加油之前的工序操作，它是将裸皮变成革的过程，铬初鞣后的湿铬鞣革称为湿革，需进行湿处理以增强革的粒面紧实性，提高柔软性、丰满性和弹性，并染色赋予革特殊性能。

整饰工段。包括皮革的整理和涂饰，属于皮革的干操作工段，指在皮革表面施涂一层天然或合成高分子薄膜的过程，常辅以磨、抛、压、摔等机械加工，以提高革的质量。

【问题】

请根据上述背景材料，回答以下问题：

1. 该项目的主要污染因子是什么？
2. 该项目清洁生产指标包括哪几方面的内容？
3. 如何对该项目进行水环境保护验收监测点位布设？

4. 该项目环评报告书应设置哪些评价专题？

【参考答案】

1. **该项目的主要污染因子是什么？**

答：制革废水的污染因子为 COD、BOD_5、SS、S^{2-}、Cl^-、氨氮、Cr^{6+}、总铬、酚、pH、色度、动植物油类，

大气污染因子主要有：TSP、PM_{10}、SO_2、NO_x 以及 NH_3、H_2S 等生产工艺过程排放的恶臭污染物等；

固体废物：废毛、肉膜、碎皮、边角料、革屑、污水处理站污泥、锅炉煤渣；

噪声：设备噪声。

2. **该项目清洁生产指标包括哪几方面的内容？**

答：该项目的清洁生产指标包括以下几个方面的内容。

（1）生产工艺与装备要求：定性分析项目采用的设备及工艺是否先进，原料是否无毒或低毒，对人体健康有无负面影响等方面；

（2）资源能源利用指标：主要包括原辅材料消耗、能源资源利用率等；

（3）产品指标：主要是对产品的合格率进行考核；

（4）污染物产生指标：分析项目"三废"单位产生量；

（5）废物回收利用指标：对废皮、废料、废毛、革坯边角是否回收利用等；

（6）环境管理要求：对项目环境法律法规执行情况、环境审核、废物处理处置、生产过程环境管理以及相关方环境管理情况给予说明和分析等。

3. **如何对该项目进行水环境保护验收监测点位布设？**

答：在污水处理站总排口布点监测 COD、BOD_5、SS、S^{2-}、Cl^-、氨氮、pH、色度、动植物油类；在车间或车间处理设施的排放口进行布点，监测总铬和六价铬项目。

4. **该项目环评报告书应设置哪些评价专题？**

答：该项目环评报告书应设置的评价专题包括：拟建项目工程概况、工程分析、区域环境现状调查与评价、大气环境影响评价、地表水环境影响评价、声环境影响评价、固体废物环境影响评价、污水进行农田灌溉的可行性分析、环境污染防治措施及可行性分析、项目产业政策符合性分析、清洁生产、总量控制、环境经济损益分析、公众参与、环境管理与监测计划。

【考点分析】

1. **该项目的主要污染因子是什么？**

《环境影响评价案例分析》考试大纲中"四、环境影响识别、预测与评价（1）识别环境影响因素与筛选评价因子"。

制革废气除了锅炉烟气外，还包括生产中使用的有机溶剂的挥发物和原料皮存

贮过程、生产过程及污水处理站产生的恶臭污染物。

废水主要来源：原料皮在物理-化学加工和机械加工过程中，大量的蛋白质、脂肪转入废水、废渣中；使用的大量化工原料如酸、碱、盐、硫化钠、石灰、铬鞣剂、加脂剂、染料有相当部分进入废水中。制革中废水主要来自准备、鞣制和湿加工工段，其中鞣前准备工段的废水排放量和排放的污染负荷占制革总废水量的 70%以上，鞣制工段和鞣后湿加工工段的废水排放量占 8%和 20%左右。制革废水碱性大，色度重，含蛋白质、脂肪、染料等有机物，含铬、硫化物、氯化物等无机物，属有毒有害废水。其中脱铬工序传统工艺废液中铬含量在 2~4 g/L，灰碱脱毛废液中硫化物含量可达 2~6 g/L，这两股浓废液是废水防治的重点。

2. 该项目清洁生产指标包括哪几方面的内容？

《环境影响评价案例分析》考试大纲中"二、项目分析（2）从生产工艺、资源和能源消耗指标等方面分析建设项目清洁生产水平"。

本题考点为建设项目清洁生产指标水平分析。清洁生产指标主要包括六类：生产工艺与装备要求、资源能源利用指标、产品指标、废物回收利用指标、污染物产生指标以及环境管理要求。这些指标既包括定量指标，也包括定性指标。考生在回答此类问题时一定要结合行业特点进行分析论述。

3. 如何对该项目进行水环境保护验收监测点位布设？

《环境影响评价案例分析》考试大纲中"八、建设项目竣工环境保护验收监测与调查（4）确定建设项目竣工环境保护验收监测点位"。

本题主要考查污水排放口监测位置。

对第一类污染物，不分行业和污水排放方式，也不分受纳水体的功能类别，一律在车间或车间处理设施排放口采样。

第一类污染物有总汞、总镍、总铍、总铬、总砷、总铅、总银、六价铬、总镉、烷基汞、苯并[a]芘、总α放射性、总β放射性，共 13 类。

举一反三：

《地表水和污水监测技术规范》规定：

第一类污染物采样点位一律设在车间或车间处理设施的排放口或专门处理此类污染物设施的排口；第二类污染物采样点位一律设在排污单位的外排口；进入集中式污水处理厂和进入城市污水管网的污水采样点位应根据地方环境保护行政主管部门的要求确定；监测整体污水处理设施效率时，在各种进入污水处理设施污水的入口和污水设施的总排口设置采样点；监测各污水处理单元效率时，在各种进入处理设施单元污水的入口和设施单元的排口设置采样点。

4. 该项目环评报告书应设置哪些评价专题？

《环境影响评价案例分析》考试大纲中"四、环境影响识别、预测与评价（5）确定评价重点；（6）设置评价专题"。

　　本题考点为环评报告中评价专题设置问题，即把握环评项目全局性和整体性方向。根据《环境影响评价技术导则—总纲》中的规定，一般的环境影响评价专题包括：工程分析、现状评价、影响评价、环保措施、总量控制、清洁生产、环境经济损益分析、环境监测与管理、公众参与等。如果是新建项目，则必须增加对厂址选择的环境合理性分析。

　　注意：对于利用污水进行农业灌溉的项目，一定要对污水灌溉进行环境及技术可行性分析，特别是对农作物和土壤影响进行分析。

案例 6　新建纺织印染项目

【素材】

某工业园区拟建生产能力 3.0×10^7 m/a 的纺织印染项目。生产过程包括织造、染色、印花、后续工序，其中染色工序含碱量处理单元，年生产 300 天，每天 24 小时连续生产。按工程方案，项目新鲜水用量 1 600 t/d，染色工序重复用水量 165 t/d，冷却水重复用水量 240 t/d。此外，生产工艺废水处理后部分回用生产工序。项目主要生产工序产生的废水量、水质特点见表 1。现拟定两个废水处理、回用方案。方案 1 拟将各工序废水混合处理，其中部分进行深度处理后回用（恰好满足项目用水需求），其余排入园区污水处理厂。处理工艺流程见图 1。方案 2 拟对废水特性进行分质处理，部分废水深度处理后回用，难以回用的废水处理后排入园区污水处理厂。

纺织品、定型生产过程中产生的废气经车间屋顶上 6 个呈矩形分布的排气口排放，距地面 8 m；项目所在地声环境属于 3 类功能区，南侧厂界声环境质量现状监测值昼间 60.0 dB（A），夜间 56.0 dB（A），经预测，项目对工厂南侧厂界的噪声贡献值为 54.1 dB（A）。

（注：《工业企业厂界环境噪声排放标准》3 类区标准为：昼间 65 dB（A），夜间 55 dB（A））

表 1　项目主要生产工序产生的废水量、水质及特点

废水类别项目		废水量/（t/d）	COD_{Cr}/（mg/L）	色度（倍）	废水特点
织造废水		420	350	—	可生化性好
染色废水	退浆、精炼废水	650	3 100	100	浓度高，可生化性差
	碱量废水	40	13 500	—	超高浓度，可生化性差
	染色废水	200	1 300	300	可生化性较差，色度高
	水洗废水	350	250	50	可生化性较好，色度低
印花废水		60	1 200	250	可生化性较差，色度高
—		1 720	—	—	—

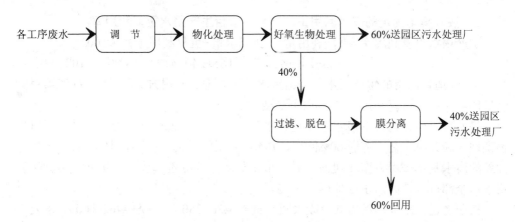

图 1　方案 1 处理工艺流程

【问题】

1．如果该项目排入园区污水处理厂废水的 COD_{Cr} 限值为 500 mg/L，方案 1 的 COD_{Cr} 去除率至少应达到多少？

2．按方案 1 确定的废水回用量，计算该项目生产用水重复利用率。

3．对适宜回用的生产废水，提出废水分质处理、回用方案（框架），并使项目能满足印染企业水重复利用率 35%以上的要求。

4．给出定型车间计算大气环境防护距离所需要的源参数。

5．按《工业企业厂界噪声排放标准》评价南侧厂界噪声达标情况，说明理由。

【参考答案】

1．如果该项目排入园区污水处理厂的废水 COD_{Cr} 限值为 500 mg/L，方案 1 的 COD_{Cr} 去除率至少应达到多少？

答：

（1）各工序废水混合浓度＝（420×350+650×3 100+40×13 500+200×1 300+

　　　350×250+60×1 200）÷（420+650+40+200+350+60）

　　　＝3 121 500÷1720＝1 814.8（mg/L）；

（2）方案 1 的 COD_{Cr} 去除率至少要达到（1814.8－500）×100%÷1 814.8＝72.45%。

本题中未给出中水水质，如给出，外排废水（包括中水）混合质量浓度达到 500 mg/L 即可，此时，去除效率会低一些。

2．按方案 1 确定的废水回用量，计算该项目生产用水重复利用率。

生产用水重复利用率=重复利用量/（新鲜水量+重复利用量）×100

$\qquad$ =（165+240+412.8）/（165+240+412.8+1 600）×100=33.8%。

3．对适宜回用的生产废水，提出废水分质处理、回用方案(框架)，并使项目能满足印染企业水重复利用率 35%以上的要求。

将两种可生化性好的废水（织造废水和水洗废水）进行分质处理，采用好氧生物处理－膜分离工艺，考虑 60%回用，其余 40%排入园区污水处理厂。其他可生化性差的废水基本采用方案 1 处理流程，取消好氧生物处理和膜分离单元，达到接管要求后全部排入园区污水处理厂。

按照上述分质处理的方式，废水回用量=（420+350）×60%=462（t/d），重复水利用量=462+165+240=867（t/d），水重复利用率=867÷（867+1 600）×100%=35.14%，满足 35%以上的要求。

4．给出定型车间计算大气环境防护距离所需要的源参数。

面源有效高度（m）、面源宽度（m）、面源长度（m）、污染物排放率（g/s）。

5．按《工业企业厂界噪声排放标准》评价南侧厂界噪声达标情况，说明理由。

本项目为新建企业，厂界噪声达标评价量为噪声贡献值，根据预测，项目对工厂南侧厂界噪声贡献值为 54.1 dB（A），小于 65 dB（A）的昼间标准，也小于 55 dB（A）的夜间标准值，因此，南侧厂界噪声昼间和夜间均达标。

【考点分析】

1．如果该项目排入园区污水处理厂废水的 COD_{Cr} 限值为 500mg/L，方案 1 的 COD_{Cr} 去除率至少应达到多少？

《环境影响评价案例分析》考试大纲中"六、环境保护措施分析（1）分析污染物达标排放情况"。

2．按方案 1 确定的废水回用量，计算该项目生产用水重复利用率。

《环境影响评价案例分析》考试大纲中"二、项目分析（2）从生产工艺、资源和能源消耗指标等方面分析建设项目清洁生产水平"。

此案例考点类似于本书"三、冶金机电类　案例 2　新建汽车制造项目"问题 4。只有熟练掌握技术方法中常用指标的计算方可正确回答问题。

3．对适宜回用的生产废水，提出废水分质处理、回用方案(框架)，并使项目能满足印染企业水重复利用率 35%以上的要求。

《环境影响评价案例分析》考试大纲中"六、环境保护措施分析（1）分析污染物达标排放情况"和"二、项目分析（2）从生产工艺、资源和能源消耗指标等方面分析建设项目清洁生产水平"。

4. 给出定型车间计算大气环境防护距离所需要的源参数。

《环境影响评价案例分析》考试大纲中"四、环境影响识别、预测与评价（7）选择、运用预测模式与评价方法"。

举一反三：

注册环评师考试中有关预测模式的考点基本上限于模式中主要参数的获取、不同模式如何选择等问题。本题的考点类似于"六、社会区域 案例 2 新建 10 万 t/d 污水处理厂项目"中的第 3 题。

5. 按《工业企业厂界噪声排放标准》评价南侧厂界噪声达标情况，说明理由。

《环境影响评价案例分析》考试大纲中"六、环境保护措施分析（1）分析污染物达标排放情况；（2）分析污染控制措施及其技术经济可行性"。

此案例考点类似本书"三、冶金机电类 案例 1 新建电子元器件厂项目"第 4 题。只不过本案例要计算评价噪声达标情况，而前者冶金机电类案例要求计算评价废气达标情况，答题思路一致，复习方法类似，请注意总结。

二、化工石化及医药类

案例 1　新建石化项目

【素材】

　　某石化企业拟建于工业区，工业区集中供水、供电，建有污水处理厂，工业区污水处理厂已建两套好氧污泥法污水处理系统，正在新建一套密改透型 50 m³ 污水生化处理系统，处理工业区各企业生产废水。废水处理达标后由同一排放管深海排放，废水排放口西北 83 m 海域有水产养殖区，在其附近设有定期检测设备。

　　厂区划分为石化生产装置区、中间罐区、厂内原料产品罐区、码头原料罐区、综合管理设施区和污水处理场。在污水处理厂东南角设基础防渗的露天固废临时贮存场，部分生产装置废水产生情况见表 1，其中 C 股废水中含难生化降解的硝基苯类污染物。

表 1　拟建项目部分生产装置废水产生情况表

排放源	排放规律	产生量/（m³/h）	水质/（mg/L，pH 除外）					
			pH	COD	BOD₅	石油类	氨氮	硝基苯类
A	连续	50	6～7	1 000	350	500	60	—
B	连续	200	6～8	600	300	300	50	—
C	连续	23	—	8 000	极低	—	—	1 000

　　厂内生产水处理方案为 A、B、C 三股废水直接混合后进行除油预处理和生化处理。处理达标后送工业区污水处理厂进一步处理。

　　项目运营期拟在定期监测站位对海水水质、海洋表层沉积物和生物进行硝基苯类定期监测。

【问题】：

　　1. 本项目废水预处理去除石油类可采用哪些方法？

　　2. 根据本项目 A、B、C 三股废水的特征，简述项目废水处理方案的可行性，优化污水处理方案。

3. 污水处理厂产生的固废是否可送厂区固废临时储存场堆存？说明理由。

4. 厂区污水处理厂调节池、曝气池是主要的恶臭源，简述减轻其环境影响的可行措施。

5. 说明项目运营期进行硝基苯定期监测的作用。

【参考答案】

1. 本项目废水预处理去除石油类可采用哪些方法？

答：油类常以浮油、乳化溶解态油、重油三种形式存在于水中，因此预处理方式包括：

（1）浮油可利用其比重小于 1 且不溶于水的原理，通过机械作用使之上浮并去除，如常用的隔油池；

（2）对于溶解态和乳化态油类可采用投加药剂—气浮法，即破乳—混凝—气浮，将其去除；

（3）对于比重大于 1 的重油则可用重力分离法加以去除，如设置除油沉砂池。

2. 根据本项目 A、B、C 三股废水的特征，简述项目废水处理方案的可行性，优化污水处理方案。

答：从表 1 中的 COD/BOD_5 数据可分析出：C 股废水生化去除率很小，若想通过生化方法处理使之达标排放，处理费用是相当高的。若将三股水混合后再生化处理，在水中的硝基苯总量不变的前提下，以去除硝基苯类化合物为目的混入其他废水，无疑更加重了处理设施的负担，因此混合后再生化处理的方法是不可行的。优化措施：A、B 两股废水混合除油后进行生化处理除碳、脱氮；C 股废水通过中和混凝后再用活性炭吸附等物理和物化方法加以去除至达标。

3. 污水处理厂产生的固废是否可送厂区固废临时储存场堆存？说明理由。

答：不可放置在厂区固废临时储存场贮存。理由为由《国家危险废物名录》可知，含硝基苯类废物为危险废物，该贮存场地只是一基础防渗的露天贮存场地，不符合危险废物贮存的相关规定。

4. 厂区污水处理厂调节池、曝气池是主要的恶臭源，简述减轻其环境影响的可行措施。

答：（1）合理规划，设置合理的卫生防护距离，确保周边敏感目标不受影响，同时将污水处理厂设置在下风向，减小恶臭的影响范围；

（2）调节池、曝气池周边设置绿化带；

（3）对调节池、曝气池进行加盖处理，同时设置臭气收集系统，通过焚烧或活性炭吸附法进行处理。

5. 说明项目运营期进行硝基苯定期监测的作用。

答：（1）定期进行水质、沉积物、生物体中硝基苯的监测，有助于了解硝基苯类化合物在海水中的扩散、沉积、迁移的情况和规律，防止其污染环境，以及在生物体中累积，最终影响人体健康等。

（2）定期监测硝基苯，可控制海水环境质量，监测项目废水排放对渔业养殖的影响。

【考点分析】

1. 本项目废水预处理去除石油类可采用哪些方法？

《环境影响评价案例分析》考试大纲中"六、环境保护措施分析（1）分析污染物达标排放情况；（2）分析污染控制措施及其技术经济可行性"。

举一反三：

环保措施一直是近几年案例分析考试的出题方向，请考生认真总结废气、废水、噪声、固废的污染防治措施。为了强化环保措施知识点的复习，本书"二、化工石化及医药类　案例 3　化学原料药生产项目"第 4 题参考答案对有机废气治理措施进行了总结，请对照复习。

2. 根据本项目 A、B、C 三股废水的特征，简述项目废水处理方案的可行性，优化污水处理方案。

《环境影响评价案例分析》考试大纲中"六、环境保护措施分析（1）分析污染物达标排放情况；（2）分析污染控制措施及其技术经济可行性"。

3. 污水处理厂产生的固废是否可送厂区固废临时储存场堆存？说明理由。

《环境影响评价案例分析》考试大纲中"六、环境保护措施分析（1）分析污染物达标排放情况；（2）分析污染控制措施及其技术经济可行性"。

4. 厂区污水处理厂调节池、曝气池是主要的恶臭源，简述减轻其环境影响的可行措施。

《环境影响评价案例分析》考试大纲中"六、环境保护措施分析（1）分析污染物达标排放情况；（2）分析污染控制措施及其技术经济可行性"。

举一反三：

在污水处理厂中，恶臭浓度最高处为污泥处置工段，恶臭逸出量最大处是好氧曝气池，在曝气过程中恶臭物质逸入空气。考生可以从清除恶臭发生源、切断扩散途径及污染受体保护几个方面回答。

5. 说明项目运营期进行硝基苯定期监测的作用。

《环境影响评价案例分析》考试大纲中"六、环境保护措施分析（1）分析污染物达标排放情况；（2）分析污染控制措施及其技术经济可行性"。

举一反三：

一般情况下，环评中现状监测的目的之一是为了给出项目上马前的环境背景值，为预测提供初始浓度；同时现状监测也是保护环境、定期监控特定污染物对环境影响的定量手段。

案例 2　离子膜烧碱和聚氯乙烯项目

【素材】

　　某离子膜烧碱和聚氯乙烯（PVC）项目位于规划工业区。离子膜烧碱装置以原盐为原料生产氯气、氢气和烧碱。为使离子膜装置运行稳定，在厂区设置三台容积为 50 m³ 的液氯储罐，液氯储存单元属于重大危险源。

　　聚氯乙烯生产过程为 HCl 与乙炔气在 $HgCl_2$ 催化剂作用下反应生成氯乙烯单体（VCM），再采用悬浮聚合技术生产 PVC，全年生产 8 000 h。

　　VCM 生产过程中使用 $HgCl_2$ 催化剂 100.8 t/a（折汞 8 188.375 6 kg/a）、活性炭 151.2 t/a，采用活性炭除汞器除去粗 VCM 精馏尾气中的汞升华物（折汞 2 380.891 3 kg/a）。VCM 洗涤产生的盐酸经处理返回 VCM 生产系统，碱洗产生的含汞废碱水 2.5 m³/h，总汞浓度为 2.0 mg/L，废催化剂中折汞 4 927.204 4 kg/a，更换催化剂卸泵产生的少量废水经锯末、活性炭等吸附带走 840.279 9 kg/a，废水排入含汞废碱水预处理系统，含汞废碱水经化学沉淀、三段活性炭吸附、三段离子交换树脂预处理，总汞浓度 0.001 5 mg/L。废活性炭，树脂更换带走汞 39.970 0 kg/a。预处理合格的废水与厂内其他废水混合、经处理后排至工业区污水处理厂，含汞废物统一送催化剂生产厂家回收利用。

【问题】

　　1．给出 VCM 生产过程中总汞的平衡图。

　　2．说明本项目废水排放监控应考虑的主要污染物及监控部位。

　　3．识别液氯储存单元的风险类型，给出风险源项分析内容。

　　4．在 VCM 生产单元氯元素投入、产出平衡计算中，投入项应包括的物料有哪些？

　　5．本项目的环境空气现状调查应包括哪些特征污染因子？

【参考答案】

　　1．给出 VCM 生产过程中总汞的平衡图。

　　附 1：VCM 生产过程中总汞的平衡图。

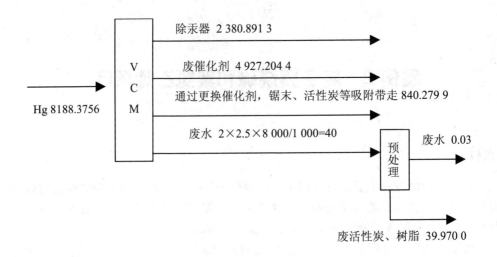

2. 说明本项目废水排放监控应考虑的主要污染物及监控部位。

答：本项目废水排放监控主要应考虑的污染物为：

（1）Hg，监控部位为预处理设施排放口；

（2）COD、SS、pH、石油类、氯离子，监控部位为全场排放口。

3. 识别液氯储存单元的风险类型，给出风险源项分析内容。

答：液氯储存单元风险类型为：液氯储罐的破裂、泄漏。

风险源项分析内容为确定液氯储罐破裂或泄漏时最大可信事故的发生概率、液氯储罐最大可信事故的泄漏量。

4. 在 VCM 生产单元氯元素投入、产出平衡计算中，投入项应包括的物料有哪些？

答：投入项应包括的物料有 HCl 和 $HgCl_2$。

5. 本项目的环境空气现状调查应包括哪些特征污染因子？

答：空气特征污染因子为：HCl、Cl_2、Hg、VCM。

【考点分析】

1. 给出 VCM 生产过程中总汞的平衡图。

《环境影响评价案例分析》考试大纲中"二、项目分析（1）分析建设项目生产工艺过程的产污环节、主要污染物、资源和能源消耗等，给出污染源强，生态影响为主的项目还应根据工程特点分析施工期和运营期生态影响的因素和途径"和《技术方法》考试大纲中"一、工程分析（一）污染型项目工程分析（3）掌握物料平衡法、类比法及资料复用法的基本原理及计算方法"。

物料平衡一直是技术方法和案例分析的重点之一，本书"二、化工石化医药类 案例 4 某化工制造工程"对该方法进行了详细解释。

2. 说明本项目废水排放监控应考虑的主要污染物及监控部位。

《环境影响评价案例分析》考试大纲中"六、环境保护措施分析（5）制定环境管理与监测计划"。

3. 识别液氯储存单元的风险类型，给出风险源项分析内容。

《环境影响评价案例分析》考试大纲中"五、环境风险评价（1）识别重大危险源并描述可能发生的风险事故"。

4. 在VCM生产单元氯元素投入、产出平衡计算中，投入项应包括的物料有哪些？

《环境影响评价案例分析》考试大纲中"二、项目分析（1）分析建设项目生产工艺过程的产污环节、主要污染物、资源和能源消耗等，给出污染源强，生态影响为主的项目还应根据工程特点分析施工期和运营期生态影响的因素和途径"。

5. 本项目的环境空气现状调查应包括哪些特征污染因子？

《环境影响评价案例分析》考试大纲中"三、环境现状调查与评价（2）制定环境现状调查与监测方案"。

本题考点是考查考生对一个行业环境影响识别的能力。考试在遇到此类问题时，要结合行业特点，参考工艺流程图及主要原辅材料分析其特征污染物，只有进入大气中的特征污染物才可能成为环境空气现状调查中的大气特征污染因子。

案例 3 化学原料药生产项目

【素材】

某化学原料药项目选址在某市化工工业区建设，该化工区地处平原地区，主要规划为化工和医药工业区，属于环境功能二类区。区内污水进入一城镇集中二级污水处理厂，处理达标后出水排往 R 河道，该河道执行地表水IV类水体功能，属于淮河流域。

项目符合国家产业政策，以环己酮、草酸二乙酯为原料，经过酯化、溴化、还原、缩合、精制等工序合成生产降血糖和防治心血管并发症的药物 44 t/a，年工作 300 天、7 200 h。项目主要建设内容有：生产车间一座，占地 900 m²，冷冻站，循环水站，处理能力 100 m³/d 污水处理站以及废气污染物治理设施等。项目供热由工业区集中供应。项目使用的主要原料有环己酮、草酸二乙酯、甲苯、氯仿、盐酸、液氨、冰醋酸、锌粉等。项目排放的主要废气污染物有：氨、甲苯以及 HCl 等，其等标排放量见表 1。废水排放量 90 t/d，主要污染物为 COD、氨氮、甲苯等。项目排放的固体废物主要是工艺中的釜残和废中间产物等。

工业区内进行污染物排放总量控制，工业区分配给该项目的 COD 和氨氮排放总量分别为 20 t/a 和 1.6 t/a。

表 1 工艺废气因子等标排放量计算结果

序号	名　　称	排放速率/（kg/h）	环境标准/（mg/m³）	等标排放量/（m³/h）	排序
1	甲苯	18.79	0.6（前苏联）	3.1×10^7	2
2	氯化氢	0.99	0.05（TJ 36—79）	2.0×10^7	3
3	NH₃	6.91	0.2（TJ 36—79）	3.5×10^7	1
4	四氢呋喃	0.52	0.2（前苏联）	2.6×10^6	5
5	NOₓ	1.66	0.24	6.9×10^6	4

【问题】

1. 项目可能产生的主要环境影响因素和可能导致的环境问题有哪些？
2. 如按《污水综合排放标准》（GB 8978—1996）中的有关规定，项目污水第二类污染物排放应执行什么标准？其中 COD 标准值为多少（假设不考虑集中污水处理的收水标准）？项目废水所排往的城镇集中污水处理厂应执行什么排放标准？

3．项目污水处理站对项目污水处理后 COD 和氨氮的平均浓度应分别达到多少才能满足工业区对其的总量控制指标？

4．降低项目有机废气排放的途径有哪些？简述有机废气的主要治理措施。

【参考答案】

1．项目可能产生的主要环境影响因素和可能导致的环境问题有哪些？

答：该项目为医药原料药项目。污染排放比较复杂。大气污染物排放有氨、甲苯、HCl 等，如控制治理不当，有可能影响环境空气质量或造成异味影响；废水中有机物、氨氮浓度高，如控制不力会给地表水造成影响；固体废物多属于危险废物，处置不当会对土壤地下水、地表水和环境空气产生严重的影响。项目噪声源不大，可控制到厂界，对外环境影响不大。项目使用危险化学品较多，一旦发生事故会有大量的有毒气体泄漏和事故废水排放，将对环境空气和有关地表水造成严重影响，存在环境风险。

2．如按《污水综合排放标准》（GB 8978—1996）中的有关规定，项目污水第二类污染物排放应执行什么标准？其中 COD 标准值为多少（假设不考虑集中污水处理的收水标准）？项目废水所排往的城镇集中污水处理厂应执行什么排放标准？

答：项目废水经厂内污水处理站处理后排放地区集中二级污水处理厂，第二类污染物应执行《污水综合排放标准》三级，其中 COD 的医药原料药工业的排放标准值为 1 000 mg/L。同时，项目废水排放应满足地区集中二级污水处理厂的收水要求。项目废水所排往的地区集中污水处理厂，根据《城镇污水处理厂污染物排放标准》（GB 18918—2002），应执行一级 A 标准。

3．项目污水处理站对项目污水处理后 COD 和氨氮的平均浓度应分别达到多少才能满足工业区对其的总量控制指标？

答：项目年产生废水 $90 \times 300 = 27\ 000$ t，工业区分配给该项目的 COD 和氨氮排放总量分别为 20 t/a 和 1.6 t/a，因此项目污水处理站对项目污水处理后，其 COD 平均浓度应小于 740.7 mg/L，氨氮平均浓度应小于 59.3 mg/L，方能满足上述总量控制指标。

4．降低项目有机废气排放的途径有哪些？简述有机废气的主要治理措施。

答：该项目主要有机废气排放是甲苯溶剂产生的无组织排放。降低该项目有机废气排放的途径有两个：一是提高清洁生产水平，降低有机溶剂的使用量、提高回收率；二是有效收集有机废气进行净化治理。

有机废气的净化治理方法有：

（1）燃烧法。将废气中的有机物作为燃料烧掉或使其高温氧化，适用于中、高浓度范围的废气净化。

（2）催化燃烧法。在氧化催化剂的作用下，将碳氢化合物氧化分解，适用于各种浓度、连续排放的烃类废气净化。

（3）吸附法。常温下用适当的吸附剂对废气中的有机物进行物理吸附，如活性炭吸附，就适用于低浓度的废气净化。

（4）吸收法。常温下用适当的吸收剂对废气中的有机组分进行物理吸收，如碱液吸收等，对废气浓度限制较小，适用于含有颗粒物的废气净化。

（5）冷凝法。采用低温，使有机物组分冷却至其露点以下，液化回收，适用于高浓度而露点相对较高的废气净化。

【考点分析】

1. 项目可能产生的主要环境影响因素和可能导致的环境问题有哪些？

《环境影响评价案例分析》考试大纲中"四、环境影响识别、预测与评价（1）识别环境影响因素与筛选评价因子；（2）判断建设项目影响环境的主要因素及分析产生的主要环境问题"。

本案例项目中，主要考查考生对医药类建设项目环境影响因素的筛选及可能产生的环境问题的掌握程度。

举一反三：

建设项目对环境的影响主要取决于两个方面，一方面是建设项目的工程特征；另一方面是项目所在地的环境特征。上述素材提供的项目基本情况和环境基本特征不是很多，但可以初步判断其主要环境影响因素和可能带来的环境问题。污染影响型建设项目环境影响识别一般采用列表清单和矩阵法。两者的基本原理是一致的，首先分析项目产生哪些污染（废水、废气、噪声、固体废物）或生态影响因子，这些污染排放因子或生态影响因子的强度如何、性质如何、去向如何，再分析这些因子对环境要素（大气环境、水环境、声环境、土壤、地下水环境及生态环境等）的影响范围及程度。本素材所涉及项目主要是污染型的环境影响。对于医药原料药类项目，不可忽视异味影响和环境风险。

2. 如按《污水综合排放标准》（GB 8978—1996）中的有关规定，项目污水第二类污染物排放应执行什么标准，其中 COD 标准值为多少（假设不考虑集中污水处理的收水标准）？项目废水所排往的城镇集中污水处理厂应执行什么排放标准？

《环境影响评价案例分析》考试大纲中"四、环境影响识别、预测与评价（3）选用评价标准"。

项目排放的废水应同时满足排往污水处理厂的收水标准和其排放标准。本项目污水经厂内污水处理站处理后排往地区集中二级污水处理厂，第二类污染物应执行《污水综合排放标准》三级，注意医药原料药项目 COD、氨氮排放标准稍宽。例如

COD 三级排放标准为 1 000 mg/L。《城镇污水处理厂污染物排放标准》4.1.2.2 修改后为："城镇污水处理厂出水排入国家和省确定的重点流域及湖泊、水库等封闭、半封闭水域时，执行一级标准的 A 标准，排入 GB 3838—2002 地表水Ⅲ类功能水域（划定的饮用水源保护区和游泳区除外）、GB 3097—1997 海水二类功能水域时，执行一级标准的 B 标准。"该污水处理厂的出水虽排入执行地表水Ⅳ类水体功能的河道，但该河属了淮河流域，是国家确定的重点流域，因此该污水处理厂的出水应执行一级A 标准。而该标准未修改前规定只有处理后的回用水和作为稀释能力较小的景观水时才执行一级 A 标准。

3. 项目污水处理站对项目污水处理后 COD 和氨氮的平均浓度应分别达到多少才能满足工业区对其的总量控制指标？

《环境影响评价案例分析》考试大纲中"六、环境保护措施分析（4）分析污染物排放总量情况"。

项目污染排放满足排放标准只是基本要求，还应满足总量控制的要求。本案例中已经给出项目的总量控制指标（项目运行后不能超过的污染物排放总量），可按此推算总量控制因子的平均排放浓度。

原考试大纲要求的是"分析污染物排放总量控制情况"，现改为"分析污染物排放总量情况"，去掉控制两字，实际上是简化了答题人的回答难度，只需要正确统计指定总量控制因子的排放总量即可。至于总量的控制，案例中会给出明确的控制指标，以降低回答难度。但也可能让答题人定性给出总量控制的方案，如因子的选择、区域平衡削减方案或"以新带老"削减方案。

值得注意的是根据《国务院关于"十一五"期间全国主要污染物排放总量控制计划的批复》及其附件，"十一五"期间全国主要污染物排放总量计划中总量控制因子只剩下 COD 和 SO_2。

4. 降低项目有机废气排放的途径有哪些？简述有机废气的主要治理措施。

《环境影响评价案例分析》考试大纲中"六、环境保护措施分析（1）分析污染物达标排放情况；（2）分析污染控制措施及其技术经济可行性"。

本案例项目中，主要考查考生对医药类项目污染防治措施的把握程度。

降低污染排放应贯彻清洁生产的原则。因此首先要想到的是：通过清洁生产，从源头上降低污染物的产生量，然后才是污染物的治理。

对于一般化工废气的净化治理措施，考生应熟悉其基本原理和适用条件。

案例4　某化工制造工程

【素材】

某化工项目工艺过程如下：在反应釜内加入一定量的甲苯溶剂及原料 A，搅拌并缓慢加热使原料完全溶解，然后加入反应物 B。充分搅拌后加热回流 1.5 h，分出反应水分，反应完毕后，物料转入浓缩釜，减压蒸去甲苯，回收后套用。浓缩物用二氯甲烷溶解，过滤除杂，滤液转入密闭反应釜，加入过量（理论量的 1.5 倍）的液态反应物 D。控制温度在 10～20℃反应 1 h，减压蒸去二氯甲烷及过量反应物，得到粗品，用丙酮进行重结晶，活性炭脱色。结晶后离心甩滤，滤料在干燥箱内干燥后得到产品 E。丙酮母液循环套用。蒸出的二氯甲烷及过量反应物 D 的混合物精馏回收。

【问题】

1.（1）根据工艺描述，绘制工艺—污染流程框图，并标出各部分排放的污染物。

（2）如果第一步的反应方程式为：

$$A+B=C+H_2O（分子量 M_A=120.5，M_B=90.2）$$

根据下面的物料平衡图，计算过滤滤渣的量为____kg，甲苯废气量为____kg。（假设该反应的反应率为 90%，中间产物完全溶解在二氯甲烷中，而浓缩物中其他成分均不溶于二氯甲烷。滤渣附着的溶剂量忽略）

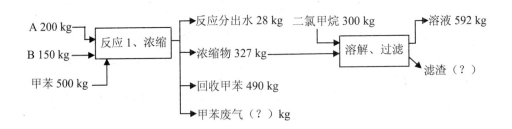

（3）选出最符合题意的答案（单选）：该步工序中，甲苯溶剂的回收率为____（a. 98%；b. 95%；c. 99%），甲苯的流失途径为_____（a. 以废气形式挥发；b. 随分出水带走；c. 随浓缩物进入下步工序；d. 以上途径均存在）。

2. 该工艺中，甲苯废气主要的排放部位有哪些？

【参考答案】

1. 答：（1）项目的工艺—污染流程框图如下：

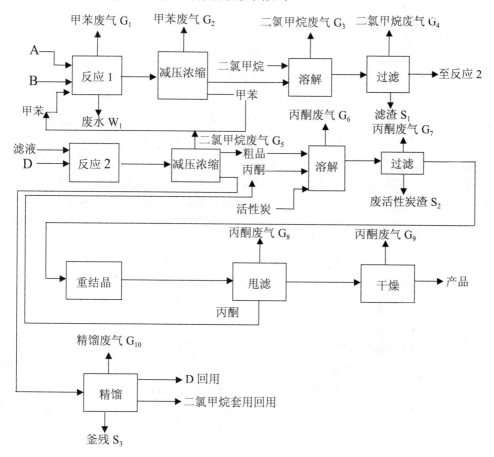

（2）如果第一步的反应方程式为：

$A + B = C + H_2O$　（分子量 $M_A = 120.5$，$M_B = 90.2$）

据下面的物料平衡图，计算过滤滤渣的量为 <u>35</u> kg，甲苯废气量为 <u>5</u> kg。

（3）选出最符合题意的答案：第一步工序中，甲苯溶剂的回收率为 <u>a</u>（a. 98%；b. 95%；c. 99%），甲苯的流失途径为 <u>d</u> 。（a. 以废气形式挥发；b. 随分出的水带走；c. 随浓缩物进入下步工序；d. 以上途径均存在）

2. 答：该工艺中，甲苯废气主要的排放部位有反应1过程回流冷凝器顶部开口的排放、减压浓缩过程中随真空泵尾气排放。均为无组织排放源。可以在排放口加集气罩引风收集后和其他有机废气一起集中处置。

【考点分析】

1. 工程分析

《环境影响评价案例分析》考试大纲中"二、项目分析（1）分析建设项目生产工艺过程的产污环节、主要污染物、资源和能源消耗等，给出污染源强，非污染生态影响为主的项目还应根据工程特点分析施工期和运营期生态影响的因素和途径"。

（1）根据工艺描述，绘制工艺—污染流程框图，并标出各部分排放的污染物。

需要指出的是，即使题目中不强调"标出各部分的污染物排放"，工艺污染流程图中也一定要给出污染物排放点及名称编号。因为工艺过程分析是工程分析的重点，而工艺污染流程图又是工艺过程分析的重要内容，因此在案例分析考试中，污染型项目工程分析的考查非常有可能涉及工艺污染流程图，形式可能是绘制或补充。本案例给出的工艺过程虽然在实际化工类项目中是比较简单的工艺过程，但考试时由于时间的限制，出现的素材还要简单得多。之所以在此举这样的例子，是为了较全面地分析绘制工艺—污染流程框图的基本要点。这些要点可归结为：工序和物料流向的逻辑关系清楚、物料出入项目全面、污染物排放节点和性质清楚。

工艺—污染流程框图的绘制，《导则》中没有严格的规范，所以本题给出的参考答案不是唯一和标准的，但涵盖了基本的要素，即物料出入、工序和逻辑关系。一般有横向绘制的和竖向绘制的，为了便于表达，推荐横向绘制的流程图。原料在左、中间产物在右、污染排放在上下标注。竖向绘制的可以按原料在上、中间产物在下、污染排放在右的原则布置。总之能较清楚表达工艺过程和污染物排放即可。

考虑到环评人员的专业问题，考试一般素材都会讲明所需要的工艺过程。但笔者认为，对一般的化工过程诸如精馏、减压蒸馏、重结晶、萃取等过程，应该了解其基本原理和操作过程。比如重结晶，素材可能一句话带过，但一定要考虑到活性炭脱色过滤产生的滤渣问题，绘制流程图时根据清楚标明污染物排放的需要可进行工序的分解。对于污染物的标注，一般一个排放部位可标注为一个排放源，占用一个编号，也有些同类废气源特别指明集中（治理）排放，需要注意。总之，只要能正确反映工艺流程，清楚、完全地说明污染物排放，就能满足题目的考查要求。

（2）、（3）选出最符合题意的答案（单选）。

本题主要考查工艺过程分析与物料平衡法的运用。物料平衡法是化工石化医药类项目工程分析经常运用的基本污染源强分析方法之一。物料平衡法计算污染物排放量是最基本、最常用的化工石化医药类项目估算污染物排放量的方法。进行物料平衡分析计算应注意：① 正确确定分析的边界或者计算的出入节点；② 理清物料转化、流失等的逻辑关系；③ 投入、产出的物料项目一定要列完全。题目中给定的条件是最简单的物料平衡分析。投入三种物料即 A、B 和溶剂甲苯，经过反应和浓缩后，能看到的产出物有浓缩物料、回收的甲苯和反应分出的废水，剩余的产出物应该是在反应过程中从回流冷凝器顶端排口和减压蒸馏真空尾气排放的甲苯，也就是流程图中标出的 G1 和 G2。如果已知投入物料量和产出的分出水量、浓缩物量和甲苯回收量，就能通过物料平衡计算出甲苯废气的排放量。过滤滤渣量计算也是同样的道理。这是最简单的平衡计算，考试可能会有稍复杂的计算，比如产出中出现两个未知数，可以通过反应方程式以及给定的产率计算出产物或中间产物的量，再得到某类污染物的排放量。但都是应用一个基本原则来解决，即进入某单元的所有物料和产出单元的所有物料总和相等，工序内循环的不计入。比如下图的平衡关系中，可以得出 A+B＝C+D+F，D+E=I+H，F+G=J。对于工序 3 内循环的 K 项目，不必列入。

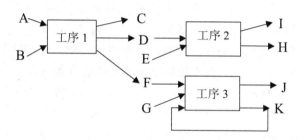

对于某物料的回收率，比如化工医药项目中常需要计算和利用的溶剂回收率，其计算公式为：回收率＝实际回收量÷初始投入量×100%。切不可只考虑废气一种流失方式，即认为只流失了 5 kg（只占投入量的 1%），因此回收率就是 99%。紧接着的问题也是紧密关联的，甲苯溶剂在反应和浓缩的过程中会通过分出的反应水 W1 带走、浓缩物料带走以及废气散发三种途径流失。

2. 该工艺中，甲苯废气主要的排放部位有哪些？

《环境影响评价案例分析》考试大纲中"四、环境影响识别、预测与评价（7）选择、运用预测模式与评价方法；（8）预测和评价环境影响（含非正常工况）"。

本项目的考查点为无组织排放废气卫生防护距离的核算。

甲苯在第一步反应及后续的浓缩中只有两个排放部位。如果清楚上述两个化工过程的基本原理、操作和设备就能很容易找到排放部位。

案例 5　对氨基苯磺酰胺制造工程

【素材】

　　某化工项目拟建在某城市远郊某工业区，以氯苯、三氧化硫、二氯亚砜、氨水为原料，进行磺化、酰氯化反应和胺化反应，年产对氨基苯磺酰胺 1 000 t。项目厂区占地 40 000 m²，建设生产车间一座、独立的原料及成品罐区（带罩棚）一个、危险品库一个、2 t/h 锅炉房一座。项目排放氯化氢、氨气、氯苯等工艺废气；排放生产废水，其属酸性有机废水，并含有一些难降解毒性物质；还排放工艺废渣等固体废物。厂区排水实行雨污分流，雨水依靠重力流经管道排入 A 河。污水经厂内污水处理设施处理达到二级标准后经管道排入 A 河。项目主要噪声源为锅炉房噪声。

　　项目周围有三个村镇，分别位于拟建址西南 4 km、东 5 km 和东北 3 km。除此之外没有其他居民区。A 河为 GB 3838—2002 中规定的Ⅳ类水体。项目所在地区为《环境空气质量标准》Ⅱ类区。项目平面布置见图 1。

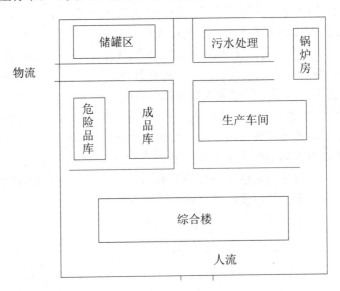

图 1　项目平面布置图

主要原料和产品的理化及毒理性质如下：

氯苯：无色透明液体，具有不愉快的苦杏仁味。熔点−45.2℃，沸点132.2℃，相对密度（水为 1）1.10，相对蒸气密度（空气为 1）3.9，闪点 28℃。对中枢神经系统有抑制和麻醉作用；对皮肤和黏膜有刺激性。急性中毒：接触高浓度可引起麻醉症状，甚至昏迷。脱离现场，积极救治后，可较快恢复，但数日内仍有头痛、头晕、无力、食欲减退等症状。液体对皮肤有轻度刺激性，但反复接触，则起红斑或有轻度表浅性坏死。慢性中毒：常有眼痛、流泪、结膜充血的症状；早期有头痛、失眠、记忆力减退等神经衰弱症状；重者引起中毒性肝炎，个别可发生肾脏损害。LD_{50} 为 2 290 mg/kg（大鼠经口）。对环境有严重危害，对水体、土壤和大气可造成污染。本品易燃，具刺激性，遇明火、高热或与氧化剂接触，有燃烧爆炸的危险。

氨水：35%水溶液，无色透明液体，有强烈的刺激性臭味。吸入后对鼻、喉和肺有刺激性，引起咳嗽、气短和哮喘等；重者发生喉头水肿、肺水肿及心、肝、肾损害。慢性影响：反复低浓度接触，可引起支气管炎；可致皮炎。不燃，具腐蚀性、刺激性，可致人体灼伤。

三氧化硫：无色液体或者无色至白色晶体，有发烟、吸湿特性。蒸气比空气重。α 体、β 体和 γ 体的熔点分别为 62℃、33℃和 17℃。该物质是一种强氧化剂，与可燃物质和还原性物质以及有机化合物激烈反应，有着火和爆炸危险。与水和潮湿空气激烈反应，生成硫酸。水溶液是一种强酸，与碱激烈反应。该物质可通过吸入其蒸气和食用吸收到体内。20℃时该物质蒸发，迅速达到空气中有害污染浓度。该物质腐蚀眼睛、皮肤和呼吸道。食入有腐蚀性。反复或长期接触气溶胶，肺可能受损伤，并有牙蚀的危险。含三氧化硫的强无机酸雾是人类致癌物。不可燃。受热引起压力升高，容器有爆裂危险。在火焰中释放出刺激性或有毒烟雾（或气体）。

二氯亚砜：无色至浅黄或浅红色发烟液体。有窒息气味。加热至 140℃以上分解成氯气、二氧化硫和氯化硫，遇水水解成二氧化硫和盐酸。能与苯、氯仿混溶。相对密度（d_4^{20}）1.638。熔点−104.5℃，沸点 76℃。有催泪性和腐蚀性。贮存：密封阴凉干燥保存。按《危险货物品名表》，属酸性腐蚀品。

对氨基苯磺酰胺：白色颗粒或粉末状结晶，无臭，味微苦。熔点 165～166℃。接触磺胺类的工人，有干咳、食欲不振、口中有恶味、头痛、头晕、易疲乏、精神萎靡、工作后思睡等症状。遇热分解放出有毒的氮氧化物和氧化硫。对环境可能有危害，对水体和土壤可造成污染。遇明火、高热可燃。其粉体与空气可形成爆炸性混合物，当达到一定浓度时，遇火星会发生爆炸。受高热分解放出有毒的气体。LD_{50} 为 3 900 mg/kg（大鼠经口）；3 000 mg/kg（小鼠经口）；1 300 mg/kg（兔经口）。

【问题】

1. 项目运行期主要环境影响因素有哪些？

2. 项目环境空气质量调查应调查哪些因子？如建设地区没有其他的地方性大

气污染物评价标准，项目大气污染物排放标准应选用哪些？分别适用于哪些废气排放？

3. 项目涉及哪些危险物质？按《建设项目环境风险评价技术导则》可分为哪些功能单元？重大危险源存在哪些重大事故风险？项目环境风险评价进行的环境敏感性调查应调查哪些内容？

4. 项目排放的生产废水，未处理前如按《环境影响评价技术导则——地面水环境》来划分，水质复杂程度如何？项目排水系统、废水处理设施应采取哪些应急措施来避免事故废水排放对地表水的重大环境影响？

【参考答案】

1. 项目运行期主要环境影响因素有哪些？

答：项目运行期主要的环境影响因素有：锅炉烟气和工艺废气排放对环境空气质量的影响，恶臭物质（氨、氯苯等）排放造成的异味影响，废水排放对地表水环境的影响，固体废物对环境的影响，对声环境的影响，对土壤和地下水的影响以及环境风险。

2. 项目环境空气质量调查应调查哪些因子？如建设地区没有其他的地方性大气污染物评价标准，项目大气污染物排放标准应选用哪些？分别适用于哪些废气排放？

答：项目环境空气质量调查应调查常规因子和项目特征因子。常规因子包括 TSP（或 PM_{10}）、SO_2、NO_2、CO，项目特征因子包括氯化氢、氨气、氯苯；如建设地区没有其他的地方性大气污染物评价标准，应选用项目大气污染物排放标准：锅炉烟气排放适用于《锅炉大气污染物排放标准》（GB 13271—2001），氨废气排放应执行《恶臭污染物排放标准》（GB 14554—93），氯苯、HCl 废气排放应执行《大气污染物综合排放标准》（GB 16297—1996）（二级）。

3. 项目涉及哪些危险物质？按《建设项目环境风险评价技术导则》可分为哪些功能单元？重大危险源存在哪些重大事故风险？项目环境风险评价进行的环境敏感性调查应调查哪些内容？

答：项目涉及的危险物质主要有氯苯、氨水、盐酸、三氧化硫、二氯亚砜和对氨基苯磺酰胺等，按《建设项目环境风险评价技术导则》进行环境风险评价时，项目厂区可分为储罐区、库房区和生产车间三个包含危险物质的功能单元。项目的事故风险主要是氯苯、氨水、二氯亚砜泄漏以及火灾爆炸事故发生引起的上述物质大量挥发有毒有害气体的环境风险，以及前述的危险物质大量进入水环境的环境风险。项目环境风险评价进行的环境敏感性调查应包括：① 明确各环境保护目标与危险源之间的距离、方位；② 项目选址选线是否位于江河湖海沿岸，环境风险是否涉及临近的饮用水水源保护区、自然保护区和重要渔业水域、珍稀水生生物栖息地等区域，按环境风险涉及的范围进行排查，明确保护级别；③ 人口集中居住区和社会关注区（如学校、医院等）按 5 km 排查，查明人口分布，核对厂址合理性论证是否充分。

4. 项目排放的生产废水，未处理前如按《环境影响评价技术导则—地面水环境》来划分，水质复杂程度如何？项目排水系统、废水处理设施应采取哪些应急措施来避免事故废水排放对地表水的重大环境影响？

答：项目排放的生产废水处理前含有酸、持久性污染物（难降解的有机物）、非持久性污染物（可降解的有机物）三类污染物，如按《环境影响评价技术导则—地面水环境》来划分，属于水质复杂的水。如在污水处理设施出现故障或事故的情况下直接排放，会对水环境造成严重的影响。在发生火灾等事故状态下，消防废水也会含有酸、氯苯等有机物，而且浓度很高。因此应该确保项目污水装置的处理能力、保障调节池的容量，设置监控池或根据消防水量的预测，设立功能和容量满足要求的消防水收集系统和事故应急水池。各清水、污水、雨水管网的最终排放口与外部水体间应安装切断设施和切换到事故应急水池的设施，储罐区应设置围堰等。

【考点分析】

1. 项目运行期主要环境影响因素有哪些？

《环境影响评价案例分析》考试大纲中"四、环境影响识别、预测与评价（1）识别环境影响因素与筛选评价因子；（2）判断建设项目影响环境的主要因素及分析产生的主要环境问题"。

项目运行期主要的环境影响因素考虑主要污染物（废水、废气、噪声、固体废物等）排放对各个环境要素（大气环境、水环境、声环境、土壤和地下水、生态）等可能的影响。对于本项目中存在的有明显异味的恶臭物质（氨、氯苯等）应考虑其造成的异味影响；对于存在危险源的项目，还要考虑环境风险对环境可能的潜在危害，这也是一种环境"影响"。

2. 项目环境空气质量调查应调查哪些因子？如建设地区没有其他的地方性大气污染物评价标准，项目大气污染物排放标准应选用哪些？分别适用于哪些废气排放？

《环境影响评价案例分析》考试大纲中"四、环境影响识别、预测与评价（1）识别环境影响因素与筛选评价因子；（3）选用评价标准"。

环境空气质量调查与评价的因子包括常规因子和项目特征因子。本项目也有锅炉烟气的排放，因此应该调查常规因子。项目特征因子当然更是调查的重点。如需监测，监测布点应以《环境影响评价技术导则—大气环境》（HJ 2.2—2008）为依据进行。一级评价项目监测点不少于 10 个；二级评价项目不少于 6 个；三级评价项目如评价区内已有例行监测点则可不再安排监测，否则可布置 2～4 个监测点。监测制度一级评价项目不得少于二期（夏季、冬季），二级评价项目可取一期不利季节，必要时也可做两期。三级评价项目必要时做一期监测。每期监测期至少取得有季节代表性的 7 天有效数据。监测设备为空气自动监测设备，在不具备自动连续监测条件时，一级评价项目每天监测时段，应至少获取当地时间 02 时，05 时，08 时，11 时，14 时，17 时，20 时，23 时 8 个小时质量浓度值；二级和三级评价项目每天监测时段，应至少获取当地时间 02 时，08 时，14 时，20 时 4 个小时质量浓度值。监测方案类考题在前两年的考试中出现过，应引起重视。为方便考生记忆，大气监测布点原则简要总结为：

一级冬夏测 7 天，兼顾均匀布 10 点。

二级不利布 6 点，连续监测也 7 天。

三级监测可放宽，要布 2 至 4 个点。

化工石化及医药类项目大气污染物排放标准应注意不同类型污染物的选取，锅炉烟气、恶臭物质、工业炉窑废气和工艺上其他废气排放应注意区分。特别是恶臭物质要执行《恶臭污染物排放标准》。

3. 项目涉及哪些危险物质？可分为哪些功能单元？重大危险源存在哪些重大事故风险？重大危险源项目环境风险评价进行的环境敏感性调查应调查哪些内容？

《环境影响评价案例分析》考试大纲中"五、环境风险评价（1）识别重大危险源并描述可能发生的风险事故"。

笔者认为，依现在颁行的《建设项目环境风险评价技术导则》，环境风险后果偏重于人员伤亡。因此危险物质的筛选偏重于急性、毒性和易燃易爆性。而松花江污染事故发生后的一系列风险管理的政策表明，造成环境质量严重恶化也应该是环境风险评价中不可忽视的后果，因此危险物质的选取应该全面，凡是在事故状态下排放，或引起其他污染物进入大气或水环境并会引起环境质量急剧恶化的物质都应被视为危险物质。因此在进行"导则与标准"或"技术方法"考试时，应严格按《建设项目环境风险评价技术导则》进行，而"案例分析"考试因为考试大纲没有做细致的规定，应该考虑《环境风险排查技术要点》和环境风险评价与管理的实际情况，至少不应遗漏。对于评价范围和环境敏感性调查范围，《导则》中规定，环境风险评价等级为一级的大气环境影响评价范围为距离源点不低于 5 km，二级为不低于 3 km。而《环境风险排查技术要点》要求化工石化项目均应排查 5 km 范围内的人口集中居住区和社会关注区（如学校、医院等）。这两个并不矛盾，一个是事故排放下大气环境影响的范围；另一个是调查环境敏感性的范围。

举一反三：

《建设项目环境风险评价技术导则》中解释："功能单元，至少应包括一个（套）危险物质的主要生产装置、设施（容器或管道）及环保处理设施，或同属于一个工厂且边缘距离小于 500 m 的几个（套）生产装置设施，每一个功能单元要有边界和特定的功能，在泄漏事故中能有和其他单元分割开的地方。"本项目厂区平面布置中能满足上述"至少应包括一个（套）危险物质的主要生产装置、设施（容器或管道）及环保处理设施"的有储罐区、生产车间和危险品及成品库房。而且它们之间有明显的边界和特定的功能，并且泄漏事故发生时能通过厂区道路互相分割开。因此可划分为三个包含危险物质的功能单元。划分了功能单元，才能判定重大危险源。

对重大危险源的判定 2008 年考试大纲做了强调，一定要理解临界量的含义，可以参照《导则》的附录临界量并结合《重大危险源辨识》（GB 18218—2000）来确定临界量。如果出题的话一般会给出临界量，这个判别不难，大于等于临界量即为重大危险源，难点在于功能单元的划分和界定。

4. 项目排放生产废水，未处理前如按《环境影响评价技术导则水环境》来划分，水质复杂程度如何？项目排水系统、废水处理设施应采取哪些应急措施来避免事故废水排放对地表水的重大环境影响？

《环境影响评价案例分析》考试大纲中"五、环境风险评价（2）提出减缓和消除事故环境影响的措施"。

事故状态下排放的废物对环境的影响和防范措施在实际环评工作中已经成为一个重点。尤其是事故废水，以消防废水为主，可能含有大量的有毒有害的危险物质。这里根据《环境风险排查技术重点》的有关内容，做了一些回答，以备万一。无论出什么形式的考题，都要把握住事故废水（尤其是消防废水）中含有哪些有毒有害物质，排放后会造成何种程度的影响，事故废水向外环境排放的切断措施、收集措施和处理处置措施。这些是事故应急预案中的重要内容。

减缓和消除事故环境影响的措施主要应从最大可信事故一旦发生对环境的危害后果最低来考虑。笔者认为应从事前和事后应急两方面去考虑。事前主要从选址选线上避开环境敏感目标，例如人口密集区、重点保护的水域等；事后主要从应急预案来考虑，应急预案不仅仅要以避免人员伤亡和财产损失等危害作为出发点，还要关注事故状态下特殊污染排放造成的环境污染带来的危害。

案例 6　某化工改扩建项目

【素材】

某化工企业生产某化工产品 A，现拟进行扩产改造。现状该化工产品的产量为 5 000 t/a，年工作 300 天、7 200 h。消耗主要原料 B 为 7 000 t/a，用水量为 3.4 万 t/a，年耗电量 24 万 kW·h，有 1 个 3 t/h 燃煤锅炉，耗煤 7 200 t/a。锅炉安装有脱硫除尘设施，全厂生产、生活污水经厂污水处理站处理后排放，约 70 m³/d。车间有两个高度均为 20 m 的工艺废气排气筒 P_1 和 P_2，均排放 HCl 废气，相距约 35 m。现状废气及废水污染物排放监测数据见表 1、表 2、表 3。

表 1　废水监测数据

采样点位	pH（无量纲）	SS	COD	硫化物	总铅	总锌	氨氮
污水排放总口/（mg/L）	6.8～7.7	110～175	140～147	0.01～0.2	0.1～0.6	0.6～1.3	16～23
标准值/（mg/L）	6～9	200	150	1.0	1.0	5.0	25

表 2　工艺废气 HCl 监测数据

监测点位	排放浓度/（mg/m³）	排放速率/（kg/h）
排气筒 P_1	78	0.23
排气筒 P_2	96	0.29
20 m 排气筒标准	100	0.43

表 3　锅炉燃烧烟气监测数据（烟气量 8 400 m³/h）

监测点位	SO_2/（mg/m³）	烟尘/（mg/m³）	黑度	排放高度/m
锅炉烟囱	952	120	<1	35
标准值（Ⅰ时段）	1 200	150	1	30

改扩建采用先进生产工艺，淘汰旧设备，对现有公用工程装置做相应增容改造。该产品产量拟扩产达到 15 000 t/a。消耗主要原料 B 为 18 000 t/a，用水量达 9 万 t/a，年耗电量达 75 万 kW·h。锅炉增容改造后燃烧含硫 0.4% 的低硫煤，吨煤产尘系数为 3%，用量增加到 21 600 t/a（假设增容后锅炉热效率和吨煤产汽量不变）。同时对锅炉脱硫除尘系统进行改造，提高脱硫率、除尘效率分别至 85% 和 99%，以满足新时

段排放标准要求。同时对厂污水处理站进行改造，预计排水量增加到 185 m³/d，处理出水水质为：COD≤100 mg/L，氨氮≤15 mg/L。

【问题】

1. 根据提供的数据，该企业现状废水_____。A. 达标排放；B. 未达标排放；C. 无法判定是否达标排放。

2. 该企业现状排气筒 P_1 和 P_2 HCl 废气_____。A. 达标排放；B. 未达标排放；C. 无法判定。

3. 本项目的清洁生产分析应有哪些内容？扩建项目清洁生产水平在哪些方面得到了提高？

4. 扩建项目提出的"以新带老"措施有哪些？按扩建项目，绘制项目 SO_2、烟尘、废水污染物 COD 和氨氮的总量变化"三本账"汇总表。（设低硫煤的产尘系数为 3%，SO_2 转化率为 80%）

【参考答案】

1. 根据提供的数据，该企业现状废水 C. 无法判定是否达标排放。

2. 该企业现状排气筒 P_1 和 P_2 HCl 废气 B. 未达标排放。

3. 清洁生产分析的基本内容有：

（1）工艺技术先进性分析。对工艺技术来源和技术特点进行分析，说明其在同类技术中所占的地位及设备的先进性，可从装置的规模、工艺技术、设备等方面，分析其在节能、减污、降耗等方面的清洁生产水平。

（2）资源能源利用指标分析。从原辅材料的选取、单位产品物耗指标、能耗指标、新水用量指标等方面进行分析。

（3）产品指标分析。从产品的清洁性、销售、使用过程以及报废后的处理处置中的环境影响出发进行分析说明。

（4）污染物产生指标。从单位产品废气、废水、固体废弃物产生指标等方面与行业标准指标或国内外同类企业进行比较分析，说明其清洁生产水平。

（5）废物回收利用指标分析。从蒸汽冷凝液、工艺冷凝液、冷却水循环使用、废水回用、废热利用、有机溶剂回收利用、废气、固体废弃物综合利用等方面进行分析。

（6）环境管理要求分析。从环境法律法规、标准、环境审核、废物处理处置、生产过程环境管理、相关方面环境管理等方面进行分析，说明其清洁生产水平。

（7）项目提高清洁生产水平的措施、建议。本项目扩建后在工艺技术水平、资源能源利用指标、污染物产生指标等方面，清洁生产水平得到了提高。

4. 扩建项目提出的"以新带老"措施有：采用先进生产工艺，淘汰旧设备来改造原有生产线，对锅炉脱硫除尘系统进行改造，提高脱硫率、除尘效率分别至 85% 和 99%，以满足新时段排放标准要求，同时对厂污水处理站进行改造，提高处理效率和处理出水水质。

扩建前后项目 SO_2、烟尘、废水、COD、氨氮总量变化"三本账"汇总

单位：废水量为万 m^3/a，其余为 t/a

类别	污染物	现有工程排放量 A	扩建部分排放量 B	以新带老削减量 C	改扩建后排放总量 D	变化量 E
废气	SO_2	57.57	13.82	50.67	20.72	−36.85
	烟尘	7.26	4.32	5.1	6.48	−0.78
废水	废水量	2.1	3.7	0.25	5.55	3.45
	COD	3.09	3.7	1.24	5.55	2.46
	氨氮	0.48	0.55	0.20	0.83	0.35

【考点分析】

1. 根据提供的数据，该企业现状废水＿＿＿＿＿＿＿。A. 达标排放；B. 未达标排放；C. 无法判定是否达标排放

2. 该企业现状排气筒 P_1 和 P_2 HCl 废气＿＿＿＿＿＿。A. 达标排放；B. 未达标排放；C. 无法判定

《环境影响评价案例分析》考试大纲中"六、环境保护措施分析（1）分析污染物达标排放情况"。

《污水综合排放标准》(GB 8978—1996)中规定了第一类污染物和第二类污染物，"第一类污染物不分行业和污水排放方式，也不分受纳水体的功能类别，一律在车间或者车间处理设施排放口采样，其最高允许排放浓度必须达到本标准要求"。因此本案例给出的监测数据由于其采样点在总口，无法判断第一类污染物总铅在车间排口是否达标。这条规定的含义是不能将含有重金属等持久性污染物的废水与其他废水稀释后"达标"排放。对于第一类污染物的几个项目要记住。

《大气污染物综合排放标准》(GB 16297—1996)中规定（附录 A，A1），当排气筒 1 和排气筒 2 排放同一种污染物，其距离小于该两个排气筒的高度之和时，一个等效排气筒应代表该两个排气筒。等效排气筒的污染物排放速率，按两个排气筒排放速率之和计算。这条附录的隐含的意思是，避免出现同源多排、降低排放速率的问题，这是为了完善管理而做的解释。因此问题 2 显然是两个排气筒视为一个等效排气筒后，其合计排放速率是超标的。还要掌握多个排气筒的等效计算方法。另外，大气污染物排放标准值的严格执行的使用条件、高度外推标准值的计算方法也

要注意。

3. 本项目的清洁生产分析应有哪些内容？扩建项目清洁生产水平在哪些方面得到了提高？

《环境影响评价案例分析》考试大纲中"二、项目分析（2）从生产工艺、资源和能源消耗指标等方面分析建设项目清洁生产水平"。

这部分内容可以涉及很简单的定量计算，容易出题，应当注意；还要注意几个水的利用指标，如污水回用率、循环水的循环率（一般要求达到 95%）、总的重复用水率、工艺水的回用率等。如果考试中出现清洁生产水平是否能满足要求的问题，例如，某新建或者改建项目清洁生产水平仅为三级（国内一般水平），是否满足要求？回答是否定的，应该从工艺、设备、原料、管理等方面进行改进，至少要达到二级即国内先进水平，注意我们这里是环境影响评价中的清洁生产分析，或者说是未建设项目的清洁生产水平预测分析，而环评工作的一个目的就是避免新建、改建项目的低水平建设。

4. 扩建项目提出的以新带老措施有哪些？按扩建项目，绘制项目 SO_2、烟尘、废水污染物 COD 和氨氮的总量变化"三本账"汇总表。（设低硫煤的产尘系数为 3%，SO_2 转化率为 80%）

《环境影响评价案例分析》考试大纲中"二、项目分析（3）分析计算改扩建工程污染物排放量变化情况"。

改扩建项目以新带老措施主要从三方面去考虑：

（1）以清洁生产水平较高的先进工艺设备等手段改造原有工程；

（2）提高现有工程污染物的处理效率；

（3）新工程运行后可以消除现有污染源。

这些以新带老措施可以是直接的，比如采取专门措施解决现有环境问题；也可以是间接的，通过改扩建部分的新措施，间接解决现有环境问题。要把握：不管是有目的和还是"无意"的，直接的还是间接的，是通过改扩建项目降低现有污染物排放还是解决环境问题带来环境效益，都是以新带老措施。

现有工程的锅炉大气污染物排放量可以按监测资料计算，即：

排放总量=监测的浓度×烟气排放速率×年工作小时数，计算得到现状烟尘排放总量为 7.26 t/a，SO_2 排放总量为 57.57 t/a。

因假设扩建后锅炉热效率和吨煤产汽量未变，分析扩建前后吨产品耗煤量没有变化，因此扩建部分带来的燃煤量为 21 600－7 200＝14 400 t/a，平均为 2 t/h。按 3% 产尘系数及 99% 的除尘效率计算，扩建带来的新增燃煤烟尘排放量为 4.32 t/a，而扩建后总体排放量为 6.48 t/a，则原有部分 7 200 t/a 燃煤通过换为优质煤以及提高除尘效率等方式使得其燃烧烟气中烟尘排放量降低为 6.48－4.32＝2.16 t/a，对比现状的排放量 7.26 t/a，"以新带老"的削减量为 7.26－2.16＝5.1 t/a。同样，通过含硫量以

及 SO_2 转化率、脱硫效率计算,扩建带来的新增 14 400 t/a 燃煤 SO_2 排放量为 13.82 t/a,而扩建后总体排放量为 20.72 t/a,则原有部分 7 200 t/a 燃煤通过使用低硫煤以及提高脱硫效率等方式使得其燃烧烟气中的 SO_2 排放量降低为 20.72－13.82＝6.9 t/a,对比现状的排放量 57.57 t/a,"以新带老"削减量为 57.57－6.9＝50.67 t/a。

现有工程全年排放废水量为 70 m^3/d×300 d＝21 000 m^3/a,按当时的产量 5 000 t/a 计算,吨产品的废水排放量为 4.2 m^3。改扩建后废水排放量为 185 m^3/d×300 d＝55 500 m^3/a,吨产品的废水排放量为 3.7 m^3。因此改扩建后原有的 5 000 t 的废水排放量变为 5 000 t/a×3.7 m^3/t 产品＝18 500 m^3/a,对比现有工程的排放量 21 000 m^3,通过改进工艺"以新带老"削减的废水排放量为 21 000－18 500＝2 500 m^3/a。而扩建那部分的产品产量为 15 000－5 000＝10 000 t/a,产生的废水按新的指标为 37 000 m^3/a。

废水中 COD 的计算也可按上述思路进行,但稍复杂的是在利用"以新带老"措施降低了单位产品废水排放量的同时,还通过对污水处理设施的改造,降低了最终排放废水中 COD 的浓度,这也要反映在以新带老削减量中。分析如下:

COD 和氨氮现状排放总量如果按监测数据的最大值计算,分别为 3.09 t/a 和 0.48 t/a,而扩建部分带来的废水排放量是 37 000 m^3/a,而不是简单的 55 500－21 000＝34 500 m^3/a,这部分废水中的 COD 和氨氮排放总量,按污水处理站改造后的排放指标(COD≤100 mg/L,氨氮≤15 mg/L),分别为 3.7 t/a 和 0.55 t/a;改扩建后原有 5 000 t 的产量排放的废水是 18 500 m^3/a,而不是原来的 21 000 m^3/a,并且按污水处理站改造后的排放指标计算,改扩建后原有 5 000 t 产品排放的 COD 和氨氮总量分别为 1.85 t/a 和 0.28 t/a,因此以新带老削减量分别为:COD 3.09－1.85＝1.24 t/a,氨氮 0.48－0.28＝0.20 t/a。改扩建后总的 COD 和氨氮排放量可以按总的废水量和改扩建后排放的水质浓度计算。同时也可以用现状排放总量＋扩建部分排放总量－"以新带老"削减量计算得出,两个计算结果应该一致,可以互相印证。

在汇总表中,基本关系是 $A+B-C=D$。另外 $D-A=E$,E 如果为负值就说明增产减污,E 为零说明增产不增污。E 为正值说明:增产,同时也相应增加了污染物排放总量。

三、冶金机电类

案例 1　新建电子元器件厂项目

顺达公司拟在本省某开发区内建设一座电子元器件厂。该省级开发区有集中的污水处理厂和供热系统，其他环保基础设施也较完善，目前开发区污水处理厂的设计处理能力为 10 万 m^3/d，实际处理能力为 6.5 万 m^3/d。污水处理厂接管水质要求为 COD 350 mg/L、NH_3-N 25 mg/L、TP 6 mg/L，其他水质标准应当满足《污水综合排放标准》（GB 8978—1996）表 1 及表 4 三级排放标准（氟化物 20 mg/L、总铜 2.0 mg/L、总砷 0.5 mg/L）。

电子元器件生产以硅片为基材，经氨水清洗、氢氟酸或硫酸蚀刻砷化氢掺杂、硫酸铜化学镀等工序得到最终产品。其中掺杂工序和化学镀工序流程如图 1 所示。

经过工程分析可知，拟建项目在生产过程中产生的清洗废水、蚀刻废水、尾气洗涤塔废水、化学镀废水将经过预处理后进入中和池，中和池出水排入开发区污水处理厂，废水预处理后的情况参见表 1。

表 1　废水与处理情况一览表

废水	预处理方法	排放规律	水量/(t/d)	水质/（mg/L）					
				COD	氨氮	TP	F⁻	As	Cu
清洗废水	吹脱法	连续	1 200	150	40				
蚀刻废水	絮凝沉淀法		3 600	150	5	20	8		
尾气洗涤塔废水			120	200				1.0	
化学镀废水			360	50					5.0

氨水清洗工序产生的清洗废水中含氨量为 0.02%，为降低废水中氨的浓度，拟采取热交换吹脱法除氨，氨的吹脱效率 80%，吹脱出的氨经 15 m 高排气筒排放。《恶臭污染物排放标准》（GB 14554—93）中规定：15 m 高排气筒氨排放量限值为 4.9 kg/h。

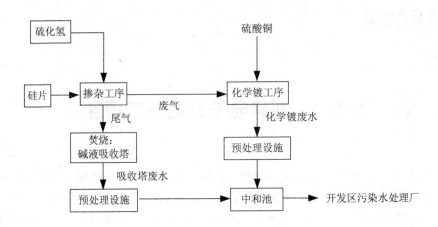

图 1　掺杂工序和化学镀工序流程图

【问题】

根据上述背景材料，请回答以下问题：

1. 给出掺杂工序和化学镀废水、废气的特征污染因子。

2. 根据项目废水预处理方案，判断电子元器件公司废水能否纳入开发区污水处理厂？并说明理由。

3. 列出掺杂工序和化学镀废水预处理生产的污泥处置要求。

4. 评价本工程热交换吹脱法除氨废气达标情况，给出废气排放的控制措施。

【参考答案】

1. 给出掺杂工序和化学镀废水、废气的特征污染因子。

答：掺杂工序和化学镀废水的污染特征因子包括：总砷、总铜、氟化物、铵离子等。

掺杂工序和化学镀废气的污染特征因子包括：化学镀酸雾、氨气、砷化氢等。

2. 根据项目废水预处理方案，判断电子元器件公司废水能否纳入开发区污水处理厂？并说明理由。

答：电子元器件公司废水不能纳入园区污水处理厂。原因主要有两个：

（1）尾气清洗塔废水处理设施排放口（总砷）第一类污染物浓度为 1.0 mg/L，而《污水综合排放标准》（GB 8978—1996）总砷的标准为 0.5 mg/L，因此不能满足《污水综合排放标准》（GB 8978—1996）中关于第一类污染物排放标准的相关规定，从而不能满足进入开发区污水处理厂的要求。

（2）即使是总砷浓度达到排放标准，因四种水混合的总磷浓度为 13.64 mg/L[最终中和池出水中 TP 浓度=（3 600×20）/（1 200+3 600+120+360）=13.64 mg/L]，也不满足进入开发区污水处理厂的要求。

3. 列出掺杂工序和化学镀废水预处理生产的污泥处置要求。

答：根据拟建项目生产工艺，并参照《国家危险废物名录（2008 年本）》可知掺杂工序和化学镀废水预处理产生的污泥属于危险废物；含砷废物（HW24）和含铜废物（HW22）。应该严格按照《危险废物填埋污染控制标准》（GB 18598—2001）和《危险废物贮存污染控制标准》（GB 18597—2001）的相关规定进行贮存和处置。若产生的量较小且无技术能力处置的，应按上述标准规定建立危险期废物临时贮存设施，定期交由有危险废物处置资质的单位处置，并办理危险废物转移联单。

4. 评价本工程热交换吹脱法除氨废气达标情况，给出废气排放的控制措施。

答：由题意可知，清洗废水排放水量为 1 200 t/d，氨的含量为 0.02%，氨的吹脱效率为 80%，可以计算出氨废气排放速率：

$$\frac{1\,200×0.02\%×10^3×80\%}{24}=8\ \text{kg/h}$$

计算结果表明：氨废气排放速率为 8 kg/h，大于 4.9 kg/h 的限值，说明该治理方案不满足《恶臭污染物排放标准》（GB 14554—93）废气达标排放要求。如果要求氨气达标排放，可以在吹脱法的基础上增加酸雾吸收工艺。

【考点分析】

本案例是根据 2010 年案例分析试题改编而成。这道题目所涉及的考点很多，需要考生综合把握。

1. 给出掺杂工序和化学镀废水、废气的特征污染因子。

《环境影响评价案例分析》考试大纲中"四、环境影响识别、预测与评价 （1）识别环境影响因素与筛选评价因子"。

本题考点是考查考生对一个行业环境影响识别的能力。考试在遇到此类问题时，要结合行业特点，参考工艺流程图及主要原辅材料分析其特征污染物，特别关注第一类污染物。

2. 根据项目废水预处理方案，判断电子元器件公司废水能否纳入开发区污水处理厂？并说明理由。

《环境影响评价案例分析》考试大纲中"六、环境保护措施分析 （1）分析污染物达标排放情况；（2）分析污染控制措施及其技术经济可行性"。

判断企业废水能否进入集中污水处理厂应有两方面要求：一是出水水质必须满足接管标准要求且不超过集中污水处理厂的额定污水处理能力；二是不影响集中污水处理厂处理效果。而考试题目中的标准往往不是直接给定的，是需要考生通过计算来确定是否满足标准，这就需要通过准确计算来确定是否能满足要求。

3．列出掺杂工序和化学镀废水预处理生产的污泥处置要求。

《环境影响评价案例分析》考试大纲中"六、环境保护措施分析（1）分析污染物达标排放情况；（2）分析污染控制措施及其技术经济可行性"。

这类问题涉及危险废物处置的相关要求。主要考点可能会涉及《危险废物贮存污染控制标准》《危险废物填埋污染控制标准》和《危险废物焚烧污染控制标准》，要求考生会灵活运用。

4．评价本工程热交换吹脱法除氨废气达标情况，给出废气排放的控制措施。

《环境影响评价案例分析》考试大纲中"六、环境保护措施分析（1）分析污染物达标排放情况；（2）分析污染控制措施及其技术经济可行性"。

案例 2 新建汽车制造项目

【素材】

某汽车有限公司拟新建一条汽车生产线，工程总投资 40 亿元人民币，建成后将具备 15 万辆/年的整车生产能力。厂区位于某开发区内，地形简单，场地基础土层为连续分布的棕黄色粉土，厚度约 2 m，渗透系数 2.4×10^{-5} cm/s，其下为砂、砾卵石层，厚约 10 m，为该区域主要含水层，但不作为饮用水源。调查表明项目附近区域无村民自建饮用水井。

本项目位于环境空气质量功能二类区，距市中心约 18 km。主要工程内容包括：涂装车间、总装车间、焊装车间、冲压车间等主体工程，以及配套的公用动力、仓库、物流区、办公楼等辅助工程，在新建的涂装车间内还设有烘干炉废气焚烧设施、涂装废水处理设施。

拟建工程废气主要来源于涂装车间有机废气和焊装车间焊接粉尘。涂装车间内，烘干室废气经焚烧处理，喷漆室废气经水旋捕集除漆雾，涂装车间处理后的有机废气采用 55 m 高排气筒集中排放，废气量约 150 万 m^3/h，废气中主要污染物为二甲苯，排放浓度 10 mg/m^3；涂装车间面积 30 000 m^2，有部分二甲苯无组织排放，排放量 0.6 kg/h。焊装车间焊接废气经布袋除尘器过滤净化处理后由 15 m 高排气筒排出室外，废气量约 80 万 m^3/h，CO 浓度约 3 mg/m^3，粉尘浓度约 1.8 mg/m^3。

项目所在开发区有集中污水处理厂收集处理园区内工业和生活污水。本项目生产工艺废水主要来自涂装车间，包括脱脂清洗废水、磷化清洗废水、电泳清洗废水和喷漆废水，排放量约 710 m^3/d；经涂装车间预处理后，涂装车间排水中 COD 约 100 mg/L，BOD_5 约 20 mg/L，SS 约 45 mg/L，石油类浓度约 1.5 mg/L，总镍浓度约 1.1 mg/L，六价铬浓度约 0.4 mg/L。其他工艺废水约 135 m^3/d，COD 约 80 mg/L，石油类浓度约 1.5 mg/L。生活污水约 220 m^3/d，COD 约 350 mg/L，BOD_5 约 280 mg/L，SS 约 250 mg/L。上述预处理后的涂装废水与其他工艺废水、生活污水混合，通过市政管网进入开发区污水处理厂，处理达标后排入湖泊。受纳湖泊主要功能为工业、航运，距厂区约 200 m，与厂区地下水水力联系较密切。设备冷却水采用循环水系统，焊装车间焊机冷却水站、制冷站、空压站及扩建冲压车间循环水系统因工艺需要而溢流出来的循环冷却水，排放量约为 1 034 m^3/d，其中基本无污染物，直接排入雨水管网。项目水平衡图见附 2。

【问题】

1．判定该项目地下水评价等级，并给出判定依据。（说明：地下水导则判据见附 1）

2．该项目排入开发区污水处理厂的废水水质执行污水综合排放标准三级标准（COD 500 mg/L、BOD 300 mg/L、SS 400 mg/L、石油类 20 mg/L、总镍 1.0 mg/L、六价铬 0.5 mg/L），请评价该项目废水是否达标排放。为确保该项目污水达标排放，主要应监控哪些污染因子？请给出监测点位建议。

3．根据《制定地方大气污染物排放标准的技术方法》（GB/T 13201—91）中的公式计算出该项目二甲苯卫生防护距离为 533 m，请确定该项目厂区的卫生防护距离。

4．根据附 2 中该项目水平衡图，计算项目工艺水回用率、间接冷却水循环率、全厂水重复利用率。

5．根据附 3 中《大气污染物综合排放标准》，计算该项目二甲苯最高允许排放速率（kg/h），并分析该项目二甲苯有组织排放是否满足排放标准要求。

附 1：《环境影响评价技术导则—地下水环境》（HJ 610—2011）表 1～表 6。

表 1　包气带防污性能分级

分级	包气带岩（土）的渗透性能
强	岩（土）层单层厚度 $Mb \geqslant 1.0$ m，渗透系数 $K \leqslant 10^{-7}$ cm/s，且分布连续、稳定
中	岩（土）层单层厚度 0.5 m$\leqslant Mb < 1.0$ m，渗透系数 $K \leqslant 10^{-7}$ cm/s，且分布连续、稳定
	岩（土）层单层厚度 $Mb \geqslant 1.0$ m，渗透系数 10^{-7} cm/s$< K \leqslant 10^{-4}$ cm/s，且分布连续、稳定
弱	岩（土）层不满足上述"强"和"中"条件

注：表中"岩（土）层"是指建设项目场地地下基础之下第一岩（土）层；包气带岩（土）的渗透系数是指包气带岩土饱水时的垂向渗透系数。

表 2　建设项目场地的含水层易污染特征分级

分级	项目场地所处位置与含水层易污染特征
易	潜水含水层且包气带岩性（如粗砂、砾石等）渗透性强的地区；地下水与地表水联系密切地区；不利于地下水中污染物稀释、自净的地区
中	多含水层系统且层间水力联系较密切的地区
不易	以上情形之外的其他地区

表 3　地下水环境敏感程度分级

分级	项目场地的地下水环境敏感特征
敏感	集中式饮用水水源地（包括已建成的在用、备用、应急水源地，在建和规划的水源地）准保护区；除集中式饮用水水源地以外的国家或地方政府设定的与地下水环境相关的其他保护区，如热水、矿泉水、温泉等特殊地下水资源保护区

分级	项目场地的地下水环境敏感特征
较敏感	集中式饮用水水源地（包括已建成的在用、备用、应急水源地，在建和规划的水源地）准保护区以外的补给径流区；特殊地下水资源（如矿泉水、温泉等）保护区以外的分布区以及分散式居民饮用水水源等其他未列入上述敏感分级的环境敏感区 [a]
不敏感	上述地区之外的其他地区

注：如建设项目场地的含水层（含水系统）处于补给区与径流区或径流区与排泄区的边界时，则敏感程度上调一级。

a　"环境敏感区"是指《建设项目环境影响评价分类管理名录》中所界定的涉及地下水的环境敏感区。

表 4　污水排放量分级

分　级	污水排放总量/（m³/d）
大	≥10 000
中	1 000～10 000
小	≤1 000

表 5　污水水质复杂程度分级

污水水质复杂程度级别	污染物类型	污水水质指标（个）
复杂	污染物类型数≥2	需预测的水质指标≥6
中等	污染物类型数≥2	需预测的水质指标<6
	污染物类型数=1	需预测的水质指标≥6
简单	污染物类型数=1	需预测的水质指标<6

表 6　Ⅰ类建设项目评价工作等级分级

评价级别	建设项目场地包气带防污性能	建设项目场地的含水层易污染特征	建设项目场地的地下水环境敏感程度	建设项目污水排放量	建设项目水质复杂程度
一级	弱-强	易-不易	敏感	大-小	复杂-简单
	弱	易	较敏感	大-小	复杂-简单
			不敏感	大	复杂-简单
				中	复杂-中等
				小	复杂
		中	较敏感	大-中	复杂-简单
				小	复杂-中等
			不敏感	大	
				中	复杂
		不易	较敏感	大	复杂-中等
				中	复杂

评价级别	建设项目场地包气带防污性能	建设项目场地的含水层易污染特征	建设项目场地的地下水环境敏感程度	建设项目污水排放量	建设项目水质复杂程度
一级	中	易	较敏感	大	复杂-简单
				中	复杂-中等
				小	复杂
			不敏感	大	复杂
		中	较敏感	大	复杂-中等
				中	复杂
	强	易	较敏感	大	复杂
二级	除了一级和三级以外的其他组合				
三级	弱	不易	不敏感	中	简单
				小	中等-简单
	中	易	不敏感	小	简单
		中	不敏感	中	简单
				小	中等-简单
		不易	较敏感	中	简单
				小	中等-简单
			不敏感	大	中等-简单
				中-小	复杂-简单
	强	易	较敏感	小	简单
			不敏感	大	简单
				中	中等-简单
				小	复杂-简单
		中	较敏感	中	简单
				小	中等-简单
			不敏感	大	中等-简单
				中-小	复杂-简单
		不易	较敏感	大	中等-简单
				中-小	复杂-简单
			不敏感	大-小	复杂-简单

附 2：项目水平衡图。

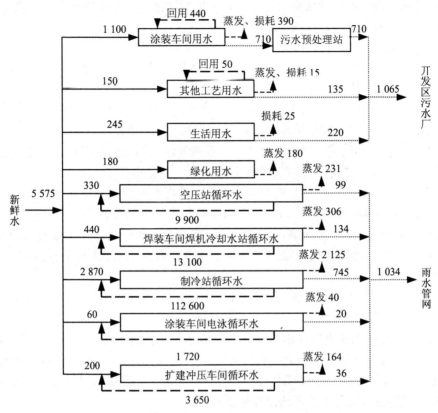

附 3：《大气污染物综合排放标准》（GB 16297—1996）表 7（节选）。

表 7　新污染源大气污染物排放限值（节选）

序号	污染物	最高允许排放浓度/（mg/m³）	最高允许排放速率/（kg/h）			无组织排放监控浓度限值	
			排气筒/m	二级	三级	监控点	浓度/（mg/m³）
17	二甲苯	70	15	1.0	1.5	周界外浓度最高点	1.2
			20	1.7	2.6		
			30	5.9	8.8		
			40	10	15		

【参考答案】

1. **判定该项目地下水评价等级，并给出判定依据。**（说明：地下水导则判据见附 1）

答：根据《环境影响评价技术导则—地下水环境》（HJ 610—2011），本项目属于可能造成地下水水质污染的建设项目。根据评价工作分级划定办法，该项目地下水评价等级为二级，具体判定依据如下：

（1）场地基础土层为连续分布的棕黄色粉土，厚度约 2 m，渗透系数 2.4×10^{-5} cm/s，满足附 1 表 1 中"岩（土）层单层厚度 $Mb \geqslant 1.0$ m，渗透系数 10^{-7} cm/s $< K \leqslant 10^{-4}$ cm/s，且分布连续、稳定"的规定，包气带防污性能为"中"；

（2）受纳湖泊与厂区地下水水力联系较密切，属于附 1 表 2 中"地下水与地表水联系密切地区"，项目场地含水层易污染特征为"易"；

（3）项目区地下水不作为饮用水水源，受纳湖泊主要功能为工业、航运，也没有饮用功能，地下水环境敏感程度属于附 1 表 3 中"不敏感"；

（4）涂装车间排放量约 710 m³/d、其他工艺废水约 135 m³/d、生活污水约 220 m³/d，项目污水排放总量 1 065 m³/d，项目污水排放强度属于附 1 表 4 中"中"；

（5）项目排水中含重金属污染物（镍、铬等重金属）和常规污染物（BOD₅、石油类等），污染物类型数为 2，需预测的水质指标 < 6，污水水质复杂程度属于附 1 表 5 中"中等"；

（6）根据附 1 表 6，本项目属于"除了一级和三级以外的其他组合"，故该项目地下水评价等级为二级。

2．该项目排入开发区污水处理厂的废水水质执行污水综合排放标准三级标准（COD 500 mg/L、BOD 300 mg/L、SS 400 mg/L、石油类 20 mg/L、总镍 1.0 mg/L、六价铬 0.5 mg/L），请评价该项目废水是否达标排放。为确保该项目污水达标排放，主要应监控哪些污染因子？请给出监测点位建议。

答：各污染物在不同排放点的排放浓度见表 8：

表 8　不同排放点的排放浓度

污水排放点	污水排放量/（m³/d）	主要污染物排放浓度/（mg/L）					
		COD	BOD	SS	石油	总镍	六价铬
涂装车间预处理出口	710	100	20	45	1.5	1.1	0.4
其他工业排水出口	135	80			1.5		
生活排水出口	220	350	280	250			
总排口	1 065	149.11	71.17	81.64	1.19	0.73	0.27
标准值	—	500	300	400	20	1.0	0.5

从计算结果看，总排口各污染物排放浓度均小于标准值，似乎做到了达标排放，但因为总镍和六价铬属于第一类污染物，在车间或车间处理设施排放口采样，其中车间排放口浓度标准为：总镍 1.0 mg/L、六价铬 0.5 mg/L。该项目中涂装车间预处

理后排水中总镍浓度约 1.1 mg/L、超过标准 1.0 mg/L 的要求，故该项目废水实际上没有达标排放。

为确保该项目污水达标排放，对 COD、BOD_5、SS、石油类、镍、六价铬等污染因子均需进行监控。其中镍、六价铬必须在涂装车间预处理后设监测点进行监测，以确保车间口达标；其余的 COD、BOD_5、SS、石油类等因子可仅在总排口设监测点进行监测；为了解涂装车间预处理效果，也可在涂装车间预处理前后分别设监测点位对各污染因子进行检测，以确定处理效率。

3. 根据《制定地方大气污染物排放标准的技术方法》（GB/T 13201—91）中的公式计算出该项目二甲苯卫生防护距离为 533 m，请确定本项目厂区的卫生防护距离。

答：根据《制定地方大气污染物排放标准的技术方法》（GB/T 13201—91）中 7.3 条的规定：卫生防护距离在 100 m 以内时，级差为 50 m；超过 100 m，但小于或等于 1 000 m 时，级差为 100 m；超过 1 000 m，级差为 200 m。本项目按公式计算出二甲苯卫生防护距离为 533 m，级差为 100 m，无组织排放二甲苯卫生防护距离应取 600 m。

4. 根据附 2 中该项目水平衡图，计算项目工艺水回用率、间接冷却水循环率、全厂水重复利用率。

答：工艺水回用＝440+50＝490 m³/d

工艺水取水量＝1 100+150＝1 250 m³/d

间接冷却水循环量＝9 900+13 100+112 600+1 720+3 650＝140 970 m³/d

间接冷却取水量＝330+440+2 870+60+200＝3 900 m³/d

（1）工艺水回用率＝100%×工艺水回用量/工艺水用水量

　　　　　　　＝100%×工艺水回用量/（工艺水取水量+工艺水回用量）

　　　　　　　＝100%×490/（12 50+490）＝28.16%

（2）间接冷却水循环率＝100%×间接冷却水循环量/间接冷却水用水量

　　　　　　　＝100%×间接冷却水循环量/（间接冷却取水量+间接冷却水循环量）

　　　　　　　＝100%×140 970/（3 900+140 970）

　　　　　　　＝97.31%

（3）全厂水重复利用率＝100%×全厂水重复利用量/全厂用水量

　　　　　＝100%×全厂水重复利用量/（全厂取水量+全厂水重复利用量）

　　　　　＝100%×（工艺水回用量+间接冷却水循环量）/

　　　　　　（全厂取水量+工艺水回用量+间接冷却水循环量）

　　　　　＝100%×（490+140 970）/（5 575+490+140 970）

　　　　　＝96.21%

5. 根据附 3 中《大气污染物综合排放标准》，计算该项目二甲苯最高允许排放速率（kg/h），并分析该项目二甲苯有组织排放是否满足排放标准要求。

答：该项目位于环境空气质量功能二类区，应执行《大气污染物综合排放标准》（GB 16297—1996）二级排放标准：二甲苯最高允许排放浓度为 70 mg/m^3；因排气筒高度 55 m，高于表 2 所列排气筒高度的最高值 40 m，用外推法计算其最高允许排放速率：

项目排气筒的最高允许排放速率＝表列排气筒最高高度对应的最高允许排放速率×（排气筒的高度／表列排气筒的最高高度）^{2}＝10×(55/40)^2＝18.91 kg/h。

该项目涂装车间二甲苯有组织排放废气量 150 万 m^3/h，排放浓度 10 mg/m^3，小于标准要求的 70 mg/m^3，计算其排放速率为 10×1 500 000/1 000 000＝15 kg/h，小于标准要求的 18.91 kg/h，故该项目二甲苯有组织排放可满足二级排放标准要求。

【考点分析】

1. 判定该项目地下水评价等级，并给出判定依据。（说明：地下水环境导则判据见附 1）

《环境影响评价案例分析》考试大纲中"四、环境影响识别、预测与评价（4）确定评价工作等级、评价范围及各环境要素的环境保护要求"。

举一反三：

2011 年新发布了《环境影响评价技术导则—地下水环境》（HJ 610—2011），注意该导则规定对建设项目分类进行评价等级判定，其中Ⅰ类项目评价等级判定有关规定如本题附 1 所示，建设项目分类和Ⅱ类项目评价等级判定有关规定如下：

4.1 建设项目分类

　　根据建设项目对地下水环境影响的特征，将建设项目分为以下三类：

　　Ⅰ类：指在项目建设、生产运行和服务期满后的各个过程中，可能造成地下水水质污染的建设项目；

　　Ⅱ类：指在项目建设、生产运行和服务期满后的各个过程中，可能引起地下水流场或地下水水位变化，并导致环境水文地质问题的建设项目；

　　Ⅲ类：指同时具备Ⅰ类和Ⅱ类建设项目环境影响特征的建设项目。

　　根据不同类型建设项目对地下水环境影响程度与范围的大小，将地下水环境影响评价工作分为一、二、三级。具体分级的原则与判据见第 6 章。

　　　　……

6.1　划分原则

　　Ⅰ类和Ⅱ类建设项目，分别根据其对地下水环境的影响类型、建设项目所处区域的环境特征及其环境影响程度划定评价工作等级。

　　Ⅲ类建设项目应根据建设项目所具有的Ⅰ类和Ⅱ类特征分别进行地下水环境影响评价工作等级划分，并按所划定的最高工作等级开展评价工作。

　　……

6.3　Ⅱ类建设项目工作等级划分

6.3.1　划分依据

6.3.1.1　Ⅱ类建设项目地下水环境影响评价工作等级的划分，应根据建设项目地下水供、排水（或注水）规模、引起的地下水水位变化范围、建设项目场地的地下水环境敏感程度以及可能造成的环境水文地质问题的大小等条件确定。

6.3.1.2　建设项目供水、排水（或注水）规模

　　建设项目地下水供水、排水（或注水）规模按水量的多少可分为大、中、小三级，分级标准见表 7。

表 7　地下水供水、排水（或注水）规模分级

分级	供水、排水（或注水）量/（万 m^3/d）
大	≥1.0
中	0.2～1.0
小	≤0.2

6.3.1.3　建设项目引起的地下水水位变化区域范围

　　建设项目引起的地下水水位变化区域范围可用影响半径来表示，分为大、中、小三级，分级标准见表 8。影响半径的确定方法可参见附录 C。

表 8　地下水水位变化区域范围分级

分级	地下水水位变化影响半径/km
大	≥1.5
中	0.5～1.5
小	≤0.5

6.3.1.4　建设项目场地的地下水环境敏感程度

　　建设项目场地的地下水环境敏感程度可分为敏感、较敏感、不敏感三级，分级原则见表 9。

表 9 地下水环境敏感程度分级

分级	项目场地的地下水环境敏感程度
敏感	集中式饮用水水源地（包括已建成的在用、备用、应急水源地，在建和规划的水源地）准保护区；除集中式饮用水水源地以外的国家或地方政府设定的与地下水环境相关的其他保护区，如热水、矿泉水、温泉等特殊地下水资源保护区；生态脆弱区重点保护区域；地质灾害易发区 [a]；重要湿地、水土流失重点防治区、沙化土地封禁保护区等
较敏感	集中式饮用水水源地（包括已建成的在用、备用、应急水源地，在建和规划的水源地）准保护区以外的补给径流区；特殊地下水资源（如矿泉水、温泉等）保护区以外的分布区以及分散式居民饮用水水源等其他未列入上述敏感分级的环境敏感区 [b]
不敏感	上述地区之外的其他地区

注：如建设项目场地的含水层（含水系统）处于补给区与径流区或径流区与排泄区的边界时，则敏感程度上调一级。

a "地质灾害"是指因水文地质条件变化发生的地面沉降、岩溶塌陷等。

b "环境敏感区"是指《建设项目环境影响评价分类管理名录》中所界定的涉及地下水的环境敏感区。

6.3.1.5 建设项目造成的环境水文地质问题

建设项目造成的环境水文地质问题包括：区域地下水水位下降产生的土地次生荒漠化、地面沉降、地裂缝、岩溶塌陷、海水入侵、湿地退化等，以及灌溉导致局部地下水位上升产生的土壤次生盐渍化、次生沼泽化等，按其影响程度大小可分为强、中等、弱三级，分级原则见表 10。

表 10 环境水文地质问题分级

级别	可能造成的环境水文地质问题
强	产生地面沉降、地裂缝、岩溶塌陷、海水入侵、湿地退化、土地荒漠化等环境水文地质问题，含水层疏干现象明显，产生土壤盐渍化、沼泽化
中等	出现土壤盐渍化、沼泽化迹象
弱	无上述环境水文地质问题

6.3.2 Ⅱ类建设项目评价工作等级

Ⅱ类建设项目地下水环境影响评价工作等级的划分见表 11。

表11 Ⅱ类建设项目评价工作等级分级

评价等级	建设项目供水排水（或注水）规模	建设项目引起的地下水水位变化区域范围	建设项目场地的地下水环境敏感程度	建设项目造成的环境水文地质问题大小
一级	小-大	小-大	敏感	弱-强
	中等	中等	较敏感	强
		大	较敏感	中等-强
	大	大	较敏感	弱-强
			不敏感	强
		中	较敏感	中等-强
		小	较敏感	强
二级	除了一级和三级以外的其他组合			
三级	小-中	小-中	较敏感-不敏感	弱-中

2. 该项目排入开发区污水处理厂的废水水质执行《污水综合排放标准》三级标准（COD 500 mg/L、BOD$_5$ 300 mg/L、SS 400mg/L、石油类 20 mg/L、总镍 1.0 mg/L、六价铬 0.5 mg/L），请评价该项目废水是否达标排放。为确保该项目污水达标排放，主要应监控哪些污染因子？请给出监测点位建议。

《环境影响评价案例分析》考试大纲中"六、环境保护措施分析（1）分析污染物达标排放情况；（5）制订环境管理与监测计划"。

举一反三：

《污水综合排放标准》（GB 8978—1996）规定：

4.2.1 本标准将排放的污染物按其性质及控制方式分为两类。

4.2.1.1 第一类污染物：不分行业和污水排放方式，也不分受纳水体的功能类别，一律在车间或车间处理设施排放口采样，其最高允许排放浓度必须达到本标准要求（采矿行业的尾矿坝出水口不得视为车间排放口）。

4.2.1.2 第二类污染物：在排污单位排放口采样，其最高允许排放浓度必须达到本标准要求。

应熟悉该标准中第一类污染物名称，了解其标准值，具体见该标准表1：

表1 第一类污染物最高允许排放浓度 单位：mg/L

序号	污染物	最高允许排放浓度
1	总汞	0.05
2	烷基汞	不得检出
3	总镉	0.1

序号	污染物	最高允许排放浓度
4	总铬	1.5
5	六价铬	0.5
6	总砷	0.5
7	总铅	1.0
8	总镍	1.0
9	苯并[a]芘	0.000 03
10	总铍	0.005
11	总银	0.5
12	总α放射性	1 Bq/L
13	总β放射性	10 Bq/L

3．根据《制定地方大气污染物排放标准的技术方法》（GB/T 13201—91）中的公式计算出该项目二甲苯卫生防护距离为 533 m，请确定该项目厂区的卫生防护距离。

《环境影响评价案例分析》考试大纲中"六、环境保护措施分析（2）分析污染控制措施及其技术经济可行性"。

举一反三：

卫生防护距离的设定是一类特殊的污染控制措施，一方面要会利用专门的卫生防护距离标准判断卫生防护距离；另一方面还要就项目的特殊性，根据环评预测结果，合理确定推荐的卫生防护距离。

了解《制定地方大气污染物排放标准的技术方法》（GB/T 13201—91）中有害气体无组织排放控制与工业企业卫生防护距离标准的制定方法规定：

7.3 卫生防护距离在 100 m 以内时，级差为 50 m；超过 100 m，但小于或等于 1 000 m 时，级差为 100 m；超过 1 000 m，级差为 200 m。

7.4 各类工业、企业卫生防护距离按下式计算：

$$\frac{Q_c}{c_m} = \frac{1}{A}(BL^C + 0.25r^2)^{0.50}L^D$$

式中：c_m—— 标准浓度限值，mg/m³；

L —— 工业企业所需卫生防护距离，m；

r —— 有害气体无组织排放源所在生产单位的等效半径，m，根据该生产单元占地面积 S（m²）计算，$r = \sqrt{S/\pi}$；

A, B, C, D —— 卫生防护距离计算系数，无因次，根据工业企业所在地区近五年平均风速及工业企业大气污染源构成类别从表 5 查取；

Q_c —— 工业企业有害气体无组织排放量可以达到的控制水平，kg/h。

Q_c 取同类企业中生产工艺流程合理，生产管理与设备维护处于先进水平的工业企业，在正常运行时的无组织排放量。

表 5　卫生防护距离计算系数

计算系数	工业企业所在地区近五年平均风速/（m/s）	卫生防护距离 L/m								
		L≤1 000			1 000<L≤2 000			L>2 000		
		工业企业大气污染源构成类别								
		Ⅰ	Ⅱ	Ⅲ	Ⅰ	Ⅱ	Ⅲ	Ⅰ	Ⅱ	Ⅲ
A	<2	400	400	400	400	400	400	80	80	80
	2~4	700	470	350	700	470	350	380	250	190
	>4	530	350	260	530	350	260	290	190	140
B	<2	0.01			0.015			0.015		
	>2	0.021			0.036			0.036		
C	<2	1.85			1.79			1.79		
	>2	1.85			1.77			1.77		
D	<2	0.78			0.78			0.57		
	>2	0.84			0.84			0.76		

4. 根据附 2 中该项目水平衡图，计算项目工艺水回用率、间接冷却水循环率、全厂水重复利用率。

《环境影响评价案例分析》考试大纲中"二、项目分析（2）从生产工艺、资源和能源消耗指标等方面分析建设项目清洁生产水平"。

清洁生产专题应重点阐述拟建项目生产工艺和技术来源，评价工艺技术与装备水平的先进性。分别给出单位产品物耗、能耗、水耗、污染物产生量、污染排放量以及全厂水的重复利用率等指标，体现循环经济理念，量化评价项目的清洁生产水平，由此提出提高清洁生产水平的措施及方案。本题主要考查新水用量指标的计算，但对其他指标的计算方法也应有所了解。

5. 根据附 3 中《大气污染物综合排放标准》，计算该项目二甲苯最高允许排放速率（kg/h），并分析该项目二甲苯有组织排放是否满足排放标准要求。

《环境影响评价案例分析》考试大纲中"四、环境影响识别、预测与评价（3）选用评价标准"。

举一反三：

熟悉《大气污染物综合排放标准》（GB 16297—1996）中关于最高允许排放速率计算的规定：

7.3 若某排气筒的高度处于本标准列出的两个值之间，其执行的最高允许排放速率以内插法计算，内插法的计算式见本标准附录 B；当某排气筒的高度大于或小于本标准列出的最大或最小值时，以外推法计算其最高允许排放速率，外推法计算式见本标准附录 B。

7.4 新污染源的排气筒一般不应低于 15 m。若新污染源的排气筒必须低于 15 m，其排放速率标准值按 7.3 的外推计算结果再严格 50%执行。

附录 B（标准的附录）确定某排气筒最高允许排放速率的内插法和外推法

B1 某排气筒高度处于表列两高度之间，用内插法计算其最高允许排放速率，按下式计算：

$$Q = Q_a + (Q_{a+1} - Q_a)(h - h_a) / (h_{a+1} - h_a)$$

式中：Q ——某排气筒最高允许排放速率；

Q_a ——比某排气筒低的表列限值中的最大值；

Q_{a+1} ——比某排气筒高的表列限值中的最小值；

h ——某排气筒的几何高度；

h_a ——比某排气筒低的表列高度中的最大值；

h_{a+1} ——比某排气筒高的表列高度中的最小值。

B2 某排气筒高度高于本标准表列排气筒高度的最高值，用外推法计算其最高允许排放速率。按下式计算：

$$Q = Q_b (h / h_b)^2$$

式中：Q ——某排气筒的最高允许排放速率；

Q_b ——表列排气筒最高高度对应的最高允许排放速率；

h ——某排气筒的高度；

h_b ——表列排气筒的最高高度。

B3 某排气筒高度低于本标准表列排气筒高度的最低值，用外推法计算其最高允许排放速率，按下式计算：

$$Q = Q_c (h/h_c)^2$$

式中：Q ——某排气筒的最高允许排放速率；

Q_c ——表列排气筒最低高度对应的最高允许排放速率；

h ——某排气筒的高度；

h_c ——表列排气筒的最低高度。

案例 3 铜精矿冶炼厂扩建改造工程

【素材】

某有限公司为大幅度降低吨铜成本、增加效益、充分挖掘潜力和利用闪速炉首次冷修的良机，决定进行扩建改造工程，将铜的产量由 15 万 t/a 提高到 21 万 t/a。其中：阳极铜产量由 15 万 t/a 提高到 21 万 t/a，其中，19 万 t/a 阳极铜生产阴极铜，2 万 t/a 阳极铜作为产品直接外销；阴极铜产量由 15 万 t/a 提高到 19 万 t/a；硫酸（100%硫酸）产量由 49.5 万 t/a 提高到 63.4 万 t/a。

改扩建工程内容包括闪速炉熔炼工序、贫化电炉及渣水淬工序、吹炼工序、电解精炼工序、硫酸工序五个工序的改扩建。

扩建改造工程完成后，硫的回收率由 95.15% 增至 95.5%，SO₂ 排放量由 2 131 t/a 降至 1 948 t/a，烟尘排放量由 139.7 t/a 降至 133 t/a；废水排放总量为 375.4 万 t/a，废水中主要污染物为 Cu、As、Pb。工业水循环率由 91.7% 增至 92.5%。

改扩建工程完成后，生产过程中的废气主要来源于干燥尾气、环保集烟烟气、阳极炉烟气、硫酸脱硫尾气（通过环保集烟罩收集闪速炉等冶金炉的泄漏烟气）4个高架排放源。其污染源主要污染物排放情况见表 1。

表 1 污染源主要污染物排放情况

污染源	烟囱尺寸		烟气出口温度/℃	烟气量/(m^3/h)	烟尘质量浓度/（mg/m^3）	SO₂ 质量浓度/（mg/m^3）
	H/m	Φ/mm				
干燥尾气	120	2 000	60	91 988	84	777
环保集烟烟气	120	3 000	66	94 200	100	714
阳极炉烟气	70	2 200	350	91 799	—	662
硫酸脱硫尾气	90	1 800	40	187 926.8	—	285

项目冶炼过程中产生水淬渣、转炉渣；污酸、酸性废水处理过程中产生含砷渣、石膏、中和渣。中和渣浸出试验结果见表 2。

表 2 中和渣浸出试验结果

单位：mg/L

元素	Cu	Pb	Zn	Cd	As
浸出结果	0.035	0.25	0.64	0.15	0.034

【问题】

1. 计算环境空气评价等级、确定评价范围和环境空气现状监测点数。各污染源 SO_2 最大地面浓度及距离详见表3。

表3　SO_2 最大地面浓度及距离

污染源	最大地面浓度/（mg/m³）	最大地面距离/m	$D_{10\%}$/m
干燥尾气	0.117 6	754	3 500
环保集烟烟气	0.109 2	765	2 800
阳极炉烟气	0.037 38	1 100	—
硫酸脱硫尾气	0.092 4	717	2 200

2. 干燥尾气、环保集烟烟气、硫酸脱硫尾气是否达标排放？

3. 全年工作时间为 8 000 小时，问项目是否满足 SO_2 总量控制要求？

4. 根据浸出试验结果，说明中和渣是否为危险废物。运营期固体废物应如何处置？

【参考答案】

1. 计算环境空气评价等级、确定评价范围和环境空气现状监测点数。

答：环境空气评价等级：

根据《环境影响评价技术导则—大气环境》（HJ 2.2—2008）中评价等级的确定依据，再根据表3计算可得（表4）：

表4　污染源最大地面浓度和地面浓度占标率

污染源	最大地面浓度/（mg/m³）	地面浓度占标率/%
干燥尾气	0.117 6	23.52
环保集烟烟气	0.109 2	21.84
阳极炉烟气	0.037 38	7.48
硫酸脱硫尾气	0.092 4	18.48

本项目 SO_2 最大地面浓度占标率为 23.52%，本项目评价等级为二级。

评价范围：$2D_{10\%}$ 为边长的矩形作为大气环境评价范围，本项目评价范围为边长 7 km 的矩形范围。

监测布点数：根据《导则》，二级评价项目环境空气现状监测点数不应小于6个。

2. 干燥尾气、环保集烟烟气、硫酸脱硫尾气是否达标排放？

答：干燥尾气、环保集烟烟气、硫酸脱硫尾气排放浓度和速率计算结果见表 5。

表 5　污染源主要污染物排放浓度和速率计算结果

污染源	烟囱尺寸 H/m	烟气量/ （m³/h）	烟　尘		SO₂	
			质量浓度/ （mg/m³）	速率/ （kg/h）	质量浓度/ （mg/m³）	速率/ （kg/h）
干燥尾气	120	91 988	84	7.73	777	71.5
环保集烟烟气	120	94 200	100	9.42	714	67.3
阳极炉烟气	70	91799	—	—	662	60.7
硫酸脱硫尾气	90	187 926.8			285	53.5

根据《大气污染物综合排放标准》（GB 16297—1996）二级标准，SO_2 最高允许排放浓度为 960 mg/m³，排气筒高度为 90 m，最高允许排放速率为 130 kg/h；颗粒物最高允许排放浓度为 120 mg/m³，排气筒高度为 70 m，最高允许排放速率为 77 kg/h。干燥尾气、硫酸脱硫尾气、阳极炉烟气、环保集烟烟气排放浓度和排放速率均低于《大气污染物综合排放标准》（GB 16297—1996）二级标准限值，其烟气均可达标排放。

3. 全年工作时间为 8 000 小时，问项目是否满足 SO_2 总量控制要求？

答：本项目 SO_2 年排放量为：

(71.5+67.3+60.7+53.5)×8 000=2 024 000 kg=2 024 t

本项目 SO_2 总量指标为 2 050 t，年 SO_2 排放量为 2 024 t，满足 SO_2 总量控制要求。

4. 根据浸出试验结果，说明中和渣是否为危险废物。运营期固体废物应如何处置？

根据《危险废物鉴别标准　浸出毒性鉴别》（GB 5085.3—2007），重金属铜、铅等浸出标准见表 6。中和渣浸出试验重金属浸出浓度均低于鉴别标准，中和渣为一般固体废物。

表 6　浸出毒性标准　　　　　　　　　　　　　　　　　　　　单位：mg/L

元素	Cu	Pb	Zn	Cd	As
鉴别标准	100	5	100	1	5

运营期工业固体废物有水淬渣、转炉渣、中和渣、石膏、砷滤渣等。根据《国家危险废物名录》，砷滤渣属危险废物，水淬渣、转炉渣、石膏属一般废物。中和渣无明确规定，中和渣浸出试验结果表明，该渣为一般废物。

水淬渣、转炉渣、中和渣、石膏按一般工业固体废物贮存、处置场污染控制标准进行贮存和处置，优先考虑综合利用、不能综合利用的进行堆场堆存。

砷滤渣：按照危险废物贮存污染控制标准进行贮存。砷滤渣堆存所排废水进入污水处理站处理，不直接外排。砷滤渣经移出地和接收地环保部门批准，现已与有关厂家签订销售合同将砷铜厂原料外售。

【考点分析】

1. 计算环境空气评价等级、确定评价范围和环境空气现状监测点数。

《环境影响评价案例分析》考试大纲中"三、环境现状调查与评价（2）制定环境现状调查与监测方案；四、环境影响识别、预测与评价（4）确定评价工作等级、评价范围及各环境要素的环境保护要求"。

本题主要考查环评人员对《环境影响评价技术导则—大气环境》（HJ 2.2—2008）的掌握和应用情况。按《环境影响评价技术导则—大气环境》（HJ 2.2—2008）规定确定评价等级、范围和大气监测布点数。

举一反三：

环评中，在计算水、声、生态的评价等级，确定评价范围和监测布点时，要注意对水体、声环境、生态功能的调查，并要掌握水、声所执行的环境质量标准，这样才能客观确定相应的评价等级。

2. 干燥尾气、硫酸脱硫尾气、环保集烟烟气是否达标排放？

《环境影响评价案例分析》考试大纲中"六、环境保护措施分析（1）分析污染物达标情况"。

本题主要考查环评人员能否针对冶金项目污染源排放情况，根据污染物排放标准，核实污染源污染物是否达标排放。判断大气污染物是否达标排放，不仅要考虑排放浓度，还要考虑排气筒高度的排放速率。

对闪速炉、转炉、铸渣机、沉渣机和阳极炉等系统的烟气泄漏点或散发点布置集烟罩，将泄漏烟气收集经环保烟囱排放。环保集烟烟囱不仅收集闪速炉、转炉冶炼炉的泄漏烟气，同时也收集铸渣机、沉渣机等散发点的烟气，主要解决低空污染问题，用《大气污染物综合排放标准》较合适。

3.全年工作时间为 8 000 小时，问项目是否满足 SO$_2$总量控制要求？

《环境影响评价案例分析》考试大纲中"六、环境保护措施分析（4）分析污染物排放总量情况"。

4. 根据浸出试验结果，说明中和渣是否为危险废物。运营期固体废物应如何处置？

《环境影响评价案例分析》考试大纲"六、环境保护措施分析（2）分析污染控制措施及其技术经济可行性"。

铜冶炼所产生的大部分工业固体废物均可作为建材、炼铁的原料，对铜冶炼项目所产生的工业固体废物的处置首先应考虑对其进行综合利用，如铜冶炼渣采用浮选，首先回收铜冶炼渣中的铜，然后再考虑无害化处置。

举一反三：

重有色金属冶炼所用原料大部分为硫化矿，工业固体废物处置重点关注污酸和酸性废水处理产生的含砷渣，一般含砷渣为危险废物，临时堆场或堆场应考虑防渗措施、雨季淋溶水收集等。对于外销，需经移出地和接收地环保部门批准才行。

案例 4 80万 t/a 竖炉球团项目

【素材】

某公司在某工业园新建两套 8 m² 的竖炉球团项目，年产球团矿 80 万 t。根据当地环保部门批复，项目 SO_2 总量为 540 t。

竖炉球团项目生产工艺为：含铁料、膨润土按一定的配比进入烘干混匀筒烘干。烘干混匀后的混合料由 φ6 m 圆盘给料机、给料皮带机直接向 φ6 m 造球圆盘供料。造好的小球通过接料板落入 S-1 皮带机，然后进入双层圆辊筛筛分。上层为大球筛，筛上 ≥18 mm 粒级的生球，经胶带机，被送到大球破碎机破碎后进入返料系统；筛下 <18 mm 粒级的生球进入下层筛继续筛分，筛出 ≤5 mm 粒级的生球进入返矿系统，筛上合格生球（大于 5 mm 小于 18 mm）直接落入 S-2 胶带机上，合格的生球通过设有电子秤的皮带机转运至梭式布料机，梭式布料机再向竖炉均匀布料。合格生球在炉顶布料后进入炉体，经过干燥、预热、焙烧、均热、冷却等，再通过液压传动的齿辊卸料机、振动给料机排出炉体。

竖炉烟气、竖炉排料口（链扳机头部）、成品筛分、竖炉直料管与振动给料器产生的废气（200 000 m³/h）经电除尘器净化后进入玻璃钢旋流板塔脱硫后由 60 m 烟囱外排。球团返矿、电除尘器收尘送入某选厂进行选矿生产铁精矿。

项目吨产品铁精砂耗量为 1 050 kg，能源为天然气。铁精砂化学成分见表 1。

表 1 铁精砂化学成分及所占比例   单位：%

TFe	FeO	SiO_2	Al_2O_3	CaO	MgO	TiO_2	S	P
66	28.5	4.0	0.41	1.3	0.97	0.08	0.21	0.05

成品球团主要成分所占的比例：TFe ≥62%、FeO ≤1.0%、S ≤0.045%，碱度 R = 0.44。

竖炉球团生产为连续工作制度，四班三运转，每天三班，每班工作 8 h，作业天数 330 d。

【问题】

1. 本项目竖炉烟气不上脱硫设施，是否满足 SO_2 总量指标要求（不考虑天然气含硫量）？若满足 SO_2 总量指标，脱硫效率最低为多少？

2. 项目所产生的烟气采用旋流板塔进行脱硫（脱硫效率为 65%～90%），石灰法、双碱法，哪种方法更好？

3. 该项目采取的清洁生产措施有哪些？

4. 项目分二期建设，第一期一套 8 m^2 的竖炉球团建成投产后，开始进行第二期建设，何时进行竣工验收？

【参考答案】

1. **本项目竖炉烟气不上脱硫设施，是否满足 SO_2 总量指标要求（不考虑天然气含硫量）？若满足 SO_2 总量指标，脱硫效率最低为多少？**

答：该项目二氧化硫产生量：

（1.050×800 000×0.21%－800 000×0.045%）×2＝2 808 t

本项目竖炉烟气不上脱硫设施，SO_2 排放量远远高于总量指标，不能满足 SO_2 总量指标要求。

脱硫效率：（2 808－540）×100%/2 808＝80.77%

烟气脱硫设施脱硫效率最低为 80.77%，可满足 SO_2 总量要求。

2. **项目所产生的烟气采用旋流板塔进行脱硫（脱硫效率为 65%～90%），石灰法、双碱法，哪种方法更好？**

答：通常旋流板塔脱硫效率为 65%～90%，竖炉系统所有烟气均进入除尘系统除尘后再进入脱硫系统，采用石灰作为脱硫介质，易结垢，造成石灰乳喷嘴堵塞，使脱硫效率降低。

双碱法的原理是：在石灰法基础上结合钠碱法，利用钠盐易溶于水，在吸收塔内部采用钠碱吸收 SO_2，吸收后的脱硫液在再生池内利用廉价的石灰进行再生，从而使得钠离子循环吸收利用。该工艺综合石灰法与钠碱法的特点，既能解决石灰法塔内结垢的问题，又具备钠碱法吸收效率好的优点。双碱法可确保脱硫效率达到 85%。

双碱法投资、运行费用比石灰法略高。石灰法、双碱法原理及优缺点见表 1。

表 1　石灰法、双碱法原理及优缺点

	石灰法	双碱法
原理	利用石灰与 SO_2 生成 $Ca(SO_3)_2$，去除烟气 SO_2	利用碱液与 SO_2 生成 $Na(SO_3)_2$，去除烟气 SO_2
脱硫效率	65%～90%	85%～95%
投资	投资费用低	投资费用略高
优点	石灰原料便宜	无结垢、堵塞现象，脱硫效率高

	石灰法	双碱法
缺点	有结垢、堵塞现象	投资、运行费用略高
比选结果	对脱硫效率要求不高，要求投资、运行费用低采用石灰法	对脱硫效率高、运行稳定的烟气脱硫考虑使用双碱法

3. 该项目采取的清洁生产措施有哪些？

答：① 使用低硫铁精矿原料，使用清洁的能源天然气，减少了污染物 SO_2 的产生量。

② 废物回收利用。该项目球团返矿、电除尘器收尘后送入选矿厂生产铁精矿，作为球团原料。

4. 项目分二期建设，第一期一套 8 m^2 的竖炉球团建成投产后，开始进行第二期建设，何时进行竣工验收？

答：在第一期 8 m^2 的竖炉球团建成试生产之日起 3 个月内，向有审批权的环境保护行政主管部门申请该项目一期竣工环境保护验收。在第二期 8 m^2 的竖炉球团建成试生产之日起 3 个月内，向有审批权的环境保护行政主管部门申请该项目二期竣工环境保护验收。

【考点分析】

1. 本项目竖炉烟气不上脱硫设施，是否满足 SO_2 总量指标要求（不考虑天然气含硫量）？若满足 SO_2 总量指标，脱硫效率最低为多少？

《环境影响评价案例分析》考试大纲中"六、环境保护措施分析（4）分析污染物排放总量情况"。

项目建设不仅要考虑污染物的达标排放，同时还要考虑是否满足项目总量指标。

举一反三：

对于新建项目在区域总量不能满足项目污染物排放总量的情况，通常采用：

① 对新建项目的污染物进行治理，使项目污染物排放总量满足总量控制要求；② 进行区域削减，对区域内污染较严重的项目采取关停、限期治理、工艺改造等措施，腾出总量给新建项目。

对于改扩建项目在区域总量不能满足项目污染物排放总量的情况，通常要求项目做到"增产不增污"或"增产减污"。

由于项目污染物总量远远超过 SO_2 总量指标，因此项目必须采取脱硫措施，使项目的 SO_2 排放量满足总量指标。本案例项目减少污染物排放总量的途径有：① 降低原料中的含硫量；② 对烟气进行脱硫，脱硫效率不低于 80.77%。

2.项目所产生的烟气采用旋流板塔进行脱硫（脱硫效率为 65%～90%），石灰法、双碱法，哪种方法更好？

《环境影响评价案例分析》考试大纲中"六、环境保护措施分析（2）分析污染控制措施及其技术经济可行性"。

废气处理设施方案比选应根据项目烟气量，废气处理设施进、出口污染物浓度及设备工作原理，处理工艺，处理效率等进行综合考虑。

3.该项目采取的清洁生产措施有哪些？

《环境影响评价案例分析》考试大纲中"二、项目分析（2）从生产工艺、资源和能源消耗指标等方面分析建设项目清洁生产水平"。

在钢铁行业中清洁生产措施一般包括设备大型化，工艺技术进步，节能和节水技术，使用清洁原料、能源及废物回收利用。

4.项目分二期建设，第一期一套 8 m² 的竖炉球团建成投产后，开始进行第二期建设，何时进行竣工验收？

根据《建设项目竣工环境保护验收管理办法》第十八条：分期建设、分期投入生产或者使用的建设项目，按照本办法规定的程序分期进行环境保护验收。

案例 5 金属铜熔炼厂项目

【素材】

某金属铜熔炼厂，位于一般工业区内，在厂区西南偏南方向 1.5 km 处有一居民区，该区域盛行东风。该厂有两台同一型号的熔炼炉，通过各自的排放烟囱排放污染物。采用外购废铜、金属镍锭、金属锌锭、阴极铜为原料进行熔炼，生产铜合金管棒材。使用电作为能源，能耗较高，熔炼炉排放烟囱高度均为 14 m。排放的污染物主要为 TSP 和 SO_2。

为改善污染物排放状况，该厂拟对现有的脱硫和除尘系统进行改造。改造后，各烟囱的风机运转风量为 27 000 m^3/h；预计各烟囱的污染物最大排放源强 TSP 为 0.75 g/s，SO_2 为 0.375 g/s。经估算模式计算，TSP 最大小时落地浓度为 0.089 4 mg/m^3，位于下风向 500 m 处。

生产的铜合金管棒材半成品冷却后送酸洗车间进行酸洗，随后用自来水对棒材表面进行冲洗，产生的废水经酸洗车间污水处理装置处理后送厂区污水处理站处理，随后排入长江。为了监控污水排放达标情况，该厂在污水入江口设有取样口，采集污水水样进行检测。

TSP 和 SO_2 的环境质量标准见表 1。

表 1 TSP 和 SO_2 的环境质量标准 单位：mg/m^3

污染物名称	取值时间	浓度限值		
		一级标准	二级标准	三级标准
二氧化硫（SO_2）	年平均	0.02	0.06	0.10
	日平均	0.05	0.15	0.25
	1 小时平均	0.15	0.50	0.70
总悬浮颗粒物（TSP）	年平均	0.08	0.20	0.30
	日平均	0.12	0.30	0.50

【问题】

1. 该项目大气污染物执行什么排放标准？假如该标准中 TSP 排放浓度限值为 150 mg/m^3，SO_2 排放浓度为 850 mg/m^3，请说明排放的污染物是否达标并给出理由。

2. 判断该项目的评价工作等级和评价范围，并说明理由。

3. 给出该项目环境空气质量现状监测点位布置。

4. 污水水质复杂程度如何？污水监控方法是否合理？

【参考答案】

1. 该项目人气污染物执行什么排放标准？假如该标准中 TSP 排放浓度限值为 150 mg/m^3，SO$_2$ 排放浓度为 850 mg/m^3，请说明排放的污染物是否达标并给出理由。

答：该项目采用电加热熔炼炉，属于工业炉窑，且项目位于一般工业区，因此大气污染物排放应执行《工业炉窑大气污染物排放标准》二级标准。

由于烟囱高度为 14 m，小于上述标准规定的烟囱最低高度 15 m 的要求，因此排放浓度限值严格按 50%执行，即 TSP 排放浓度限值为 75 mg/m^3，SO$_2$ 排放浓度限值为 425 mg/m^3。排放烟囱风机运行风量 27 000 m^3/h，污染物排放源强 TSP 为 0.75 g/s，SO$_2$ 为 0.375 g/s，计算可得，TSP 排放浓度为 100 mg/m^3，SO$_2$ 排放浓度为 50 mg/m^3。因此，SO$_2$ 可达标排放，TSP 超标。

2. 判断该项目的评价工作等级和评价范围，并说明理由。

答：$P_{TSP} = \dfrac{c}{c_0} \times 100\% = \dfrac{0.089\ 4}{3 \times 0.30} \times 100\% = 9.9\% < 10\%$

由问题 1 可知，TSP 的排放浓度为 100 mg/m^3，SO$_2$ 的排放浓度为 50 mg/m^3，因此 SO$_2$ 的最大小时落地浓度 $= \dfrac{50}{100} \times 0.089\ 4 = 0.044\ 7$ mg/m^3，

$P_{SO_2} = \dfrac{c}{c_0} \times 100\% = \dfrac{0.044\ 7}{0.5} \times 100\% = 8.9\% < 10\%$

通过计算，P_{TSP} 和 P_{SO_2} 均小于 10%，按照《环境影响评价技术导则—大气环境》（HJ 2.2—2008），评价工作等级为三级，但是由于该项目属于高耗能行业的多源项目，评价工作等级不得低于二级，因此项目评价工作等级为二级。

该项目的 P_{max} 为 P_{TSP}，根据新大气导则，评价范围的直径或者边长不应小于 5 km，因此，该项目的评价范围取直径为 5 km 的圆形区域或者边长为 5 km 的矩形区域。

3. 给出该项目环境空气质量现状监测点位布置。

答：对于二级评价项目，环境空气质量现状监测布点采用极坐标布点法，在评价范围内该项目至少布置 6 个点，取东面为 0°，西面为 180°，在 0°，90°，270°，180° 分别布置一个点，在距该厂 1.5 km 处的居民区布置一个点，在 180° 方向距离污染源 500 m 处即最大落地浓度点布置一个点。

4. 污水水质复杂程度如何？污水监控方法是否合理？

答：由题目可知，该项目污水包括三类：① 持久性污染物：Cu、Ni、Zn；② 非持久性污染物：BOD、COD、NH_3-N、SS、石油类；③ pH。

因此，污水中所含污染物类型为三类，污水水质为复杂水质。

该项目污水采样点设置不合理，因为污水中含有 Ni，属于上述第一类污染物，对于第一类污染物除了需要控制总排口排放浓度，还必须控制车间排放口的排放浓度。该项目还需要在酸洗车间污水排放口设置采样点。

【考点分析】

1. 该项目大气污染物执行什么排放标准？假如该标准中 TSP 排放浓度限值为 150 mg/m³，SO_2 排放浓度为 850 mg/m³，请说明排放的污染物是否达标并给出理由。

《环境影响评价案例分析》考试大纲中"四、环境影响识别、预测与评价（3）选用评价标准"。

该题主要考查了四个方面：① 排放源强、排风量及排放浓度之间的换算；② 大气污染物行业性排放标准的应用；③ 大气污染物排放标准中有关烟囱高度的规定，在烟囱高度低于标准规定的最低高度时，排放标准限值需严格 50%；④ 根据项目所在功能区的性质判断排放等级。

举一反三：

对于大气污染物排放标准，考试大纲主要考查《大气污染物综合排放标准》（GB 16297—1996）、《恶臭污染物排放标准》（GB 14554—93）、《工业炉窑大气污染物排放标准》（GB 9078—1996）、《锅炉大气污染物排放标准》（GB 13271—2001），对于这几个标准，必须熟悉，尤其是各标准的适用范围、烟囱高度的规定、同一标准中执行不同限值的时间节点的划分都需要特别注意。对于烟囱高度，也可以换一种考法，譬如已知排放浓度和排放标准，判断烟囱的最低设计高度。再比如《大气污染物综合排放标准》，对污染物的排放除了有排放浓度的规定，还有排放速率的规定，此时，应特别注意在排放同种污染物的排气筒之间的距离小于烟囱高度之和时，需要计算等效排气筒的排放速率和排放高度，然后再判断是否达标排放。

对于烟囱高度的常考知识点是：

如果项目废气排放执行《工业炉窑大气污染物排放标准》，烟囱高度达不到最低允许高度 15 m 时，最高允许排放浓度应按相应区域排放标准值的 50% 执行。

如果项目废气排放执行《大气污染物综合排放标准》，烟囱高度达不到排气筒最低 15 m 的要求时，按外推法计算排放速率标准值结果再严格 50% 执行。锅炉和窑炉的标准里面均规定了排放浓度的限值，但没有排放速率的概念。

总之，建议大家将上述标准仔细阅读，掌握上述标准是根本，万变不离其宗。

2. 判断该项目的评价工作等级和评价范围，并说明理由。

《环境影响评价案例分析》考试大纲中"四、环境影响识别、预测与评价（4）确定评价工作等级、评价范围及各环境要素的环境保护要求"。

该题主要考查评价等级和评价工作范围判定方法的灵活应用。判断评价等级和评价范围时，不应仅仅拘泥于计算 P_{max} 和 $D_{10\%}$，同时应该注意根据不同的情况在通过 P_{max} 判断出的评价工作等级基础上进行提级或者降级，以及在 $D_{10\%}$＜污染源距厂界最近距离时如何判断评价工作等级。当 $D_{10\%}$ 小于 2.5 km 或者大于 25 km 时，评价范围直接按照 $D_{10\%}$ 为 2.5 km 或者 25 km 的情况进行划定。

举一反三：

（1）新大气导则规定（表 2）：

表 2　评价工作等级

评价工作等级	评价工作分级判据
一级	$P_{max} \geq 80\%$，且 $D_{10\%} \geq 5$ km
二级	其他
三级	$P_{max} < 10\%$ 或 $D_{10\%} <$ 污染源距厂界最近距离

此外：

同一项目有多个（两个以上，含两个）污染源排放同一种污染物时，则按各污染源分别确定其评价等级，并取评价级别最高者作为项目的评价等级。

对于高耗能行业的多源（两个以上，含两个）项目，评价等级应不低于二级。

对于建成后全厂的主要污染物排放总量都有明显减少的改、扩建项目，评价等级可低于一级。如果评价范围内包含一类环境空气质量功能区，或者评价范围内主要评价因子的环境质量已接近或超过环境质量标准，或者项目排放的污染物对人体健康或生态环境有严重危害的特殊项目，评价等级一般不低于二级。

对于以城市快速路、主干路等城市道路为主的新建、扩建项目，应考虑交通线源对道路两侧的环境保护目标的影响，评价等级应不低于二级。

对于公路、铁路等项目，应分别按项目沿线主要集中式排放源（如服务区、车站等大气污染源）排放的污染物计算其评价等级。

大气评价范围，除了通过 $D_{10\%}$ 加以判断外，注意对于以线源为主的城市道路等项目，评价范围可设定为线源中心两侧各 200 m 的范围。

（2）同一烟囱排放的不同污染物，最大落地浓度点的位置是相同的，不同污染物的最大落地浓度之比等于排放浓度之比，但 $D_{10\%}$ 是不同的，大家可以通过估算模式加以验证。

（3）该题中给出了 TSP 和 SO_2 的环境质量标准，但对于常规污染物的环境质量标准的浓度限值大家应该熟记，在历年的"技术方法"或者"技术导则与标准"这两门考试中，经常有关于常规污染物环境质量标准浓度限值的考题。

3. 给出该项目环境空气质量现状监测点位布置。

《环境影响评价案例分析》考试大纲中"三、环境现状调查与评价（2）制定环境现状调查与监测方案"。

该题考查的是新大气导则环境空气质量现状监测布点的应用。采用极坐标布点法时，应注意对评价范围内的敏感目标及采用估算模式计算的最大落地浓度点均应进行布点监控；对于其他方向的点位，一般只有方位的要求，而没有该监测点距污染源的距离的规定，只要在评价范围内就行。布点时，应注意监测点位的周边环境应符合相关的环境监测技术规范的规定，各监测点位周围空间应开阔，采样口水平线与周围建筑物的高度夹角小于 30°；监测点周围应有 270°采样捕集空间，以使空气流动不受任何影响；避开局地污染源的影响，原则上 20 m 范围内应没有局地排放源；避开树木和吸附力较强的建筑物，一般在 15～20 m 范围内没有绿色乔木、灌木等。

举一反三：

熟练掌握各级评价项目现状监测布点原则（表 3）。

表 3 现状监测布点原则

	一级评价	二级评价	三级评价
监测点数	≥10	≥6	2～4
布点方法	极坐标布点法	极坐标布点法	极坐标布点法
布点方位	在约 0°、45°、90°、135°、180°、225°、270°、315°等方向布点，并且在下风向加密，也可根据局地地形条件、风频分布特征以及环境功能区、环境空气保护目标所在方位做适当调整	至少在约 0°、90°、180°、270°等方向布点，并且在下风向加密，也可根据局地地形条件、风频分布特征以及环境功能区、环境空气保护目标所在方位做适当调整	在约 0°、180°等方向布点，并且在下风向加密，也可根据局地地形条件、风频分布特征以及环境功能区、环境空气保护目标所在方位做适当调整
布点要求	各个监测点要有代表性，环境监测值应能反映各个环境敏感区域、各环境功能区的环境质量，以及预计受项目影响的高浓度区的环境质量		

4. 污水水质复杂程度如何？污水监控方法是否合理？

《环境影响评价案例分析》考试大纲中"三、环境现状调查与评价（2）制定环境现状调查与监测方案"。

该题重点考查两个方面：① 污水水质类别及通过水质类别判断水质的复杂程度；② 第一类水污染物和第二类水污染物监测取样点的不同。

举一反三：

水质复杂程度判断归纳于表 4。

表 4   水质复杂程度判断

污染物类型数（n）	需预测的水质参数数目（m）	水质复杂程度
$n \geqslant 3$	—	复杂
$n=2$	$m \geqslant 10$	复杂
$n=2$	$m < 10$	中等
$n=1$	$m \geqslant 7$	中等
$n=1$	$m < 7$	简单

注：表 4 第 1 列和第 2 列同时成立才能决定水质复杂程度，但污染物类型数大于 3 时无论需要预测的水质参数数目多少，水质复杂程度均为"复杂"。

此外，通过污水日排放量判断污水量等级，通过河流多年平均流量或平水期平均流量判断水域规模，以及通过污水量等级、污水水质复杂程度、水域规模以及污水受纳水体的水质类别综合判断水环境影响评价等级也是考试的重点。

按照《污水综合排放标准》（GB 8978—1996）的规定，第一类污染物：不分行业和污水排放方式，也不分受纳水体功能类别，一律在车间或车间处理设施排放口采样，其最高允许排放浓度必须达到本标准要求。第二类污染物：在排污单位排放口采样，其最高允许排放浓度必须达到本标准要求。建议大家对这些常用的标准仔细阅读，很多考点就出于其中。

案例6 矿山冶金设备制造项目

【素材】

某公司决定在开发区新建矿山冶金设备制造项目，项目主要由金工车间（对铸造件进行车、钻、铣、刨）、铆焊车间（对钢板切割、焊）、装配车间（对零部件进行安装、调试）组成。矿山冶金设备制造工艺流程如图1所示：

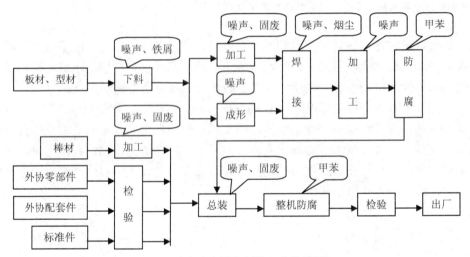

图1 矿山冶金设备制造工艺流程图

冶金设备生产过程中主要原材料消耗见表1。

表1 主要原材料清单

序号	材料名称	规格型号	单位	数量
1	钢板	Q235A	t	900
2	元钢	45#	t	800
3	焊条	2.5/4/5	t	200
4	焊丝	1.0/1.2	t	300
5	标准件	GB/JB	套	2 000
6	环氧系列防腐漆	—	kg	150
7	机油	—	kg	300
8	乳化液	—	kg	200

【问题】

1．全年生产天数为 300 天，每天焊接时间 5 小时，三台焊接设备同时工作，焊条和焊丝产尘系数 7 g/kg，每台焊接设备的排气量为 3 000 m³/h。请求出每个焊接设备的产尘量及产生浓度。

2．三台焊接设备废气经烟气净化机除尘后，一并由 8 m 烟囱外排，烟气达标外排时的除尘效率是多少？（15 m 烟囱最高允许排放速率为 3.5 kg/h，最高允许排放浓度 120 mg/m³）

3．废机油、废乳化液应如何处理？

【参考答案】

1．请求出每个焊接设备的产尘量及产尘浓度。

答：焊接设备的产尘量：

$$500\ t \times 7\ g/kg = 3\ 500\ kg$$

每台焊接设备的产尘量：

$$3\ 500/3 = 1\ 166.7\ kg$$

全年生产时间为：$300 \times 5 = 1\ 500\ h$

产尘浓度：$1\ 166.7\ kg/(1\ 500 \times 3\ 000)m^3 = 259.3\ mg/m^3$

2．烟气达标外排时的除尘效率是多少？

答：最高允许排放速率

$$Q = Q_c(h/h_c)^2$$

式中：Q_c——标准中表列排气筒最低高度对应的最高允许排放速率，kg/h；

h——某排气筒的高度，m；

h_c——本项目标准中表列排气筒的最低高度，m。

$$Q = 50\%Q_c(h/h_c)^2 = 0.5 \times 3.5(8/15)^2 = 0.498\ kg/h$$

本项目产尘速率：

$$3\ 500/1\ 500 = 2.333\ kg/h$$

为满足排放速率，除尘效率为：

$$(2.333 - 0.498)/2.333 = 0.786\ 5 = 78.65\%$$

为满足排放浓度，除尘效率为：

$$(259.3 - 120)/259.3 = 0.537\ 2 = 53.72\%$$

烟气达标外排时的除尘效率按满足排放速率和排放浓度最大值选取，本项目除尘效率达 78.65%以上，可达标外排。

3．废机油、废乳化液应如何处理？

答：废机油、废乳化液属危险废物，按照《危险废物贮存污染控制标准》进行贮存，存放专用容器，交有资质单位进行处置。

【考点分析】

1. 请求出每个焊接设备的产尘量及产尘浓度。

《环境影响评价案例分析》考试大纲中"二、项目分析（1）分析建设项目生产工艺过程的产污环节、主要污染物、资源和能源消耗等，给出污染源强，生态影响为主的项目还应根据工程特点分析施工期和运营期生态影响的因素和途径"。

针对机械行业，按产污系数进行污染源核算，以便确定项目的主要污染源源强。

举一反三：

机械行业除焊接工序采用产污系数核算污染源外，防腐喷漆或刷漆工序中有机溶剂、苯系物挥发量，一般按产污系数进行核算。

2. 烟气达标外排时的除尘效率是多少？

《环境影响评价案例分析》考试大纲中"四、环境影响识别、预测与评价（3）选用评价标准"。

根据《大气污染物综合排放标准》（GB 16297—1996），新污染源的排气筒一般不应低于 15 m。若某新污染源的排气筒必须低于 15 m，则其排放速率标准值按 7.3 的外推计算结果再严格 50% 执行。污染物达标排放要考虑排放浓度和排放速率两个因素。

本案例要注意两个问题：① 根据烟囱高度和排放标准计算排放速率；② 污染物排放达标应考虑排放速率和排放浓度均达标两个因素。

举一反三：

按照《大气污染物综合排放标准》（GB 16297—1996），①排气筒高度除须遵守表列排放速率标准值外，还应高出周围 200 m 半径范围的建筑 5 m 以上，不能达到该要求的排气筒，应按其高度对应的表列排放速率标准值严格 50% 执行；②两个排放相同污染物（不论其是否由同一生产工艺过程产生）的排气筒，若其距离小于其几何高度之和，应合并视为一根等效排气筒。若有三根以上的近距排气筒，且排放同一种污染物时，应以前两根的等效排气筒，依次与第三、四根排气筒取等效值。等效排气筒的有关参数计算方法见附录 A（略）；③若某排气筒的高度处于本标准列出的两个值之间，其执行的最高允许排放速率以内插法计算，内插法的计算式见本标准附录 B（略）；④当某排气筒的高度大于或小于本标准列出的最大或最小值时，以外推法计算其最高允许排放速率，外推法计算式见本标准附录 B（略）。

3. 废机油、废乳化液应如何处理？

《环境影响评价案例分析》考试大纲中"六、环境保护措施分析（2）分析污染控制措施及其技术经济可行性"。

工业固废防治措施应根据其固废性质，确定处置方案，一般工业固体废物应首先考虑综合利用，然后再考虑处置；危险废物应按有关管理规定，交有资质单位处理。

举一反三：

机械行业产生的乳化液、机油、润滑油均属于危险废物，应按有关管理规定进行临时储存，交有资质单位处理。

案例 7　电解铜箔项目

【素材】

某公司拟在工业园区建设电解箔项目，设计生产能力 8.0×10^3 t/a，电解箔生产原料为高纯铜，生产工艺包括硫酸溶铜、电解生箔、表面处理、裁剪收卷。其中表面处理工艺流程见图 1，表面处理工序粗化、固化工段水平衡见图 2。工业园区建筑物高度 10～20 m。

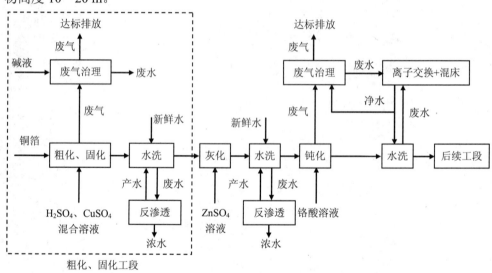

图 1　表面处理工艺流程

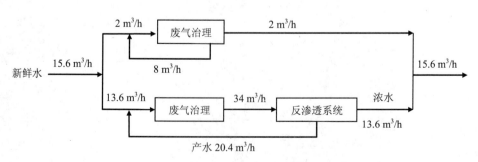

图 2　粗化、固化工段水平衡图

粗化、固化工段废气经碱液喷淋洗涤后通过位于车间顶部的排气筒排放，排气筒距地面高 15 m。

拟将表面处理工序产生的反渗透浓水和粗化、固化工段的废气治理废水，以及离子交换树脂再生产生的废水混合后处理。定期更换的粗化固化槽液、灰化槽液和钝化槽液委外处理。

【问题】

1. 指出本项目各种废水混合处理存在的问题，并提出调整建议。
2. 计算表面处理工序粗化、固化工段水的重复利用率。
3. 评价粗化、固化工段废气排放，应调查哪些信息？
4. 指出表面处理工序会产生哪些危险废物。

【参考答案】

1. 指出本项目各种废水混合处理存在的问题，并提出调整建议。

答：存在的问题有：离子交换树脂再生产生的废水中含有铬，为一类污染物，含一类污染物的废水在没达标前不能与其他废水混合。

调整建议：采用化学沉淀法先对离子交换树脂再生产生的废水进行处理，铬达标后，再与其他废水混合后处理。

2. 计算表面处理工序粗化、固化工段水的重复利用率。

答：粗化、固化工段水的重复利用率为：

$$（8+20.4）/（8+20.4+15.6）\times 100\%=64.5\%$$

3. 评价粗化、固化工段废气排放，应调查哪些信息？

应调查下列信息：

（1）排气筒底部中心坐标，以及排气筒底部的海拔高度（m）；

（2）排气筒几何高度（m）及排气筒出口内径（m）；

（3）排气筒出口处烟气温度（K）；

（4）烟气出口速度（m/s）；

（5）硫酸雾的正常排放量（g/s），排放工况，年排放小时数（h）；

（6）排气筒 200 m 范围内的建筑物高度。

4. 指出表面处理工序会产生哪些危险废物。

答：废弃离子交换树脂，含铜、锌、铬的各类浓废液，灰化槽渣和钝化槽液，污泥。

【考点分析】

1. 指出本项目各种废水混合处理存在的问题，并提出调整建议。

《环境影响评价案例分析》考试大纲中"六、环境保护措施分析（1）分析污染物达标排放情况；（5）制订环境管理与监测计划"。

举一反三：此问题与"三、冶金机电类　案例2　新建汽车制造项目"第2题大同小异，考点均为《污水综合排放标准》（GB 8978—1996）中有关第一类水污染物的相关规定内容。请一并进行总结分析。

2. 计算表面处理工序粗化、固化工段水的重复利用率。

《环境影响评价案例分析》考试大纲中"二、项目分析（2）从生产工艺、资源和能源消耗指标等方面分析建设项目清洁生产水平"。

3. 评价粗化、固化工段废气排放，应调查哪些信息？

《环境影响评价案例分析》考试大纲中"四、环境影响识别、预测与评价（7）选择、运用预测模式与评价方法"。

举一反三：

注册环评师考试中有关预测模式的考点基本上限于模式中主要参数的获取，不同模式如何选择等问题。本题的考点类似于"六、社会区域　案例2　新建10万t/d污水处理厂项目"中第3题。

4. 指出表面处理工序会产生哪些危险废物。

《环境影响评价案例分析》考试大纲中"四、环境影响识别、预测与评价（1）识别环境影响因素与筛选评价因子"。

举一反三：

对于危险废物的相关考题，首先应该想到《国家危险废物名录》中常见的危险废物名称及危险废物储存、转运、填埋、焚烧等相关规定，部分考点出自《危险废物填埋污染控制标准》（GB 18598—2001）、《危险废物焚烧污染控制标准》（GB 18484—2001）、《危险废物贮存污染控制标准》（GB 18597—2001）。关于危险废物的其他类似考题见本书"二、化工石化及医药类/案例1　新建石化项目"中第3题。

四、建材火电类

案例 1　煤矸石电厂项目

【素材】

某煤化公司位于北方山区富煤地区，周围煤矿密集，在煤洗选生产过程中，产出中煤和煤矸石约 100 万 t/a，且周围现存煤矸石有 600 万 t/a 以上。该公司决定利用当地的煤矸石、中煤，安装 4 台超高压 135 MW 双缸双排气凝汽式直接空冷汽轮发电机组和 4 台 480 t/h 循环流化床锅炉。

该自备电厂设计煤种配比为煤矸石：中煤＝22：78，校核煤种的配比为煤矸石：中煤＝30：70，根据煤质检测报告，煤矸石、中煤的收到基低位发热量分别为 5 050 kJ/kg、14 600 kJ/kg。锅炉采用湿法脱硫（脱硫效率 95%）、电袋除尘（效率 99.9%）后，烟气经 2 座 150 m 高钢筋混凝土烟囱排入大气（2 台炉合用一座烟囱），两座烟囱相距 100 m。该项目 SO_2 排放总量 636 t/a，NO_x 排放总量 829 t/a，烟尘排放总量 128 t/a，计划通过淘汰本地区污染严重的小焦化厂 6 家，削减 SO_2 排放总量 1 000 t/a、NO_x 排放总量 1 000 t/a、烟尘排放总量 166 t/a，作为本项目总量来源。

该项目位于北方缺水地区，电厂生活用水采用煤化公司自备井提供的自来水；生产用水有三个备选取水方案：A 方案是以项目南 15 km 处的水库为水源；B 方案是以项目 5 km 以内附近多家煤矿矿坑排水作为水源；C 方案是以项目往南 10 km 处拟建中的城市污水处理厂中水作为水源。上述三个备选水源水质水量均满足电厂用水要求。

【问题】

1. 法律明文规定该项目环评报告书中必须要有的文件是（　　　）。
   A．水资源论证报告　　　　　　　B．水土保持方案
   C．煤质分析报告　　　　　　　　D．项目建议书
2. 根据该项目备选取水方案，确定推荐的取水方案，并说明原因。
3. 请计算该项目两个烟囱的等效烟囱高度和位置。
4. 该项目是否符合总量控制要求？

【参考答案】

1. 法律明文规定该项目环评报告书中必须要有的文件是（B）。
   A. 水资源论证报告　　　　　　　　B. 水土保持方案
   C. 煤质分析报告　　　　　　　　　D. 项目建议书

2. 根据该项目备选取水方案，确定推荐的取水方案，并说明原因。

   答：推荐的取水方案为 B，以煤矿矿坑排水作为水源。城市污水处理厂建成前，方案 A 水库水可做备用水源；城市污水处理厂建成后，优选方案 C 城市污水处理厂中水做备用水源。

3. 请计算该项目两个烟囱的等效烟囱高度和位置。

   答：两个烟囱的等效烟囱高度为 150 m，位于两个排气筒连线的中点上、距两个烟囱均为 50 m。计算过程如下：

   （1）等效烟囱高度 h

   $$h = \sqrt{\frac{1}{2}\left(h_1^2 + h_2^2\right)}$$

   式中：h_1，h_2——烟囱 1 和烟囱 2 的高度。

   因 $h_1 = h_2 = 150$ m，则：

   $$h = \sqrt{\frac{1}{2}\left(h_1^2 + h_2^2\right)} = \sqrt{\frac{1}{2}\left(h_1^2 + h_1^2\right)} = \sqrt{h_1^2} = h_1 = 150\,\text{m}$$

   （2）等效烟囱位于烟囱 1 和烟囱 2 的连线上，以烟囱 1 为原点，等效排气筒距原点的距离 x：

   $$x = a\frac{Q - Q_1}{Q}$$

   式中：a——烟囱 1 和烟囱 2 的距离，100 m；

   　　　Q_1——烟囱 1 的污染物排放速率，kg/h；

   　　　Q——等效烟囱的污染物排放速率，$Q = Q_1 + Q_2$，Q_2 为烟囱 2 的污染物排放速率，kg/h。

   因 $Q_1 = Q_2$，则 $Q = 2Q_1$，计算 x 得：

   $$x = a\frac{Q - Q_1}{Q} = a\frac{2Q_1 - Q_1}{2Q_1} = a\frac{Q_1}{2Q_1} = \frac{1}{2}a = 50\,\text{m}$$

4. 该项目是否符合总量控制要求？

   答：该项目符合总量控制要求。因为该项目计划通过淘汰本地区污染严重的小焦化厂的区域削减措施来为该项目提供总量来源。该项目 SO_2 排放总量 636 t/a，区域削减 SO_2 排放总量 1 000 t/a；该项目 NO_x 排放总量 829 t/a，区域削减烟尘排放总量 1 000 t/a；

该项目烟尘排放总量 128 t/a，区域削减烟尘排放总量 166 t/a。SO_2、NO_x 和烟尘区域削减量均大于该项目增加量，由此总量来源落实。

【考点分析】

1. **法律明文规定本项目环评报告书中必须要有的文件是（B）。**
   A. 水资源论证报告　　　　　　　　　B. 水土保持方案
   C. 煤质分析报告　　　　　　　　　　D. 项目建议书

《环境影响评价案例分析》考试大纲中"一、相关法律法规运用和政策、规划的符合性分析（1）分析建设项目环境影响评价中运用的法律法规的适用性"。

举一反三：

本案例项目位于山区，1991 年 6 月 29 日通过的《中华人民共和国水土保持法》第十九条规定："在山区、丘陵区、风沙区修建铁路、公路、水工程，开办矿山企业、电力企业和其他大中型工业企业，在建设项目环境影响报告书中，必须有水行政主管部门同意的水土保持方案。"故 B 是正确答案。水资源论证报告、煤质分析报告、项目建议书虽然也是环评的重要参考文件，但没有法律明文规定是环评报告中必需的。

2. **根据该项目备选取水方案，确定推荐的取水方案，并说明原因。**

《环境影响评价案例分析》考试大纲中"一、相关法律法规运用和政策、规划的符合性分析（2）分析建设项目与相关环境保护政策及产业政策的符合性"和"二、项目分析（4）不同工程方案（选址、规模、工艺等）的分析比选"。

举一反三：

发改能源[2004]864 号文件《国家发展改革委关于燃煤电站项目规划和建设有关要求的通知》要求"在北方缺水地区，新建、扩建电厂禁止取用地下水，严格控制使用地表水，鼓励利用城市污水处理厂的中水或其他废水……坑口电站项目首先考虑使用矿井疏干水"。

该项目位于富煤地区，周围煤矿密集，属坑口电站，首先考虑使用矿井疏干水作为水源（方案 B）；该项目位于北方缺水地区，鼓励利用城市污水处理厂的中水（方案 C），严格限制使用地表水（方案 A）。

3. **请计算该项目两个烟囱的等效高度和位置。**

《环境影响评价案例分析》考试大纲中"二、项目分析（1）分析建设项目生产工艺过程的产污环节、主要污染物、资源和能源消耗等，给出污染源强，生态影响为主的项目还应根据工程特点分析施工期和运营期生态影响的因素和途径"。

4. **该项目是否符合总量控制要求？**

《环境影响评价案例分析》考试大纲中"六、环境保护措施分析（4）分析污染物排放总量情况"。

举一反三：

国函[2006]70 号《国务院关于"十一五"期间全国主要污染物排放总量控制计划的批复》规定，一般地区总量控制因子为两个：化学需氧量和二氧化硫，在国家确定的水污染防治重点流域、海域专项规划中还需补充氨氮（总氮）、总磷等污染物总量控制要求。

国发[2011]26 号"国务院关于印发'十二五'节能减排综合性工作方案的通知"要求"2015 年，……全国氨氮和氮氧化物排放总量分别控制在 238.0 万吨、2046.2 万吨，比 2010 年的 264.4 万吨、2273.6 万吨分别下降 10%。""十二五"新增了氨氮和氮氧化物排放总量控制要求。

国家环保总局 2006 年第 39 号公告《关于发布火电项目环境影响报告书受理条件的公告》规定："（三）热电站、煤矸石电厂、垃圾焚烧发电厂项目的总量指标必须明确总量指标来源。除热电站、煤矸石电厂、垃圾焚烧发电厂外，其他新建、扩建、改建常规火电项目的二氧化硫排放总量指标必须从电力行业取得。"本案例项目为煤矸石热电站，二氧化硫指标可不从电力行业取得。

案例 2 新建热电联产项目

【素材】

某工业园区位于西南某中等城市以南 4 km 处近郊工业园区规划范围内,工业园区目前尚无热电厂,现有的用热企业 11 家均采用自备锅炉供热,共设自备锅炉 20 台,目前锅炉总容量为 93 t/h,烟尘排放量 333 t/a、SO_2 排放量 1 650 t/a、炉渣排放量 6 万 t/a。

该园区热电站建设项目已列入经批准的城市供热总体规划,热电站设计规模为 130 t/h 锅炉 2 台、25 MW 汽轮发电机组 1 台,同步建设相应供热规模的热网以及配套的公用工程、输煤系统,同时淘汰现有分散自备锅炉。热电站最大供热能力 130 t/h,总热效率 60%、热电比 355%。热电站采用循环流化床锅炉,汽轮机组为抽气凝汽式。

厂址位于丘陵地区,属空气质量功能二类区,年主导风向为北风。厂区西隔一条道路与河流 A(主要功能为工业、渔业、航运、灌溉,多年平均流速 12.6 m/s,平均水深 3 m,河宽 3 m。)相邻,北接河流 B(主要功能为灌溉),东、南两面为规划工业用地,东厂界距最近的村庄 A 约 250 m。灰场位于厂区东南侧约 1 km 的干沟内,地下水埋深约 1 m,灰场西南侧距最近的村庄 B 约 300 m。

锅炉年利用小时数为 6 000 h,采用石灰石-石膏湿法脱硫技术,脱硫效率>90%,SO_2 排放浓度 80 mg/m³、排放量 0.028 t/h;采用除尘效率大于 99.9%的布袋除尘器,烟尘排放浓度 20 mg/m³、排放量 0.007 t/h;采用 SCR 法脱硝技术,脱硝效率>75%,NO_x 排放浓度 98 mg/m³、排放量 0.035 t/h。烟囱高 120 m,距厂界最近距离 80 m。经预测,SO_2 最大地面浓度为 15.11 μg/m³,SO_2 地面浓度均小于标准限值的 10%;PM_{10} 最大地面浓度为 3.78 μg/m³,PM_{10} 地面浓度均小于标准限值的 10%;NO_2 最大地面浓度为 18.536 μg/m³。厂区采用直流供水系统,取水自西侧河流 A(河流 B 为备用水源),排水入西侧河流 A;直流循环水(温排水)排放量约 5 930 m³/d,经预测,温排水造成河流 A 周平均最大温升为 2.2℃;一般废水排放量为 449 m³/d,处理达标后由厂内总排口排入西侧河流 A。项目采用灰渣分除、干出灰方式,预计灰渣产生量约 78 120 t/a,其中渣量 35 160 t/a,灰量 42 960 t/a,目前已与建材、砖瓦厂签订灰渣综合利用协议,协议利用率 100%,经分析,该项目灰渣属 II 类一般工业固体废物。

【问题】

1. 该项目厂区和灰场选址从环保角度看是否合理？请说明理由。
2. 判定该项目大气、地面水评价等级，并给出判定依据。
3. 从已给资料看，该项目明显不能满足达标排放要求的是哪一点？
4. 该项目大气总量控制是否满足要求？

附：《环境影响评价技术导则—地面水环境》（HJ/T 2.3—93）表 2。

表 2　地面水环境影响评价分级判据

建设项目污水排放量/(m³/d)	建设项目污水水质的复杂程度	一级		二级		三级	
		地面水域规模（大小规模）	地面水水质要求（水质类别）	地面水域规模（大小规模）	地面水水质要求（水质类别）	地面水域规模（大小规模）	地面水水质要求（水质类别）
≥20 000	复杂	大	Ⅰ～Ⅲ	大	Ⅳ、Ⅴ		
		中、小	Ⅰ～Ⅳ	中、小	Ⅴ		
	中等	大	Ⅰ～Ⅲ	大	Ⅳ、Ⅴ		
		中、小	Ⅰ～Ⅳ	中、小	Ⅴ		
	简单	大	Ⅰ、Ⅱ	大	Ⅲ～Ⅴ		
		中、小	Ⅰ～Ⅲ	中、小	Ⅳ、Ⅴ		
<20 000 ≥10 000	复杂	大	Ⅰ～Ⅲ	大	Ⅳ、Ⅴ		
		中、小	Ⅰ～Ⅳ	中、小	Ⅴ		
	中等	大	Ⅰ、Ⅱ	大	Ⅲ、Ⅳ	大	Ⅴ
		中、小	Ⅰ、Ⅱ	中、小	Ⅲ～Ⅴ		
	简单			大	Ⅰ～Ⅲ	大	Ⅳ、Ⅴ
		中、小	Ⅰ	中、小	Ⅱ～Ⅳ	中、小	Ⅴ
<10 000 ≥5 000	复杂	大、中	Ⅰ、Ⅱ	大、中	Ⅲ、Ⅳ	大、中	Ⅴ
		小	Ⅰ、Ⅱ	小	Ⅲ、Ⅳ	小	Ⅴ
	中等			大、中	Ⅰ～Ⅲ	大、中	Ⅳ、Ⅴ
		小	Ⅰ	小	Ⅱ～Ⅳ	小	Ⅴ
	简单			大、中	Ⅰ、Ⅱ	大、中	Ⅲ～Ⅴ
				小	Ⅰ～Ⅲ	小	Ⅳ、Ⅴ
<5 000 ≥1 000	复杂			大、中	Ⅰ～Ⅲ	大、中	Ⅳ、Ⅴ
		小		小	Ⅱ～Ⅳ	小	Ⅴ
	中等			大、中	Ⅰ、Ⅱ	大、中	Ⅲ～Ⅴ
				小	Ⅰ～Ⅲ	小	Ⅳ、Ⅴ
	简单					大、中	Ⅰ～Ⅳ
				小	Ⅰ	小	Ⅱ～Ⅴ
<1000 ≥200	复杂					大、中	Ⅰ～Ⅳ
						小	Ⅰ～Ⅴ
	中等					大、中	Ⅰ～Ⅳ
						小	Ⅰ～Ⅴ
	简单					中、小	Ⅰ～Ⅳ

【参考答案】

1. 该项目厂区和灰场选址从环保角度看是否合理？请说明理由。

答：从环保角度看，该项目厂区选址合理，灰场选址不合理。原因如下：

（1）国家禁止在大中城市城区和近郊区、建成区和规划区新建燃煤火电厂，但以热定电的热电厂除外，该项目虽位于中等城市近郊，但属于以热定电的热电厂，故不在禁令之列；热电厂位于城市主导风向下风向，有利于大气污染物的扩散，故热电厂厂区选址从环保角度看是合理的。

（2）该项目灰渣属第Ⅱ类一般工业固体废物，应满足《一般工业固体废物贮存、处置场污染控制标准》（GB 18599—2001）有关选址要求。就提供的素材看，灰场虽位于工业区和居民集中区主导风向下风侧，但灰场西南侧距最近的村庄 B 约 300 m，不能满足"厂界距居民集中区 500 m 以外"的要求；灰场地下水埋深约 1 m，不符合"天然基础层地表距地下水位的距离不得小于 1.5 m"的要求。故灰场选址从环保角度看是不合理的。

2. 判定该项目大气、地面水评价等级，并给出判定依据。

答：根据《环境影响评价技术导则—大气环境》（HJ 2.2—2008）中评价工作分级划定办法，该项目大气评价等级为三级；根据《环境影响评价技术导则—地面水环境》（HJ/T 2.3—93）中的评价工作分级划定办法，该项目地面水评价等级为二级，具体判定依据如下：

（1）大气：选择 SO_2、PM_{10}、NO_2 为废气主要污染物，计算其最大地面浓度占标率 P_i：

$P_{SO_2}=15.11\div500\times100\%=3.0\%$；

$P_{PM_{10}}=3.78\div（150\times3）\times100\%=0.8\%$；

$P_{NO_2}=18.536\div240\times100\%=7.7\%$。

取污染物中 P_i 最大者 $P_{NO_2}<10\%$，故大气评价等级确定为三级。

（2）地面水：该项目废水排放量 $Q=6\,379$ m³/d，5 000 m³/d$<Q<$10 000 m³/d；污染物为非持久性污染物和热污染，污染物类型数为 2，水质复杂程度为中等；河流 A 多年平均流量=$12.6\times3\times3=113.4$ m³/s<150 m³/s，属中河；河流 A 主要功能为工业、渔业、航运、灌溉，水质应依据最高类别功能划分为Ⅲ类。根据《导则》表 2，本项目地面水环境影响评价等级为二级。

3. 从已给资料看，该项目明显不能满足达标排放要求的是哪一点？

答：虽然一般废水处理达标后排放，但温排水造成河流 A 周平均最大温升为 2.2℃，不符合《地表水环境质量标准》（GB 3838—2002）表 1 中对水温的要求："人为造成的环境水温变化应限制在周平均温升＜1℃。"

4．该项目大气总量控制是否满足要求？

答：该项目投产后将淘汰园区内现有企业自备的燃煤锅炉，实现集中供热。

淘汰自备锅炉 20 台，削减 SO_2 排放量 1 650 t/a、削减烟尘排放量 333 t/a。按锅炉年利用小时数 6 000 h 计，该项目 SO_2 排放量 0.028 t/h，折合为 168 t/a；NO_x 排放量 0.035 t/h，折合为 210 t/a；烟尘排放量 0.007 t/h，折合为 42 t/a。

该工程在保证除尘、脱硫设施正常运行的条件下，SO_2 排放削减量为 1 482 t/a，烟尘排放削减量为 291 t/a；该工程上马后还可以减少供热区域其他小型锅炉的建设。因此该工程的实施有利于减少开发区大气污染物的排污总量，符合"增产减污"的总量控制要求。

【考点分析】

1．该项目厂区和灰场选址从环保角度看是否合理？请说明理由。

《环境影响评价案例分析》考试大纲中"七、环境可行性分析（1）分析建设项目的环境可行性"。

举一反三：

（1）厂址选择合理性是环境可行性分析的重要组成部分，电厂厂址选择涉及厂区、灰场、供水管线、铁路或公路专用线等方面，需要从国家法规政策、设计规程、地区规划、环境功能及环境影响方面进行分析。

① 厂址选择首先要符合国家环境保护法规要求，包括大气、水、噪声、固废等污染防治法，城市规划、自然保护区条例、风景名胜区条例等自然保护法。法规禁止的地点，如自然保护区、风景名胜区等，不得作为电厂厂址使用。

② 除法规要求外，国家有关政府主管部门颁布的对火电项目厂址的有关要求，也应在环评中得到执行。如《国务院关于酸雨控制区和二氧化硫污染控制区有关问题的批复》《关于加强燃煤电厂二氧化硫污染防治工作的通知》《国家发展改革委关于燃煤电站项目规划和建设有关要求的通知》《热电联产和煤矸石综合利用发电项目建设管理暂行规定》中有关电厂选址的要求等。

③ 电厂选址还应符合地方总体发展规划和城镇布局规划，尽可能避免在人口稠密区和城镇规划中的居住、文教、商业社区发展方位及其主导风向的上风向选址建厂。

④ 从环境功能要求看，在环境质量标准规定的不允许排放污染的地域、水域，如声环境功能 0 类区，地表水中的 1 类、2 类水域及海洋 1 类海域等，环境影响与现状叠加后不应超过环境质量标准要求。电厂厂址不应位于大中城市主导风向上风向，以避免对城市有污染影响。

（2）因灰渣属一般工业固体废物，应满足《一般工业固体废物贮存、处置场污染控制标准》（GB 18599—2001）有关选址的要求。具体要求如下：

5　场址选择的环境保护要求

5.1　Ⅰ类场和Ⅱ类场的共同要求

5.1.1　所选场址应符合当地城乡建设总体规划要求。

5.1.2　应选在工业区和居民集中区主导风向下风侧，厂界距居民集中区 500 m 以外。

5.1.3　应选在满足承载力要求的地基上，以避免地基下沉的影响，特别是不均匀或局部下沉的影响。

5.1.4　应避开断层、断层破碎带、溶洞区，以及天然滑坡或泥石流影响区。

5.1.5　禁止选在江河、湖泊、水库最高水位线以下的滩地和洪泛区。

5.1.6　禁止选在自然保护区、风景名胜区和其他需要特别保护的区域。

5.2　Ⅰ类场的其他要求：应优先选用废弃的采矿坑、塌陷区。

5.3　Ⅱ类场的其他要求

5.3.1　应避开地下水主要补给区和饮用水源含水层。

5.3.2　应选在防渗性能好的地基上。天然基础层地表距地下水位的距离不得小于 1.5 m。

---

2. 判定该项目大气、地面水评价等级，并给出判定依据。

《环境影响评价案例分析》考试大纲中"四、环境影响识别、预测与评价（3）选用评价标准；（4）确定评价工作等级、评价范围及各环境要素的环境保护要求"。

举一反三：

（1）大气评价等级的判定应注意采用新标准 HJ 2.2—2008 的判据，有关规定：

5.3.2　评价工作等级的确定

5.3.2.1　根据项目的初步工程分析结果，选择 1～3 种主要污染物，分别计算每一种污染物的最大地面浓度占标率 P_i（第 i 个污染物），及第 i 个污染物的地面浓度达标准限值 10%时所对应的最远距离 $D_{10\%}$。其中 P_i 定义为：

$$P_i = \frac{c_i}{c_{0i}} \times 100\%$$

式中：P_i——第 i 个污染物的最大地面浓度占标率，%；

c_i——采用估算模式计算出的第 i 个污染物的最大地面浓度，mg/m³；

c_{0i}——第 i 个污染物的环境空气质量标准，mg/m³。

c_{0i} 一般选用 GB 3095 中 1 小时平均取样时间的二级标准的浓度限值；对于没有小时浓度限值的污染物，可取日平均浓度限值的三倍值；对该标准中未包含的污染物，可参照 TJ 36 中的居住区大气中有害物质的最高容许浓度的一次浓度限值。如已有地方标准，应选用地方标准中的相应值。对某些上述标准中都未包含的污染物，可参照国外有关标准选用，但应作出说明，报环保主管部门批准后执行。

5.3.2.2 评价工作等级按表 1 的分级判据进行划分。最大地面浓度占标率 P_i 按公式（1）计算，如污染物数 i 大于 1，取 P 值中最大者（P_{max}），和其对应的 $D_{10\%}$。

表 1　评价工作等级

评价工作等级	评价工作分级判据
一级	$P_{max} \geqslant 80\%$，且 $D_{10\%} \geqslant 5$ km
二级	其他
三级	$P_{max} < 10\%$ 或 $D_{10\%} <$ 污染源距厂界最近距离

（2）地表水评价等级的判定应依据《环境影响评价技术导则—地面水环境》：

5.2.1 污水排放量中不包括间接冷却水、循环水以及其他含污染物极少的清净下水的排放量，但包括热量大的冷却水的排放量。

5.2.2 污水水质的复杂程度按污水中拟预测的污染物类型以及某类污染物中水质参数的多少划分为复杂、中等和简单三类。

5.2.2.1 根据污染物在水环境中输移、衰减的特点以及它们的预测模式，将污染物分为四类：
- 持久性污染物（其中还包括在水环境中难降解、毒性大、易长期积累的有毒物质）；
- 非持久性污染物；
- 酸和碱（以 pH 表征）；
- 热污染（以温度表征）。

5.2.2.2 污水水质的复杂程度。

复杂：污染物类型数 $\geqslant 3$；或者只含有 2 类污染物，但需预测其浓度的水质参数数目 $\geqslant 10$。

中等：污染物类型数 $= 2$，且需预测其浓度的水质参数数目 < 10；或者只含有 1 类污染物，但需预测其浓度的水质参数数目 $\geqslant 7$。

简单：污染物类型数 $= 1$，需预测浓度的水质参数数目 < 7。

……

5.2.3.2 湖泊和水库，按枯水期湖泊或水库的平均水深以及水面面积划分。

当平均水深 $\geqslant 10$ m 时：

　　　大湖（库）：$\geqslant 25$ km^2；

　　　中湖（库）：$2.5 \sim 25$ km^2；

　　　小湖（库）：< 2.5 km^2。

当平均水深 < 10 m 时：

　　　大湖（库）：$\geqslant 50$ km^2；

　　　中湖（库）：$5 \sim 50$ km^2；

　　　小湖（库）：< 5 km^2。

在具体应用上述划分原则时，可根据我国南、北方以及干旱、湿润地区的特点进行适当调整。

地表水环境功能区的确定：本题目中河流 A 主要功能为工业、渔业、航运、灌溉，分别对应《地表水环境质量标准》（GB 3838—2002）中Ⅳ、Ⅲ、Ⅴ、Ⅴ类水域功能。根据《标准》规定"同一水域兼有多种使用功能的，执行最高功能类别对应的标准值"，故河流 A 水域功能应为Ⅲ。

3. 从已给资料看，该项目明显不能满足达标排放要求的是哪一点？

《环境影响评价案例分析》考试大纲中"六、环境保护措施分析（1）分析污染物达标排放情况"。

举一反三：

一般达标排放均应根据污染物排放标准进行判断，但火电厂的温排水造成的温升却应根据《地表水环境质量标准》（GB 3838—2002）表 1 中对水温的要求进行达标排放判断。

4. 该项目大气总量控制是否满足要求？

《环境影响评价案例分析》考试大纲中"六、环境保护措施分析（4）分析污染物排放总量情况"。

举一反三：

国函[2006]70 号《国务院关于"十一五"期间全国主要污染物排放总量控制计划的批复》规定，一般地区总量控制因子为 2 个：化学需氧量和二氧化硫，在国家确定的水污染防治重点流域、海域专项规划还需补充氨氮（总氮）、总磷等污染物总量控制要求。

根据国家环保总局 2006 年第 39 号公告《关于发布火电项目环境影响报告书受理条件的公告》，电厂项目二氧化硫排放总量还必须符合以下要求：

> （一）新建、扩建、改造火电项目必须按照"增产不增污"或"增产减污"的要求，通过对现役机组脱硫、关停小机组或排污交易等措施或"区域削减"措施落实项目污染物排放总量指标途径，并明确具体的减排措施。
>
> （二）总局与六家中央管理电力企业集团（以下简称六大集团）或省级人民政府签订二氧化硫削减责任书的脱硫老机组的扩建、改造火电项目，所涉及的老机组脱硫工程的开工、投产进度必须符合责任书有关要求。
>
> （三）热电站、煤矸石电厂、垃圾焚烧发电厂项目的总量指标必须明确总量指标来源。除热电站、煤矸石电厂、垃圾焚烧发电厂外，其他新建、扩建、改建常规火电项目的二氧化硫排放总量指标必须从电力行业取得。
>
> 1. 属于六大电力集团的新建、扩建、改造项目，二氧化硫排放总量指标必须从六大集团的总量控制指标中获得，并由所在电力集团公司和所在地省级环保部门出具确认意见。
>
> 2. 不属于六大电力集团的新建、扩建、改造项目，二氧化硫排放总量指标必须从各省非

六大电力集团电力行业总量控制指标中获得，并由省级环保部门出具确认意见。

自本公告发布之日起，建设单位在提交项目的环境影响报告书时，应同时提供省级环保部门对项目污染物排放总量指标来源的确认文件，六大电力集团的新建、扩建和改造项目还应有所属电力集团公司的确认意见。

（四）总量控制政策有调整时，我局将及时下发有关要求。

根据发改能源[2007]141 号《热电联产和煤矸石综合利用发电项目建设管理暂行规定》，本项目属工业区集中供热项目，供热半径内不得重复建设此类热电项目。具体规定为：

第十一条　以工业热负荷为主的工业区应当尽可能集中规划建设，以实现集中供热。

第十二条　在已有热电厂的供热范围内，原则上不重复规划建设企业自备热电厂。除大型石化、化工、钢铁和造纸等企业外，限制为单一企业服务的热电联产项目建设。

第十五条　以热水为供热介质的热电联产项目覆盖的供热半径一般按 20 km 考虑，在 10 km 范围内不重复规划建设此类热电项目；

以蒸汽为供热介质的一般按 8 km 考虑，在 8 km 范围内不重复规划建设此类热电项目。

案例 3 热电厂"上大压小"项目

【素材】

某热电厂位于西北地区。现有 2×25 MW 背压供热机组，SO_2 排放量 1 235.6 t/a。本期"上大压小"关停现有机组，新建 2×330 MW 抽凝发电供热机组，配套 2×1 065 t/h 煤粉炉，年运行 5 500 h。建成后将替代区域 147 台采暖小锅炉，减少 SO_2 排放 2 638.4 t/a。新建工程 1 台锅炉燃煤量 142.96 t/h，煤中含硫 0.64%，煤中硫分 85% 转换为 SO_2。

新建采用石灰石—石膏湿法烟气脱硫装置，脱硫效率 95%，SO_2 排放浓度 70 mg/m³（基准氧含量为 6%）；采用低氮燃烧器，控制锅炉出口 NO_2 浓度不高于 400 mg/m³（基准氧含量为 6%），并采用 SCR 烟气脱硝装置，脱硝效率不低于 80%。基准氧含量为 6% 时，1 台锅炉的烟囱入口标态湿烟气量 377.36 m³/s，标态干烟气量 329.28 m³/s。

新建项目设置 1 根直径 7.5 m、高 210 m 的烟囱，烟囱基座海拔标高 563 m。烟囱 5 km 半径范围内地形高程最小值 529 m，最大值 819 m。在烟囱下风向 50 km 范围、简单地形、全气象组合的情况下，经过估算模式计算，本期工程 SO_2 最大小时地面浓度为 0.036 5 mg/m³，出现距离为下风向 1 112 m，占标率 7.3%；NO_2 最大小时地面浓度为 0.052 2 mg/m³，占标率 10% 的距离分别为 11 520 m 和 26 550 m。

厂址附近冬季主导风向为西北风。本期工程环境空气质量现状监测布设 5 个点，分别为厂址、厂址西北侧 4.2 km 处的 A 村、厂址西南侧 2.5 km 的风景名胜区、厂址东南侧 2.8 km 处的 B 村、厂址东侧 3.2 km 处的 C 村，共监测 5 天。

厂址西南侧 2.5 km 处的风景名胜区为国家级，环境空气质量现状监测时在此布点，SO_2 小时浓度 0.021~0.047 mg/m³，平均值为 0.038 mg/m³。经 AERMOD 模式逐时气象预测，1 台机运行时对此风景名胜区的 SO_2 最大小时浓度贡献值为 0.017 mg/m³，2 台机运行时对此风景名胜区的 SO_2 最大小时浓度贡献值为 0.019 mg/m³。替代锅炉的 SO_2 最大小时浓度削减值为 0.018 mg/m³。

说明：SO_2 一、二、三级小时标准分别为 0.15 mg/m³，0.5 mg/m³，0.7 mg/m³；NO_2 一、二、三级小时标准分别为 0.12 mg/m³，0.24 mg/m³，0.24 mg/m³。

【问题】

1. 确定本工程大气评价等级和范围。

2．计算本工程建成后全厂 SO_2 排放总量和区域 SO_2 排放增减量。

3．分析环境空气质量现状监测的合理性。

4．计算分析新建工程 2 台机运行时风景名胜区处 SO_2 的小时浓度预测结果。

5．请说明进行此工程环境影响报告书的编制工作，需要收集的气象资料。说明调查地面气象观测站的原则和地面气象观测资料的常规调查项目。

【参考答案】

1．确定本工程大气评价等级和范围。

答：根据估算模式，SO_2 最大小时地面浓度 0.036 5 mg/m^3，占标率 7.3%。NO_2 最大小时地面浓度 0.052 2 mg/m^3，占标率 21.75%。NO_2 占标率大于 10%、小于 80%。

NO_2 的 $D_{10\%}$ 最远距离为 26 550 m。根据《导则》要求，当 $D_{10\%}$ 最远距离超过 25 km 时，确定评价范围为半径 25 km 的圆形区域或边长 50 km 的矩形区域。

综合判定评价等级为二级。

2．计算本工程建成后全厂 SO_2 排放总量和区域 SO_2 排放增减量。

答：（1）本期工程 1 台炉 SO_2 排放量=377.36×3 600×5 500×70×10^{-9}= 523.02 t/a，即 2 台炉 1 046.0 t/a。

（2）本期工程"上大压小"关停现有机组，减少 SO_2 排放量 1 235.6 t/a。建成后将替代区域 147 台采暖小锅炉，减少 SO_2 排放 2 638.4 t/a。故本工程建成后区域 SO_2 排放增减量=1 046.0－1 235.6－2 638.4=－2 828 t/a。

3．分析环境空气质量现状监测的合理性。

答：（1）环境空气质量现状监测布点不合理。根据导则要求，二级评价至少应布设 6 个现状监测点。分析得知，至少应在厂址东北侧适当距离增设一个监测点。

（2）环境空气质量现状监测为 5 天，时间不满足要求。根据导则要求，每期监测时间，至少应取得有季节代表性的 7 天有效数据。

4．计算分析新建工程 2 台机运行时风景名胜区处 SO_2 的小时浓度预测结果。

答：小时浓度为 0.019+0.047－0.018=0.048 mg/m^3。根据《环境空气质量标准》（GB 3095—1996），国家级风景名胜区为环境空气质量一类功能区，执行一级标准，标准值为 0.15 mg/m^3，所以小时浓度预测结果小于一级标准值，满足标准要求。

5．请说明进行此工程环境影响报告书的编制工作，需要收集的气象资料。并说明调查地面气象观测站的原则和地面气象观测资料的常规调查项目。

答：需要收集的气象资料：

（1）调查评价范围 20 年以上的主要气候统计资料。包括年平均风速和风向玫瑰图，最大风速与月平均风速，年平均气温，极端气温与月平均气温，年平均相对湿度，年均降水量，降水量极值，日照等。

（2）地面气象观测资料。调查距离项目最近的地面气象观测站，近 3 年内的至少连续一年的常规地面气象观测资料。如果地面气象观测站与项目的距离超过 50 km，并且地面站与评价范围的地理特征不一致，还需要进行补充地面气象观测。

（3）常规高空气象探测资料。调查距离项目最近的常规高空气象探测站，近 3 年内的至少连续一年的常规高空气象探测资料。如果高空气象探测站与项目的距离超过 50 km，高空气象资料可采用中尺度气象模式模拟的 50 km 内的格点气象资料。

调查地面气象观测站遵循 "先基准站、次基本站、后一般站" 的原则。

观测资料的常规调查项目为：时间（年、月、日、时）、风向（以角度或按 16 个方位表示）、风速、干球温度、低云量、总云量。

【考点分析】

1. 确定本工程大气评价等级和范围。

《环境影响评价案例分析》考试大纲中 "四、环境影响识别、预测与评价（4）确定评价工作等级、评价范围及各环境要素的环境保护要求"。

（1）$D_{10\%}$ 有可能存在多个数值，易让考生不解，具有混淆性。

（2）题中提到估算范围为 "烟囱下风向 50 km"，对比常规取值 25 km 具有错误的诱导性。

2. 计算本工程建成后全厂 SO_2 排放总量和区域 SO_2 排放增减量。

《环境影响评价案例分析》考试大纲中 "二、项目分析（1）分析建设项目生产工艺过程的产污环节、主要污染物、资源和能源消耗等，给出污染源强，生态影响为主的项目还应根据工程特点分析施工期和运营期生态影响的因素和途径；（3）分析计算改扩建工程污染物排放量变化情况"。

（1）题干中有燃煤量、硫分、转化率、运行小时数等相关数值，考生若以此思路计算，很容易计算得出 1 台炉 SO_2 排放量为下述数值：2×142.96×0.64%×（1−90%）×

85%×5 500= 855.5 t/a。但根据 $M_{SO_2} = 2 \times B_g \left(1 - \dfrac{\eta_{SO_2}}{100}\right)\left(1 - \dfrac{q_4}{100}\right)\dfrac{S_Y}{100} K$，

式中：M_{SO_2} —— SO_2 排放量，t/h；

B_g —— 锅炉额定负荷时的燃煤量，t/h；

η_{SO_2} —— 脱硫效率，%；

S_Y —— 燃煤的应用基硫分，%；

K —— 燃煤中的含硫量燃烧后氧化成 SO_2 的份额，%；

2 —— SO_2 分子量与硫分子量的比值（64/32）；

q_4 —— 锅炉机械未完全燃烧的热损失，%；

q_4 题干中并未提供。

（2）标态干烟气量和湿烟气量有混淆性。

（3）在烟囱入口烟气量对应的过剩空气系数和污染物排放浓度对应的过剩空气系数不一致的情况下，应进行过剩空气系数折算。这与现行《火电厂大气污染物排放标准》（GB 13223—2003）要求相符。

（4）空气过剩系数可以这么理解：根据质量守恒的原理，过量空气系数越大，理论上污染物浓度越低。污染物产生的速率是一定的，空气鼓入越多，显然浓度越低。公式可以理解为：

折算排放浓度×国家规定的过量空气系数=实测浓度×实测过量空气系数，

变形为：

折算排放浓度=实测浓度×（实测过量空气系数/国家规定的过量空气系数）。

3．分析环境空气质量现状监测的合理性。

《环境影响评价案例分析》考试大纲中"三、环境现状调查与评价（2）制定环境现状调查与监测方案"。

（1）根据《环境影响评价技术导则　声环境》（HJ 2.4—2009）要求，二级评价项目应以监测期间所处季节的主导风向为轴向，取上风向为 0°，至少在约 0°，90°，180°，270° 方向上各设置 1 个监测点，主导风向下风向应加密布点。

（2）根据新导则要求，每期监测时间，至少应取得有季节代表性的 7 天有效数据。此处与 93 版导则有所不同，易混淆。

4．计算分析新建工程 2 台机运行时风景名胜区处 SO_2 的小时浓度预测结果。

《环境影响评价案例分析》考试大纲中"四、环境影响识别、预测与评价（8）预测和评价环境影响（含非正常工况）"。

（1）根据《导则》要求，对环境空气敏感区的环境影响分析，应考虑其预测值和同点位处的现状背景值的最大值的叠加影响；对最大地面浓度点的环境影响分析可考虑预测值和所有现状背景值的平均值的叠加影响。对不同预测点叠加现状背景值的最大值还是平均值容易混淆。

（2）1 台机运行时对此风景名胜区的 SO_2 最大小时浓度贡献值为 0.017 mg/m³，2 台机运行时 SO_2 最大小时浓度贡献值为 0.019 mg/m³。1 台机和 2 台机浓度贡献值的数值差别易让考生不解，产生此差异的主要原因是 1 台机和 2 台机的烟气量不同。容易造成 2 台机浓度贡献值 2×0.017=0.034 mg/m³ 的错误结果。

（3）考生易忘记替代锅炉的 SO_2 最大小时浓度削减值。题干"本工程 2 台机运行时"即意味着替代锅炉已关停。

（4）注意国家级风景名胜区为环境空气质量一类功能区，执行一级标准。还应注意 P_{max} 计算时采用二级标准，并不因环境敏感点执行标准级别的变化而改变。

5．请说明进行此工程环境影响报告书的编制工作，需要收集的气象资料。说明调查地面气象观测站的原则和地面气象观测资料的常规调查项目。

《环境影响评价案例分析》考试大纲中"四、环境影响识别、预测与评价（7）

选择、运用预测模式与评价方法"。

（1）应注意环境影响报告书的编制工作不仅仅包括大气预测部分。不应遗漏主要气候统计资料。

（2）93 版大气导则对地面气象观测站选择未有明确要求，观测资料的常规调查项目易遗漏时间和温度。考试中应按照最新的 2008 版大气导则作答。

案例 4 水泥项目

【素材】

某水泥厂现有一条 4 000 t/d 水泥熟料的干法窑外分解工艺生产线，并有自备的石灰石矿山、砂页岩矿山，年产硅酸盐水泥 125 万 t。现有工程环保治理设施完备，"三废"排放均符合标准。

该水泥厂拟扩大生产规模，扩建两条 4 500 t/d 熟料的新型干法水泥生产线，采用石灰石、砂页岩（或覆盖土）、河砂、工业废渣和铁矿石五种原料配料，无烟煤掺部分高热值工业废渣和生活垃圾作为熟料烧成燃料、掺烧适量热值高的工业废弃物，年产水泥熟料 288 万 t，年产 P.II 42.5 水泥 313 万 t。该水泥厂扩建的同时，将相应关停、淘汰其所在市境内的 17 家企业 27 条生产工艺落后、环保设施配置不全、经济效益差的机立窑生产线，年生产能力累计达 251 万 t。

扩建工程包括新建主生产厂区、矿山扩能改造工程和专用码头改造工程。现厂区位于丘陵地带，该地区近五年平均风速为 2.5 m/s，新建主生产厂区位于现厂区内西北角空闲地块，拟新建原料、燃料堆场和预均化堆场区，主生产区，粉磨站区等三个功能区。石灰石矿山与西南砂岩矿山邻接，位于拟建厂址西北方约 9 km；石灰石火药库区设置于安全隐蔽的山岭北坡山谷中，现设有 2 个 30 t 的炸药库、1 个 6 万发的雷管库；矿山为凹陷露天采矿场，开采出的石灰石与砂岩运至破碎站混合破碎后，经胶带输送机廊道运至主生产厂区。扩能改造后，矿山可提供 30 年的资源保证。

该扩建工程生产线废气排放总量 322 万 m^3/h，共设收尘器 77 台，对窑尾和窑头废气分别采用高效布袋除尘器收尘，收尘后粉尘排放浓度 ≤30 mg/m^3；其余各点废气经袋式收尘器处理后，粉尘排放浓度符合国标规定。预测计算表明，该项目 PM_{10}、TSP 的年平均最大地面浓度出现在距厂址 600 m 处，日均最大地面浓度也多在 600 m 以内。该扩建项目污水总量为 214.0 m^3/d，经生化处理达到中水水质要求后回用，全厂生活、生产污水实现零排放。

【问题】

1. 该项目建设是否符合水泥行业产业政策？请说明理由。
2. 请分析工程运营期的环境影响因素。

3. 请给出该项目环境监测计划建议，包括废气、废水、噪声的监测因子、监测位置，哪些因子需连续监测等。

4. 请确定该项目厂区的卫生防护距离。

附 1：《水泥厂卫生防护距离标准》节选。

本标准适用于地处平原、微丘地区的新建水泥厂及现有水泥厂之扩建、改建工程。现有水泥厂可参照执行。地处复杂地形条件下的卫生防护距离，应根据大气环境质量评价报告，由建设单位主管部门与建设项目所在省、市、自治区的卫生、环境保护主管部门共同确定。

3.1 水泥厂的卫生防护距离，按其所在地区近五年平均风速规定为：

| 生产规模 | 所在地区近五年平均风速/（m/s） | | |
年产水泥/万 t	＜2	2～4	＞4
≥50	600 m	500 m	400 m
＜50	500 m	400 m	300 m

5. 根据所提供的素材，分析该项目可能存在的风险影响因素。

【参考答案】

1. 该项目建设是否符合水泥行业产业政策？请说明理由。

答：该工程符合水泥行业产业政策，理由如下：

（1）生产规模为 2×4 500 t/d，该工程燃烧中掺部分高热值工业废渣和生活垃圾，属于发改委令第 9 号《产业结构调整指导目录（2011 年本）》的鼓励类项目："利用现有 2 000 吨/日及以上新型干法水泥窑炉处置工业废弃物、城市污泥和生活垃圾"。

（2）采用的"新型干法水泥"工艺为国家鼓励的工艺。

（3）该水泥厂扩建的同时，将相应关停、淘汰其所在市境内的 17 家企业 27 条机立窑生产线，符合"鼓励地方和企业以淘汰落后生产能力的方式，发展新型干法水泥"的产业政策。

（4）拥有自备石灰石、砂页岩矿山，且运距较短，属于"有资源的地区"，为国家重点支持的地区；矿山可提供 30 年的资源保证，符合"新建水泥生产线必须有可开采 30 年以上的资源保证"的产业政策。

2. 请分析工程运营期的环境影响因素。

答：工程运营期的环境影响包括主体工程和矿山两部分，分析如下：

（1）主体工程运营期的环境影响因素分析。

原料装卸、均化、破碎、粉磨、煤破碎、制粉、输送，熟料冷却、输送，水泥粉磨等活动，主要环境影响因素为：粉尘、噪声（破碎、粉磨、风机产生的）。

原料贮存，熟料贮存、散装，水泥贮存、散装、包装等活动，主要环境影响因素为：粉尘。

生料预热、分解，熟料煅烧、冷却、破碎等活动，主要环境影响因素为：废气（SO_2、NO_x、烟尘）、噪声。

设备冷却，主要环境影响因素为：生产废水。

（2）矿山运营期的环境影响因素分析。

石灰石矿山开采活动，环境影响因素为：粉尘（矿石破碎、凿岩钻孔、爆破等产生的）、废水（矿坑涌水）、噪声（钻孔、爆破、破碎产生的）、废土石、爆破震动；生境破坏；水土流失。

废石场的废石堆填活动，主要环境影响因素为：生境破坏和水土流失。

破碎机站的石灰石破碎活动，主要环境影响因素为：粉尘、噪声。

矿区内公路的石灰石和废石运输活动，主要环境影响因素为：扬尘、汽车尾气、噪声。

皮带长廊的石灰石输送活动，主要环境影响因素为：粉尘、噪声。

炸药库的炸药存放活动，主要环境影响因素为：环境风险。

（3）公用工程的环境影响因素分析。

加油站、机电汽修、车辆清洗等辅助活动，主要环境影响因素为：生产废水、废机油。

办公、食堂、浴室的主要环境影响因素为：生活污水、油烟、生活垃圾。

3. 请给出该项目环境监测计划建议，包括废气、废水、噪声的监测因子、监测位置，哪些因子需连续监测等。

答：见表 1。

表 1　建议的监测计划

污染源类型		监测污染因子	监测位置	是否在线监测
废气	有组织排放源	粉尘	各收尘器排出口	
		烟气颗粒物	冷却机排气筒（窑头）	应当安装烟气颗粒物连续监测装置
		烟气颗粒物、SO_2、NO_x（以 NO_2 计）、氟化物、二噁英类、CO、HCl、Hg、Cd、Pb	水泥窑及窑磨一体机排气筒（窑尾）	安装烟气颗粒物、SO_2、NO_x 连续监测装置
	无组织排放	总悬浮颗粒物	厂区、矿区，厂界外上风方与下风方 20 m 处	
废水	工业废水	污水量、pH、SS、石油类	现有污水处理站废水排放口，新建污水处理站污水回用前	
	生活污水	pH、SS、COD、氨氮		
噪声		等效声级	厂界、噪声敏感点	

4．请确定该项目厂区的卫生防护距离。

答：项目年产水泥 288 万 t>50 万 t，厂址所在地区近五年平均风速为 2.5 m/s，根据《水泥厂卫生防护距离标准》（GB 18068—2000），该改扩建工程厂界与居住区之间卫生防护距离为 500 m。但该项目位于丘陵区，属复杂地形，GB 18068—2000 规定："地处复杂地形条件下的卫生防护距离，应根据大气环境质量评价报告，由建设单位主管部门与建设项目所在省、市、自治区的卫生、环境保护主管部门共同确定。"

预测计算表明，该项目 PM_{10}、TSP 的年平均最大地面浓度出现在距厂区 600 m 处，日均最大地面浓度也多在 600 m 以内，故该项目厂址卫生防护距离应取 600 m，该范围内不能新建村民住宅，以避免最大地面浓度对敏感目标的影响。

5．根据所提供的素材，分析该项目可能存在的风险影响因素。

答：该项目主要存在以下风险影响因素：

（1）矿山火药库风险影响分析。石灰石火药库区设置于安全隐蔽的山岭北坡山谷中，火药库的风险主要为火药意外爆炸对周边环境及人员造成的危害。环境危害主要为爆炸后引发的火灾对火药库区域的植被、土壤、生态环境的影响。

（2）综合利用固废运输风险。该项目无烟煤掺部分高热值工业废渣和生活垃圾作为熟料烧成燃料，工业废渣和生活垃圾运输存在一定风险，在运输中风险事故一旦发生，固废可能对土壤、地下水、地表水造成污染，污染的程度取决于事故排放强度与处理系统的适应力等。

（3）综合利用固废焚烧风险。该项目掺烧部分高热值工业废渣作为熟料烧成燃料，《水泥工业大气污染物排放标准》（GB 4915—2004）规定："水泥窑不得用于焚烧重金属类危险废物。"该项目应加强综合利用工业废渣的成分控制，杜绝混入重金属物质。一旦工业废渣混入重金属，经焚烧过程，重金属从固态转化进入废气，虽然窑尾高效布袋收尘器能拦截部分重金属，但仍会给大气环境带来污染，造成重金属污染风险。

【考点分析】

1．该项目建设是否符合水泥行业产业政策？请说明理由。

《环境影响评价案例分析》考试大纲中"一、相关法律法规运用和政策、规划的符合性分析（2）分析建设项目与相关环境保护政策及产业政策的符合性"。

举一反三：

与本题有关的产业政策如下：

（1）国办发[2003]103 号《国务院办公厅转发国家发展改革委等部门关于制止钢铁电解铝水泥行业盲目投资若干意见的通知》发布的《关于防止水泥行业盲目投资加快结构调整的若干意见》提出"支持加快发展新型干法水泥，重点支持在有资源的地方建设日产 4 000 t 及以上规模新型干法熟料基地项目，鼓励地方和企业以淘汰落后生产能力的方式，发展新型干法水泥"。

（2）2005 年 12 月 2 日，国家发展改革委第 40 号令《产业结构调整指导目录（2005年本）》规定"日产 4 000 t 及以上（西部地区日产 2 000 t 及以上）熟料新型干法水泥生产及装备和配套材料开发"为鼓励类项目。

（3）发改委令第 9 号《产业结构调整指导目录（2011 年本）》："利用现有 2000吨/日及以上新型干法水泥窑炉处置工业废弃物、城市污泥和生活垃圾，纯低温余热发电；粉磨系统等节能改造"属于鼓励类项目，"2000 吨/日以下熟料新型干法水泥生产线，60 万吨/年以下水泥粉磨站"属于限制类项目，"1、窑径 3 米及以上水泥机立窑（2012 年）、干法中空窑（生产高铝水泥、硫铝酸盐水泥等特种水泥除外）、立波尔窑、湿法窑；2、直径 3 米以下水泥粉磨设备；3、无复膜塑编水泥包装袋生产线"属于淘汰类项目。

2. 请分析工程运营期的环境影响因素。

《环境影响评价案例分析》考试大纲中"四、环境影响识别、预测与评价（1）识别环境影响因素与筛选评价因子"。

举一反三：

识别环境影响因素，注意除水泥厂本身外，不要忽略矿山环境影响。

3. 请给出该项目环境监测计划建议，包括废气、废水、噪声的监测因子、监测位置，哪些因子需连续监测等。

《环境影响评价案例分析》考试大纲中"六、环境保护措施分析（5）制订环境管理与监测计划"。

举一反三：

监测计划建议中注意以下几点：

（1）《水泥工业大气污染物排放标准》（GB 4915—2004）规定："新、改、扩建水泥生产线，水泥窑及窑磨一体机排气筒（窑尾）应当安装烟气颗粒物、二氧化硫和氮氧化物连续监测装置；冷却机排气筒（窑头）应当安装烟气颗粒物连续监测装置；对现有水泥生产线，应按地方环境保护行政主管部门的规定安装连续监测装置。"

（2）因本案例项目掺烧生活垃圾，窑尾监测因子应增加《生活垃圾焚烧污染控制标准》（GB 18485—2001）中规定的因子（二噁英类、CO、HCl、Hg、Cd、Pb 等）。

（3）废水监测因子中水泥厂特征污染物为 pH、SS，机修等特征污染物为石油类，污水量、COD、氨氮是用于核算总量控制的指标。

4. 请确定该项目厂区的卫生防护距离。

《环境影响评价案例分析》考试大纲中"六、环境保护措施分析（2）分析污染控制措施及其技术经济可行性"。

举一反三：

卫生防护距离的设定是一类特殊的污染控制措施，一方面要会利用专门的卫生防护距离标准判断卫生防护距离；另一方面还要就项目的特殊性，根据环评预测结果，合理确定推荐的卫生防护距离。

5. 根据所提供的素材，分析该项目可能存在的风险影响因素。

《环境影响评价案例分析》考试大纲中"四、环境影响识别、预测与评价（8）预测和评价环境影响（含非正常工况）"。

举一反三：

环境风险综合分析中，应注意项目组成的各个部分的风险因素均要考虑。

案例 1   500 kV 输变电工程

【素材】

某 500 kV 输变电工程由 500 kV 变电所及 500 kV 同塔双回、π接送电线路组成，线路全长 2×91.3 km。其中，500 kV 送电线路包括两部分，一部分由某电厂起至 500 kV 变电所止，线路路径长度 2×37.5 km；另一部分由 W 甲、乙线双"π"入 500 kV 变电所，线路路径长度 2×53.8 km。线路跨越 2 条河流。变电所建设地点位于某市高岭镇飞云寨村境内。工程静态投资 76 000 万元。线路工程永久占地 9.14 hm²，临时占地 155.62 hm²；变电所永久占地 9.93 hm²，临时占地 2.7 hm²。初步分析表明，该项目环境敏感点为社会关注区之一的人口密集区，环境保护目标主要为线路两侧一定范围内和变电所周围一定范围内的村屯、有人员活动地带以及排水受纳地表水体——某河流。

【问题】

1. 简述该项目的评价重点。
2. 简述该项目的评价范围。
3. 输变电项目特有的评价因子有哪些？
4. 论述该项目对环境的主要影响。
5. 如果预测项目运营将对人口密集区内居民产生不利影响，该如何采取措施？

【参考答案】

1. 简述该项目的评价重点。

答：以工程分析、施工期影响、电磁环境和噪声环境影响评价及环境保护措施为评价工作的重点。具体为：

（1）工程施工期的土地利用和拆迁安置；

（2）工程运营期工频电场及磁场、噪声、无线电干扰的环境影响；

（3）从环境保护角度对可比方案进行比较，提出最佳环保措施，最大限度地减少工程带来的不利环境影响。

2. 简述该项目的评价范围。

答：（1）噪声。变电所：厂界噪声评价范围为围墙外 1 m，环境噪声评价范围为半径 100 m 的敏感区和附近居民区。

线路：边相导线两侧 50 m 带状区域范围内。

（2）工频电磁场。变电所评价范围为以变电所为中心、500 m 以内。

输电线路评价范围为送电线路走廊两侧 30 m 带状区，其中送电线路走廊为线路两侧边导线投影外各 20 m 的区域。

（3）无线电干扰。输电线路走廊两侧 2 000 m 带状范围内。变电所围墙外 2 000 m 的区域。

（4）生态环境。输电线路和变电所周围 500 m 范围。

（5）水土保持。主要输电线路和变电所永久占地、临时占地等项目建设区和直接影响区。

3. 输变电项目特有的评价因子有哪些？

答：水环境、大气环境和声环境的评价属于常规评价，评价因子与一般项目类似，输变电项目的特征评价因子有：

（1）电磁辐射：工频电磁场强度；

（2）无线电干扰：0.5 MHz 的无线电干扰；

（3）生态环境：植被特征与覆盖；

（4）水土保持：水土流失。

4. 论述该项目对环境的主要影响。

答：（1）送电线路环境影响

施工期：

① 临时占地将使部分农作物、果树、高大乔木等遭到短期损坏。

② 材料、设备、运输车辆产生噪声和扬尘。

③ 修筑施工道路扰动现有地貌，造成一定的水土流失，产生扬尘。

④ 塔基场地平整、基础开挖扰动现有地貌，造成一定量水土流失、扬尘、固废和机械噪声。

⑤ 土建时的混凝土搅拌及基础打桩等产生噪声。

⑥ 施工现场人员居住场所搭建临时生活取暖炉灶，产生环境空气污染。

⑦ 人员及车辆进出等将给居民生活带来不便，对野生动物产生一定影响。

运营期：

① 工程沿线拆迁房屋、砍伐森林、改变局部自然环境。

② 土地的占用，改变了原有土地功能。

③ 输电线路下方及附近存在的电磁场对人、畜和动植物产生影响。

④ 输电线路干扰波对邻近有线和无线电装置产生影响。

⑤ 高压线路电晕可听噪声对周围环境的影响。

（2）变电所环境影响。

施工期：由于地表的开挖、工程车辆的行驶、施工人员生活等，施工区域将产生水土流失、粉尘、噪声、弃土（渣）、生活垃圾和生活废水等，主要是对生态环境的影响。

运营期：

① 工频电磁场，无线电干扰：变电所内高压线以及电气设备附近，因高电压、大电流而产生较强的电磁场；变电所内 500 kV 电气设备、导线、金具绝缘子串亦可能产生局部电晕放电，从而产生无线电干扰，通过出线、顺导线方向以及沿空间垂直方向向变电所外传播高频干扰波。

② 废水：变电所值班日常生活污水。

③ 固废：变电所值班日常生活垃圾。事故时的废变压器油属于危废，必须交由有资质的单位集中处理。

④ 噪声：变电所内断路器、电抗器、变压器、火花及电晕等产生较高的连续电磁性和机械性噪声。

5. 如果预测项目运营将对人口密集区内居民产生不利影响，该如何采取措施？

答：如果预测项目运营将对人口密集区内居民产生不利影响，一般采用如下三种措施之一或者是三种措施结合使用。

（1）线路避让摆动。当线路经过地区有较大村庄或通过居民密集区时，线路应尽量摆动避开。

（2）抬高线位方法。当线路周边为居民密集区或村庄房屋较集中时，可采用抬高线位方法，尽量减少拆迁移民。

（3）拆迁方法。当线路周边房屋较少或房屋建设质量较差时，宜采用拆迁方法。此时应给出拆迁的户数、拆迁后最近建筑距边导线的距离及工频电场预测值。

由于该项目线路经过居民密集区，建议采用前两种措施。

【考点分析】

1. 简述该项目的评价重点。

《环境影响评价案例分析》考试大纲中"四、环境影响识别、预测与评价（5）确定评价重点"。

举一反三：

本案例项目属于生态影响型项目，施工期线路假设涉及土地利用类型的变更和居民的拆迁安置，因此施工期对生态和社会的影响属于重点评价内容之一；同时，线型工程再选址、选线期的比选和运营后的环保措施亦为重点之一。由于在输电线路和变电所项目附近,运营期将存在较复杂的工频电场、工频磁场、无线电干扰场强,因此,该类工程的环境影响评价要重点做好这三项电磁环境指标的评价工作。具体工作可分为三步:

第一步是根据电磁环境评价范围和工程环境特点确定环境保护敏感目标。

第二步是对电磁环境三项指标进行预测。根据模式计算和类比监测结果,三项电磁环境指标中,环境制约因素是工频电场。

第三步是根据预测计算结果(包括参照类比监测值),对具体的村庄或居民区等环境敏感目标进行评价,提出污染防治对策。

线路工频电磁场评价应针对敏感目标按评价程序进行。应重点说明各敏感目标的户数、人数,环境特征(地形特征及建筑物类型等)及与本工程之间的关系(方位、距离、高差等)。明确拆迁居民房是工程拆迁还是环保拆迁(在边导线 5 m 以外仍超过工频电场 4 kV/m 标准的拆迁房屋属环保拆迁),还应明确预测环保拆迁的户数、拆迁后距线路最近的一户居民与线路的距离及工频电场预测值。这些内容是输变电工程环境影响评价时应重点关注的问题。随着"西电东送"工程的实施,超高压与特高压输电建设项目将会增多,输电线路同周边群众的关系尤要关注。输电线路工频电磁场的影响预测评价应是项目评价的重点,需按评价程序进行。

2. 简述该项目的评价范围。

《环境影响评价案例分析》考试大纲中"四、环境影响识别、预测与评价(4)确定评价工作等级、评价范围及各环境要素的环境保护要求"。

举一反三:

《500 kV 超高压送变电工程电磁辐射环境影响评价技术规范》(HJ/T 24—1998)规定:工频电场、磁场的评价范围为送电线路走廊两侧 30 m 带状区域,其中送电线路走廊为线路两侧边导线投影外各 20 m 的区域。

3. 输变电项目特有的评价因子有哪些?

《环境影响评价案例分析》考试大纲中"四、环境影响识别、预测与评价(1)识别环境影响因素与筛选评价因子"。

4. 论述该项目对环境的主要影响。

《环境影响评价案例分析》考试大纲中"四、环境影响识别、预测与评价(2)判断建设项目影响环境的主要因素及分析产生的主要环境问题"。

5. 如果预测项目运营将对人口密集区内居民产生不利影响,该如何采取措施?

《环境影响评价案例分析》考试大纲中"六、环境保护措施分析(2)分析污染控制措施及其技术经济可行性;(3)分析生态影响防护、恢复与补偿措施及其技术经济可行性"。

举一反三:

输变电项目选线、选址、选型一般遵照如下原则进行:

选线：输变电线路路径应避开自然保护区、国家森林公园、风景名胜区、城镇规划区、机场、军事目标、集中居民区及无线电收信台等重点保护目标。

选址：变电所、开关站选址要尽量少占农田、远离村镇，尽量减少土石方工程量等。

选型：设备选型应考虑采用低噪声及降低无线电干扰的主变压器、电感器、风机等设备；杆塔选型应做合理性与可行性的论证。

案例 2 珠三角双回 500 kV 输变电项目

【素材】

拟建输变电项目位于珠三角地区。新建 500 kV 变电站，含 500 kV 配电装置、2×1 000 MVA 主变压器及 220 kV 配电装置、35 kV 配电装置。拟建输电线路为 2 进 2 出解口双回 500 kV 线路，均按同塔双回设计。线路全长约 2×2.5 km，其中至南侧 2×1.3 km，至北侧 2×1.2 km。

拟建站址范围所占地类型的现状为林地、耕地和园地，土地利用现状均符合现规划要求。其中耕地 0.47 hm²、园地 1.78 hm²、林地 5.67 hm²。

为预测变电站投运后工频电场、无线电干扰和噪声的影响水平，选择一 220 kV 变电站进行同项目类比监测。类比变电站位于评价单位所在的华北地区。

变电站正常运行时不产生经常性的生产污水，一般只有值班人员办公及生活产生的生活污水，此外可能有变压器发生事故后产生的含油废水。在主变压器附近设置事故油池。

【问题】

1. 请说明针对村庄或居民区等环境敏感点，一般采取的污染防治对策。
2. 分析变电站类比监测的合理性。
3. 请分析拟建站址土地利用存在的问题。
4. 请说明本工程环境影响报告书地表水环境影响评价需要开展的主要工作内容。

【参考答案】

1. 请说明针对村庄或居民区等环境敏感点，一般采取的污染防治对策。

（1）线路避让。当线路经过地区有较大村庄或通过居民密集区时，线路应尽量摆动避开。

（2）抬高架线高度。当线路周边为居民密集区或村庄房屋较集中时，可采用抬高线高的方法，尽量减少民房拆迁。

（3）拆迁方法。当线路周边房屋较少或房屋质量较差时，宜采用拆迁方法。

2. 分析变电站类比监测的合理性。

（1）类比变电站选择不合理。电压等级、气候条件差别较大。

（2）变电站类比监测一般只针对工频电场、工频磁场、无线电干扰三项，噪声需要模式预测，类比监测分析不能满足评价要求。

3．请分析拟建站址土地利用存在的问题。

（1）根据站址所在地区土地利用总体规划，分析拟建站址范围所占地是否列入规划建设用地区。

（2）开展对该项目的土地利用总体规划调整修改方案的论证，将拟建项目占地调整为建设用地。

（3）建设项目不涉及基本农田，但占用耕地 0.47 hm²。按照建设占用耕地"占一补一"的原则，需要实现耕地占补平衡。

4．请说明本工程环境影响报告书地表水环境影响评价需要开展的主要工作内容。

（1）工程周边地表水环境质量现状和地表水环境敏感点的监测和调查。

（2）分析工程污水排放和处理情况。

（3）依据《环境影响评价技术导则—地面水环境》，判定地表水环境评价的因子、等级和范围。

（4）区分运行期和建设期，分别从工程污水的类型、水量、水质、处理工艺、达标可行性、预测和环境影响等方面展开论述。

【考点分析】

1．请说明针对村庄或居民区等环境敏感点，一般采取的污染防治对策。

《环境影响评价案例分析》考试大纲中"六、环境保护措施分析（2）分析污染控制措施及其技术经济可行性"。

一般考生易考虑方法（3），而忽略线路本身的避让，即方法（1）。方法（2）需要有相关输变电工作经验的支撑。

2．分析变电站类比监测的合理性。

《环境影响评价案例分析》考试大纲中"三、环境现状调查与评价（2）制定环境现状调查与监测方案"。

类比变电站的选择原则如下：①电压等级相同；②建设规模、设备类型、运行负荷相同或类似；③占地面积与平面布置相同或类似；④周围环境、气候条件、地形相同或类似。

3．请分析拟建站址土地利用存在的问题。

《环境影响评价案例分析》考试大纲中"四、环境影响识别、预测与评价（1）识别环境影响因素与筛选评价因子；（2）判断建设项目影响环境的主要因素及分析产生的主要环境问题"。

4．请说明本工程环境影响报告书地表水环境影响评价需要开展的主要工作内容。

《环境影响评价案例分析》考试大纲中"三、环境现状调查与评价（2）制定环境现状调查与监测方案"；"四、环境影响识别、预测与评价（1）识别环境影响因素与筛选评价因子"；"六、环境保护措施分析（1）分析污染物达标排放情况；（2）分析污染控制措施及其技术经济可行性"。

（1）变电站工程运行期一般分为生活污水和含油废水。含油废水属于危险废物，代码为 HW08，可排至带油水分离功能的事故集油池，由有资质的单位进行回收处理利用。变电站生活污水量较小，独立排放至调节池后提升至污水处理设备，经处理达标后回用或外排至环境。

（2）若没有废水外排至环境，输变电工程一般不进行地表水环境质量现状监测。

案例1　新建 80 万 m³/d 自来水厂项目

【素材】

A 市引进国际先进技术与设备，拟新建一座设计能力为 80 万 m³/d 的长征自来水厂。长征自来水厂取水口位于 B 河江心。B 河全长 1 100 km，在取水口上游 3 km 至下游 3 km 范围内无废水排放口，B 河在 A 市段水量丰富且水质良好，属于地表水环境质量Ⅱ类水体。在取水口下游 5 000 m 处为国家一级保护动物——白鲟保护区，取水口下游 2 500 m 处有 C 市饮用水源取水口。

水源的水经取水泵房通过一根 DN 2 800、长约 1 500 m 的引水管送至该自来水厂。原水经过絮凝、沉淀、过滤和加氯消毒等处理工艺后经市政给水管网送至位于 A 市中心城区的配水管网。该项目排泥水经沉淀过滤处理后排入 B 河，并利用水厂附近一处低洼地埋置脱水泥饼。

建设内容包括水源取水工程、自来水净化工程及送配水工程。取水工程包括江心取水构筑物；自来水净化工程包括配水井、絮凝沉淀池、石英砂滤池、清水池、吸水井、消毒池、污泥泵房等；送配水工程包括输水管渠、配水管网、泵站、水塔、水池等。

A 市常年主导风向为北北东风，长征自来水厂厂界正西方向 100 m 处有一所绿苑中学，师生约 280 人。在厂界西南方向 1 200 m 处有一座省级文物保护单位——白马寺。

【问题】

1. 在进行建设项目评价时，环境可行性论证应当注意哪几个方面？
2. 分析该项目取水工程产生的环境问题。
3. 自来水净化工程对环境的影响有哪些？
4. 自来水厂产生的脱水泥饼除了利用低洼地处置外，还有哪些处置措施？
5. 自来水厂建设过程中应注意哪些问题？施工期的主要环境影响是什么？

【参考答案】

1．在进行建设项目评价时，环境可行性论证应当注意哪几个方面？

答：在进行该项目评价时，应该从以下几个方面论述工程的环境可行性：

（1）取水水源水量在枯水期、丰水期及平水期是否都能满足水厂取水水量需求；

（2）尽管取水口周边没有污染企业，但 B 河水质现状监测能否满足取水水质要求；

（3）取水口上游 3 km 和下游 3 km 范围内没有废水排放口，对取水口水质有利；

（4）自来水厂的建设和输水管网的铺设是否避开了国家法律法规禁止建设的地方，是否符合当地土地规划及环境功能区划；

（5）采取污染防治措施后的污染物排放是否能满足当地环境容量要求；

（6）对环境敏感保护目标是否产生影响，应当特别关注项目建设对绿苑中学和白马寺的影响；

（7）氯气泄漏对大气环境及人群健康可能产生的环境风险是否在可以接受的范围内；

（8）公众对水厂建设是否持支持态度。

2．分析该项目取水工程产生的环境问题。

答：该项目取水工程产生了下列环境问题：

（1）取水工程造成 B 河流下游水量减少，特别是在枯水期。若 B 河水量减少则会造成该水体稀释和自净能力下降，使取水口下游的水质变差。

（2）取水工程将造成下游的水位下降，使水生生态环境发生变化，并对取水口下游水生动物的栖息地和活动区造成影响，特别应关注对白鲟生境的影响。

（3）取水工程是否对下游 2 500 m 处 C 市饮用水源取水口的水量产生不利影响。

（4）取水泵站设置对 B 河流域景观美学产生影响。

（5）给取水口下游的农业灌溉用水造成困难，对下游其他用水也造成影响。

3．自来水净化工程对环境的影响有哪些？

答：自来水净化工程对环境的影响主要包括：

（1）排泥水对 B 河的影响。①自来水净化工程产生的排泥水排入水体后，对 B 河水质产生的影响；②排泥水进入 B 河水体后，将会对该水体水生生物和白鲟保护区带来不利影响；③排泥水给下游 2 500 m 处 C 市饮用水源取水口带来不利的影响。

（2）脱水泥饼对环境空气产生的影响。该项目脱水泥饼是利用低洼地埋置，若脱水泥饼未妥善处置而随意堆放，将会对环境空气产生不利的影响，特别是在大风干燥天气，容易造成局部大气环境粉尘污染。

（3）噪声对环境的影响。自来水净化工程噪声主要为各类泵产生的噪声，对周围声环境会产生一定的影响，特别是对绿苑中学和白马寺。

（4）氯泄漏事故对环境风险产生的影响。氯气为剧毒气体。加氯车间如发生氯气泄漏事故，将会对周围环境空气保护目标产生不利影响。此外，氯气还会对厂界附近绿苑中学约 280 名师生的健康产生威胁，对白马寺的建筑也会产生腐蚀影响。

4. 自来水厂产生的脱水泥饼除了利用低洼地处置外，还有哪些处置措施？

答：自来水厂产生的脱水泥饼除了利用低洼地处置外，还有以下两种处置措施：① 卫生填埋，作为垃圾填埋场的覆土；② 综合利用，如作为制砖原料。

5. 自来水厂建设过程中应注意哪些问题？施工期的主要环境影响是什么？

答：自来水厂厂界周边有绿苑中学和省级文物保护单位（白马寺），都属于环境保护敏感目标。因此在水厂的建设和输水管网的铺设过程中应该充分考虑对这些环境敏感点的保护。在施工过程中施工机械应尽量避免在靠近敏感点处运行，施工运输车辆应尽量避免经过这些敏感点等；同时，在输水管网的铺设过程中应注意水土保持，防止水土流失。

施工期的主要影响有施工扬尘、施工导致的水土流失、施工机械及运输车辆噪声、施工人员的生活垃圾和建筑施工垃圾等。

【考点分析】

1. 在进行建设项目评价时，环境可行性论证应当注意哪几个方面？

《环境影响评价案例分析》考试大纲中"七、环境可行性分析（1）分析建设项目的环境可行性"。

本题重点考查项目选址合理性，一定要结合项目行业特点、各类污染物排放情况、国家有关法律法规及产业政策等进行全面分析与论述，千万不要漏项。

举一反三：

考生在回答此类问题时，要特别关注以下几个方面的内容：结合工程所在地地质条件、工程运输条件、环境保护敏感点分布、工程布局等，重点分析项目选址是否符合国家有关法律法规、是否符合城市总体规划、是否符合土地用地规划及环境功能区划，污染防治措施达到的处理效果是否满足当地环境容量要求，环境风险的可接受程度，公众认可程度等。

2. 分析该项目取水工程产生的环境问题。

《环境影响评价案例分析》考试大纲中"四、环境影响识别、预测与评价（2）判断建设项目影响环境的主要因素及分析产生的主要环境问题"。

本题主要考查河流下游水量减少对环境产生的影响。主要是河流稀释自净能力下降对水质产生的影响；水位下降和水量减少对环境保护目标的影响。除对取水口下游农田灌溉的影响进行分析之外，景观美学评价也是评价重点内容。

3. 自来水净化工程对环境的影响有哪些？

《环境影响评价案例分析》考试大纲中"四、环境影响识别、预测与评价（2）

判断建设项目影响环境的主要因素及分析产生的主要环境问题"。

自来水净化工程对环境的影响主要包括：排泥水对水体的影响、排泥对环境空气产生的影响、噪声对环境的影响，尤其要重点关注氯泄漏事故产生的环境风险。

4. 自来水厂产生的脱水泥饼除了利用低洼地处置外，还有哪些处置措施？

《环境影响评价案例分析》考试大纲中"六、环境保护措施分析（2）分析污染控制措施及其技术经济可行性"。

对自来水厂脱水泥饼的处置主要措施包括：① 陆上埋弃。大部分是利用充裕的空地、荒漠、土坑、洼地、峡谷或是废弃的矿井等来埋置泥饼。② 卫生填埋。卫生填埋是自来水厂污泥处置的最常用的方法。该方法是将自来水厂内的脱水泥饼同垃圾填埋场的生活垃圾一并填埋，也可以作为垃圾填埋场的覆土，自来水厂脱水泥饼土质一般都能满足垃圾填埋场的覆土要求。③ 脱水泥饼综合利用是指将脱水泥饼加入一定量的添加剂作为制砖原料，综合利用，以节约土壤资源。

5. 自来水厂建设过程中应注意哪些问题？施工期的主要环境影响是什么？

《环境影响评价案例分析》考试大纲中"四、环境影响识别、预测与评价（2）判断建设项目影响环境的主要因素及分析产生的主要环境问题"。

考生在回答这类问题时，首先应当确定题目所提供的环境保护敏感目标，在建设过程中应该充分考虑对这些环境敏感点的保护。在施工过程中施工机械应尽量避免在靠近敏感点处运行，施工运输车辆应尽量避免经过这些敏感点等。施工期的主要影响有施工扬尘、施工及运输车辆噪声以及施工人员的生活垃圾和建筑垃圾等。同时，管网的建设属于线型工程，管网走向应尽量避开敏感点，且铺设过程中应注意水土保持，防止水土流失。

案例 2 新建 10 万 t/d 污水处理厂项目

【素材】

A 市拟新建一座规模为日处理能力 10 万 t 的城市污水处理厂，该项目建成后将收集该市的生活污水和工业废水，其中工业废水占 40%。拟建工程分污水处理厂（污水处理工程）和与污水处理厂相配套的城市污水收集系统、截流干管、中途提升泵站等设施，该污水处理厂采用二级生化处理工艺。污水处理厂厂址目前为旱地，不属于基本农田保护区范围。污泥经压缩、脱水、干化处理后送该市生活垃圾填埋场进行填埋处置。污水处理厂的尾水受纳水体为 B 河，B 河由南到北穿越 A 市，在 A 市市区段水体功能为一般景观用水。B 河上游为一座供水水库，在枯水期时断流。据现场踏勘，污水处理厂厂界正南 120 m 处有黄家湾居民 200 人，东南方向 100 m 处有晨光村居民 180 人。已知 B 河水文条件简单，水深不大，污水处理厂排污对 B 河的影响可采用河流一维稳态水质模式进行预测。

【问题】

1. 从环境保护角度出发，列举理由说明优化的污泥处理及处置措施。
2. 请根据进水和出水水质计算 BOD_5、COD、SS、氨氮、TN、TP 的去除率，并将计算结果填写在表 1 里。

表 1 污水进出口水质及去除率

指标水质	BOD_5	COD	SS	NH_3-N	TN	TP
进水/（mg/L）	150	250	150	21	30	3.0
出水/（mg/L）	≤10	≤50	≤10	≤5	≤15	≤0.5
去除率/%						

3. 请列出预测该污水处理站排放口下游 20 km 处 BOD_5 所需要的基础数据和参数。
4. 公众参与方式可以采取哪些形式？在该项目公众参与调查中应给出哪几个方面的环境影响信息？
5. 污水处理站产生的恶臭可以采取哪些污染防治措施？

【参考答案】

1. 从环境保护角度出发，列举理由说明优化的污泥处理及处置措施。

答：该项目将污泥送入生活垃圾填埋场进行卫生填埋的方法不妥。如果污泥符合《农用污泥中污染物控制标准》（GB 4284—84）的规定，则该项目可以采用农田利用的方式处置污水处理厂污泥。理由如下：

城市污水处理厂污泥的最终处置通常采用土地施用、陆地填埋、焚烧和海洋处置四种方式。就土地施用、陆地填埋和焚烧三种方法来说，其费用比为 1∶2∶4。由于污水处理厂污泥中含有机质较多，并且含有氮、磷、钾等营养元素，因此可作为农肥利用，故经消毒后的污泥可用于农田施用。

如果工业废水中含有毒有害的重金属，则农田利用安全问题值得重点关注。首先应当按照《危险废物鉴别标准—浸出毒性鉴别》（GB 5085.3—2007）对污泥做浸出毒性鉴别，判断重金属是否属于浸出毒性的危险废物。如果污泥属于危险废物，则应当对污泥中的重金属含量和受纳的农业土壤土质进行分析论证，并对污泥农田利用可行性及安全性进行进一步分析，提出有效去除污泥中重金属的污染防治措施，避免重金属对土壤产生二次污染。

2. 请根据进水和出水水质计算 BOD_5、COD、SS、氨氮、TN、TP 的去除率，并将计算结果填写在表 1 里。

答：根据计算结果，BOD_5、COD、SS、氨氮、TN、TP 的去除率见表 2。

表 2　污水进出口水质及去除率（计算结果）

指标水质	BOD_5	COD	SS	NH_3-N	TN	TP
进水/（mg/L）	150	250	150	21	30	3.0
出水/（mg/L）	≤10	≤50	≤10	≤5	≤15	≤0.5
去除率/%	≥93	≥80	≥93	≥76	≥50	≥83

3. 请列出预测排放口下游 20 km 处 BOD_5 所需要的基础数据和参数。

答：预测 BOD_5 可以采用河流一维稳态水质模式或 Streeter-Phelps 模式（S-P 模式）进行预测。

预测排放口下游 20 km 处 BOD_5 所需要的基础数据和参数如下：

受纳水体的水质、B 河的基础数据（包括流量、河宽、流速、平均水深、河流坡度、弯曲系数等）、污水总排放量、BOD_5 排放浓度（排放浓度含正常排放和非正常排放浓度）、横向混合系数 M_y、纵向离散系数、降解系数、废水排放口设置（是否为岸边排放、排放口离岸边的距离）等。

4. 公众参与方式可以采取哪些形式？在该项目公众参与调查中应给出哪几个方面的环境影响信息？

答：公众意见调查可根据实际需要和具体条件，采取举行论证会、听证会或者其他形式，如会议讨论、座谈、网络公示、热线电话、公众信箱、新闻发布，以及开展社会调查如问卷、通信、访谈等，通过上述方式征求有关单位、专家和公众（尤其是黄家湾和晨光村的居民）的意见。

在该项目公众参与调查中应给出以下几方面的环境影响信息：工程概况（包括污水处理厂规模、主要工程建设内容、工程总投资、主要生产工艺、建设期等）、目前 A 市环境质量现状、污水处理厂的建设带来的主要环境影响范围和程度（包括恶臭和含菌气溶胶对环境及周边环境保护目标产生的影响、污水处理厂事故排放对 B 河产生的影响、设备运行对声环境的影响）、需拆迁居民的数量和补偿经费、拟采取的环境保护措施及预期达到的效果、对公众的环保承诺等。

5. 污水处理站产生的恶臭可以采取哪些污染防治措施？

答：恶臭可以采取以下污染防治措施：

（1）将恶臭主要发生源尽可能地布置在远离厂址附近的居民区等敏感点的地方，以保证环境敏感点在防护距离之外而不受到影响；

（2）设置卫生防护距离，卫生防护距离内的黄家湾居民区和晨光村居民应当拆迁；

（3）在厂区污水及污泥生产区周围设置绿化隔离带，选择种植不同系列的树种，组成防止恶臭的多层防护隔离带，尽量降低恶臭污染的影响；

（4）污泥浓缩控制发酵，污泥脱水后要及时清运以减少污泥堆存，在各种池体停产修理时，池底积泥会裸露出来并散发臭气，应当采取及时清除积泥的措施来防止臭气的影响；

（5）对污水厂散发恶臭气体的单元进行加盖处理，恶臭收集后处理。主要除臭技术有离子除臭法、生物除臭法和化学除臭法。

【考点分析】

2006 年、2007 年连续两年全国环境影响评价工程师职业资格考试中都有污水处理厂题目。污水处理厂项目是社会区域中的重要行业，应当引起考生的注意。

1. 从环境保护角度出发，列举理由说明优化的污泥处理及处置措施。

《环境影响评价案例分析》考试大纲中"六、环境保护措施分析（2）分析污染控制措施及其技术经济可行性"。

举一反三：

污泥处置的基本要求：

（1）污泥处理处置一般要实施全过程管理，体现减量化、稳定化、无害化，保证安全、环保，实现污泥的综合利用，回收和充分利用污泥的能源和物资。

（2）城市污水处理厂污泥应因地制宜采取经济合理的方法进行稳定处理。

（3）在厂内经稳定处理后的污泥宜进行脱水处理，其含水量小于 80%。

（4）处理后的城市污水处理厂污泥用于农业时，应符合《农用污泥中污染物控制标准》（GB 4284—84）的规定；用于其他方面时，应符合相应的有关现行规定。

（5）城市污水处理厂污泥不得任意弃置。禁止向一切地面水体及其沿岸、山谷、洼地、溶洞以及划定的污泥堆放场以外的任何区域排放城市污水处理厂污泥。

2. 请根据进水和出水水质计算 BOD$_5$、COD、SS、氨氮、TN、TP 的去除率，并将计算结果填写在表 1 里。

《环境影响评价案例分析》考试大纲中"六、环境保护措施分析（2）分析污染控制措施及其技术经济可行性"。

BOD$_5$ 去除率＝（150−10）/150×100%＝93%，其他污染物去除率的计算方法与BOD$_5$ 相同。

举一反三：

污水处理效率的计算公式为：

$$E_i = \frac{c_{i0} - c_{ie}}{c_{i0}} \times 100\%$$

式中：E_i —— 污水处理厂污染物的处理效率，%；

c_{i0} —— 未处理污水中 i 污染物的平均浓度，mg/L；

c_{ie} —— 处理后污水中 i 污染物的允许排放浓度，mg/L。

3. 请列出预测排放口下游 20 km 处 BOD$_5$ 所需要的基础数据和参数。

《环境影响评价案例分析》考试大纲中"四、环境影响识别、预测与评价（7）选择、运用预测模式与评价方法"。

举一反三：

水环境预测中，应根据环评技术导则、评价等级和受纳水体的实际情况，确定采用的预测模式。预测范围内的河段可以分为充分混合段、混合过程段和上游河段。非持久性污染物充分混合段采用一维稳态模式。

$$c = c_0 \exp\left(-K_1 \frac{x}{86\,400u}\right)$$

$$c_0 = (c_p Q_p + c_h Q_h)/(Q_p + Q_h)$$

式中：x —— 计算点离初始点（排放口）的距离，m；

u —— 河水流速，m/s；

Q_p —— 废水排放量，m^3/s；

c_p —— 污染物浓度，mg/L；

Q_h —— 河水流量，m^3/s；

c_h —— 排放口上游污染物浓度，mg/L；

c_0 —— 计算初始点污染物浓度，mg/L；

c —— 排放口下游 x 处的污染物浓度，mg/L；

K_1 —— 耗氧系数，d^{-1}。

K_1 估算采用两点法：

$$K_1 = \frac{86\,400u}{x} \ln \frac{c_A}{c_B}$$

式中：c_A，c_B —— 断面 A、B 的污染物平均浓度，mg/L。

混合过程段的长度由下式估算：

岸边排放　　　　　　　　　　$$L = \frac{1.8B^2 u}{4H\sqrt{gHi}}$$

式中：B —— 河流宽度，m；

g —— 重力加速度，$9.8\,m/s^2$；

i —— 河流底坡坡度。

4. 公众参与方式可以采取哪些形式？在该项目公众参与调查中应给出哪几个方面的环境影响信息？

《环境影响评价案例分析》考试大纲中"一、相关法律法规运用和政策、规划的符合性分析（1）分析建设项目环境影响评价中运用的法律法规的适用性"。

《中华人民共和国环境影响评价法》第五条规定："国家鼓励有关单位、专家和公众以适当的方式参与环境影响评价"；第二十一条规定："除国家规定需要保密的情形外，对环境可能造成重大影响、应当编制环境影响报告书的建设项目，建设单位应当在报批建设项目环境影响报告书前，举行论证会、听证会，或者采取其他形式，征求有关单位、专家和公众的意见。"

5. 污水处理站产生的恶臭可以采取哪些污染防治措施？

《环境影响评价案例分析》考试大纲中"六、环境保护措施分析（2）分析污染控制措施及其技术经济可行性"。

举一反三：

2007 年全国环境影响评价工程师职业资格考试有一道类似的题目。

污水处理厂恶臭污染主要来自格栅及进水泵房、沉沙池、生物反应池、储泥池、污泥浓缩等装置，恶臭的主要成分为硫化氢、氨、挥发酸、硫醇类等。污水处理厂的恶臭物质逸出量受污水量、污泥量和污水中的溶解氧量、污泥稳定程度、污泥堆存方式及数量、日照、湿度和风速等多种因素的影响。在污水处理厂中，恶臭浓度最高处为污泥处置工段，恶臭逸出量最大处是好氧曝气池，在曝气过程中恶臭物质逸入空气。考生可以从清除恶臭发生源、切断扩散途径及污染受体保护几个方面回答。

案例 3 污水处理厂项目

【素材】

为了截留流入某河道的沿江生活污水，某市拟建一个污水处理厂，包括一套沿江污水收集系统和相应的若干污水提升泵站。拟建污水处理厂项目厂址北侧 0.8 km 处为某居民小区。该污水处理系统工程设计规模定为 70 万 t/d。处理厂分两期建设，一期根据现状污水量确定为 30 万 t/d，二期设计规模为 40 万 t/d。根据进水量、进水水质以及出水水质要求，一期工程污水处理工艺采用改良的 A/O 法，即强化生物除磷过程、氨氮的硝化过程，兼顾脱氮，而 SS 的去除则采用高效的二沉池池型。该工艺针对 A/O 法及 A²/O 法的缺点进行了改进，即消除汇流活性污泥对厌氧区的不利影响并提高其脱氮效率，以及降低混合液回流的稀释作用，增设了回流污泥预缺氧池，使回流污泥先进入缺氧池。该污水处理厂尾水的纳污水体为某大型河道，河宽 25 km，水深约 41 m，尾水排放口下游 3 km 处为某水源保护地。

【问题】

1. 简述该项目的评价技术路线。
2. 该建设项目评价的重点是什么？
3. 该项目的主要污染物和主要污染源分别是什么？
4. 水环境影响的主要评价因子包括哪些？
5. 环境影响预测主要包括哪些内容？

【参考答案】

1. 简述该项目的评价技术路线。

答：该污水处理厂的建设目的就是解决某大型河道沿江生活污水排放导致河段水体受污染的问题，截留入河污水，削减污染物排放，使河水水质得到改善。因此，评价中主要根据水质现状、污水处理厂设计指标和出水水质，计算主要污染负荷的削减量，并预测其水量、水质变化状况。同时，通过类比资料分析，预测本项目排放的臭气的影响程度及范围。

2. 该建设项目评价的重点是什么？

答：着重论述污水处理厂的规模、厂址选择及其污水收集系统；污水处理工艺的选择和论述；项目建成后某大型河道水质的改善情况以及建设项目排放的尾水对河道水体水环境的影响程度，特别是尾水排放对下游饮用水源地的影响；项目运行期恶臭对周围环境敏感点（居民区）和对周围大气环境质量的影响；施工期间（包括管道工程的施工、厂址平整过程）产生的固体废物对周围环境的影响；公众参与。

3. 该项目的主要污染物和主要污染源分别是什么？

此污水处理厂污水处理工艺为改良的 A/O 法。其主要污染物为恶臭、噪声、固体废物、厂区生活污水及生活垃圾。

该污水处理厂恶臭排放源主要为进水泵房、格栅井、沉沙池、初沉池、曝气池、二沉池、污泥预浓缩池、污泥后浓缩池、污泥脱水机房等。

噪声主要来源于进水泵、除砂机、污泥泵、鼓风机、污泥脱水泵以及厂区内外来往车辆。

固体废物主要包括栅渣、沉沙以及从二沉池中排出的剩余污泥经浓缩及脱水后产生的泥饼。

4. 水环境影响的主要评价因子包括哪些？

答：根据污水处理系统外排尾水及受纳水体的水污染特征，选择 BOD_5、COD、氨氮为本次水质预测的主要评价因子。

5. 环境影响预测主要包括哪些内容？

（1）恶臭污染物环境影响预测与评价；

（2）水环境影响预测与评价；

（3）噪声环境影响预测与评价；

（4）污泥处置影响预测与评价；

（5）施工期环境影响预测与评价；

（6）事故风险评价。

【考点分析】

1. 简述该项目的评价技术路线。

评价技术路线类似评价思路，是根据项目工程分析的实际情况和周围环境特征确定的。因此水质现状、污水处理厂设计指标和出水水质是后续工程分析、工艺选择、污染防治措施制定的基础，据此，可以计算主要污染负荷的削减量，并预测其水量、水质的变化状况。同时，污水处理厂项目排放的臭气是主要污染物之一，对环境敏感点及其周边大气环境影响较大。臭气的影响程度及范围一般通过类比资料进行分析。

2. 该建设项目评价的重点是什么？

《环境影响评价案例分析》考试大纲中"四、环境影响识别、预测与评价（5）确定评价重点"。

举一反三：

城市污水处理厂项目环境影响评价应特别关注以下几个问题：

（1）要注意通过深入调查研究，结合城市总体规划，合理确定污水处理厂的规模、厂址及其污水收集系统；

（2）要根据收集污水的水质情况、出水水质的要求、污水处理厂规模、项目投资和运行经济效益，合理选择污水处理工艺；

（3）要考虑污水处理厂产生的恶臭物质对附近敏感点的影响，确定卫生防护距离；

（4）对污水处理厂出水排放口下游的水环境和区域生态环境的影响；

（5）污泥综合利用；

（6）公众参与。

3. 该项目的主要污染物和主要污染源分别是什么？

《环境影响评价案例分析》考试大纲中"二、项目分析（1）分析建设项目生产工艺过程的产污环节、主要污染物、资源和能源消耗等，给出污染源强，生态影响为主的项目还应根据工程特点分析施工期和运营期生态影响的因素和途径"。

一般情况下，在工程分析的基础上，结合污水处理工艺流程图和污泥处理工艺流程图进行分析，说明污染物排污点分布和主要污染物，可参照图 1 进行分析。

举一反三：

污水处理厂项目主要环境影响一般包括：

（1）污水处理厂施工期的环境影响。施工期的环境影响因素包括废水、废气、废渣、噪声。如果污水处理厂不包括配套管网，则项目施工期环境影响较小；如果污水处理厂包括配套管网，应对管网进行专题评价，其评价重点在施工期。配套管网施工期的环境影响因素如下：

① 废气。主要是扬尘和施工机械排放的尾气，包括：a. 土方开挖、堆放、回填造成的扬尘；b. 运输车辆遗撒造成的扬尘；c. 人来车往造成的道路烟尘。

② 噪声。施工机械和运输车辆产生的噪声。

③ 废渣。a. 土方开挖产生的渣土碎石；b. 车辆运输过程中的物料损耗，如砂石、混凝土等；c. 铺路修整阶段遗弃的废石料、灰渣、建材等。

④ 水土流失。施工过程中大量土方开挖、破坏地表植被，在雨季可能造成水土流失。

⑤ 社会环境影响。a. 施工期对于交通的影响。土方开挖阻断交通，物料运输增大车流量。b. 工程施工对结构的影响。

（2）污水处理厂运行期的环境影响。污水处理厂运行期的环境影响评价是该类案例评价的重点。

① 对受纳河流水质的影响分析。a. 运转正常时，达标排放，对河流水质的改善情况。b. 超负荷污水溢流和事故排水，对河流水质的影响。影响程度通过模式计

算分析。

　　如果处理后污水用于农灌，还应分析其对污灌农田的影响。原来的污灌农田改用处理厂出水灌溉，分析农田环境因此得到的改善和受到的影响。

　　② 污泥处置和利用的影响分析。污水处理厂污泥的处置，在我国以农田施用为主，包括两个方面：a. 污泥运输和干化的影响分析；b. 对农田和农作物的选择和影响分析。

　　对污泥的养分、重金属含量进行类比分析，对受纳的农田土质、面积进行分析，最后得出是否可行的结论。

　　③ 恶臭、含菌气溶胶对周边环境的影响分析。恶臭主要产生于曝气池、污水泵房、污泥脱水机房，含菌气溶胶主要产生于曝气池，可以用类比法、公式计算法分析，同时注意厂内合理布局，提出污水处理厂的卫生防护距离。

　　④ 锅炉烟气。

　　⑤ 处理厂设备噪声。

　　4．水环境影响的主要评价因子包括哪些？

　　《环境影响评价案例分析》考试大纲"四、环境影响识别、预测与评价（1）识别环境影响因素与筛选评价因子"。

　　水环境影响的主要评价因子与项目污水的成分、比例和受纳水体水质有关。一般生活污水主要污染物包括 BOD_5、COD、氨氮、SS 等，前三种污染物浓度高，对水体污染大，不经过处理不容易除去。同时在"十五"规划中，COD、氨氮也为总量控制指标。

　　5．环境影响预测主要包括哪些内容？

　　略。

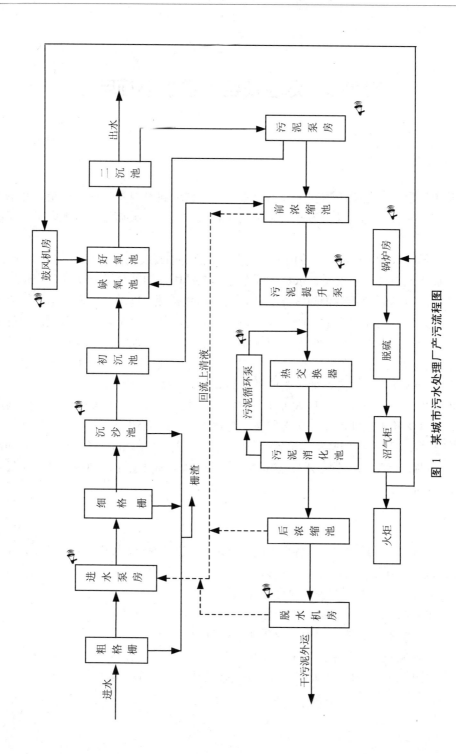

图 1　某城市污水处理厂产污流程图

案例 4　危险废物处置中心项目

【素材】

　　某市拟建一个危险废物安全处置中心，其主要的建设内容包括：安全填埋场、物化处理车间、稳定/固化处理车间、公用工程及生活办公设施等。该地区主导风向为 SW，降雨充沛。

　　拟选场址一：位于低山丘陵山坡及沟谷区，西南侧直线距离 1.8 km 处为某村庄，主要植被为人工种植的果园、水稻、蔬菜等。选址所在地区交通方便，仅需建进场公路 1 km；垃圾运输沿途经过 3 个村庄，人口居住稀疏。选址区场地外东北侧为地势最高点，场地北部有一条东西走向沟谷，在沟谷西部有一个人工土石坝，沟谷汇水在此形成一个人工鱼塘。场地外南侧池塘为最低点，场地南部汇水沿南侧坡地汇入南部沟谷向南流出。选址区南侧 5 km 处有一个森林公园。选址区位于最近水厂取水点上游 25 km 处。距离选址区西边界 0.2 km 处有一高压高架输电线穿过。

　　拟选场址二：位于某村庄北面山谷（距离该村 1.5 km），地表植被主要为马尾松—芒萁群落和人工种植林，交通方便。需建进场公路 0.8 km；垃圾运输沿途经过 2 个村庄，人口居住比较密集。选址区临近森林公园（约 1 km），场地周围地势南高北低，北侧有一水塘（非饮用水）。选址区位于最近水厂取水点上游 20 km 处，距最近变电站 1 km。

【问题】

　　1. 通过两个场址的比较，哪个更适合建设危险废物安全处置中心？请说明理由。
　　2. 该建设项目评价的重点是什么？
　　3. 该项目现状调查的主要内容是什么？
　　4. 水环境影响的主要评价因子包括哪些？
　　5. 环境影响预测的主要内容及预测时段包括哪些？
　　6. 上述危险废物安全处置中心还缺少的主要的建设内容是（　　　）。
　　A. 锅炉房　　　B. 宿舍　　　C. 污水处理厂　　　D. 填埋场

【参考答案】

1. 通过两个场址的比选，哪个更适合建设危险废物安全处置中心？请说明理由。

答：两个场址对比分析见表 1。

表 1　两个场址对比分析

条　件	场址一	场址二
自然生态环境影响	主要植被为人工种植的果园、水稻、蔬菜等，离最近水厂取水点上游 25 km 处	地表植被为马尾松—芒萁群落和人工种植林，离最近水厂取水点上游 20 km 处
地形条件	地形有利，能尽量减少工程量，有足够覆土来源	地形有利，能尽量减少工程量，有足够覆土来源
交通状况	交通方便，需建进场公路 1 km	交通方便，需建进场公路 0.8 km
周围敏感点情况	1.8 km 处有村庄，5 km 处有森林公园	1.5 km 处有村庄，1 km 处有森林公园
地质水文条件	场地北部有沟谷，南部汇水沿南侧坡地汇入南部沟谷向南流出	场地周围地势南高北低，北侧有一水塘
水电设施条件	0.2 km 处有一高压高架输电线	1 km 处有变电站
垃圾运输沿线影响	沿途经过 3 个村庄，人口居住稀疏	沿途经过 2 个村庄，人口居住比较密集

由表 1 可知，与场址二相比，场址一优点有：破坏人工种植的果园、蔬菜，对生态破坏相对较小；离最近水厂取水点相对较远，对水环境影响相对较小；距离电力设施比较近，距离村庄和森林公园等敏感点比较远，对周围敏感点声环境和景观等影响小。缺点：其建进场公路要长 0.2 km；村庄数目多，人口居住比较稀疏。综合上述两个场址的优缺点，选择场址一对周围环境的影响相对较小，更适合建设固体废物安全处置中心。

2. 该建设项目评价的重点是什么？

答：该项目环境影响评价的重点是危险废物处理工艺的可行性、处置中心选址的合理性、危险废物贮存设施的污染防治措施分析以及填埋场运行期间渗滤液对地表水和地下水环境的影响。此外还包括公众参与。

3. 该项目现状调查的主要内容是什么？

答：进行该项目环境影响评价时环境现状调查的主要内容如下：

（1）地理位置：建设项目所处的经纬度、行政区位置和交通位置，并附地理位置图。

（2）地质环境：根据现有资料详细叙述该地区的特点，以及断裂、坍塌、地面沉陷等不良地质构造。若没有现成的地质资料，应根据评价要求做一定的现场调查。

（3）地形地貌：建设项目所在地区的海拔高度、地形特征、相对高差的起伏状况，周围的地貌类型。

（4）气象与气候。

（5）地表水环境：地表水水系分布、水文特征；地表水资源分布及利用情况，主要取水口分布；地表水水质现状及污染来源等。

（6）地下水环境。

（7）大气环境：根据现有资料，简单说明项目周围地区大气环境中主要的污染物、污染来源、大气环境容量等。

（8）土壤与水土流失：土壤类型及其分布、成土母质、土壤层厚度等。

（9）生态调查：植被情况（如类型、主要组成、覆盖度和生长情况等），有无国家重点保护的或稀有的野生动植物。

（10）声环境：确定声环境现状调查的范围、监测布点与现有污染源调查工作。

（11）社会经济：包括经济指标、人口、工业与能源、农业与土地利用、交通运输等。

（12）人文遗迹、自然遗迹与珍贵景观：主要是与项目邻近的森林公园情况，并调查选址区是否有其他需要重点保护的景观。

4．水环境影响的主要评价因子包括哪些？

答：地表水环境影响主要评价因子包括：pH、COD、BOD、SS、石油类、氨氮、总磷、挥发酚、总汞、总氰化物，还有其他重金属如 Cu、Cd、Zn、As 等；地下水环境影响的主要评价因子包括：pH、总汞、总氰化物、Cr^{6+}、Cu、Zn、Cd、As。

5．环境影响预测的主要内容及预测时段包括哪些？

答：项目环境影响预测的主要内容包括：

（1）水环境：包括地表水和地下水，主要预测填埋场渗滤液、预处理车间产生的废水以及生活区污水对水环境的影响。分析渗滤液的环境影响时，还应考虑非正常情况下如防渗层破裂对地下水的污染。

（2）大气环境：施工扬尘、填埋机械和运输车辆尾气、填埋场废气对填埋场周围环境和沿线环境空气的影响。

（3）噪声：施工机械、作业机械和运输车辆噪声对周围环境的影响。

（4）水土流失：项目选址区位于低山丘陵区，建设期对植被的破坏会造成一定程度的水土流失，要采取防护措施。

（5）生态环境和景观影响：建设填埋场会在一定程度上破坏植被，占用土地会引起水土流失，弃土堆放等会对选址区及其周围生态环境和景观产生一定的影响。

预测时段包括：建设期、运行期和服务期满后（封场后）三个时段。

6．上述危险废物安全处置中心还缺少哪个主要的建设内容？

答：答案为 C。因为锅炉房属于公用工程，宿舍属于生活办公设施，填埋场已经交代属于主要建设内容之一，因此只能选 C。

【考点分析】

1. 通过两个场址的比选，哪个更适合建设危险废物安全处置中心？请说明理由。

《环境影响评价案例分析》考试大纲中"二、项目分析（4）不同工程方案（选址、规模、工艺等）的分析比选"。

此题属于建设项目选址优化分析，参照《危险废物填埋污染控制标准》填埋场场址选择的要求，分析要点包括：

（1）自然生态环境影响：是否影响水源地、选址区植被；

（2）地形条件：地势、地形是否有利，工程量，覆土来源；

（3）地质水文条件：是否有不良地质现象及其影响地表水的程度；

（4）水电设施条件：与饮用水源地和供电设施的距离；

（5）交通状况；

（6）周围敏感点（包括居民区和风景区）情况：与敏感点的距离、选址区是否在居民区下风向、项目建设是否影响附近居民区的景观（填埋场场界应位于居民区 800 m 以外，并保证其在当地气象条件下对附近居民区大气环境不产生影响）；

（7）垃圾运输沿线对居民的影响。

最后，根据项目的特点及主要的环境影响，综合优化选择场址。

2. 该建设项目评价的重点是什么？

《环境影响评价案例分析》考试大纲中"四、环境影响识别、预测与评价（5）确定评价重点"。

一般情况下，评价重点在识别环境影响因素与筛选评价因子，判断建设项目影响环境的主要因素及分析产生的主要环境问题结束后再确定。该项目为危险废物处置场，其主要的处置方式是固化后填埋，因此其评价重点为：

（1）根据该市固体废物的产生数量、种类及特征，分析处理危险废物工艺的可行性，是否能达到废物利用、资源回收、清洁生产的要求；

（2）工程运行后其对选址区范围内及其周围地表水和地下水的影响；

（3）根据拟选场址内的工程地址和水文情况，分析项目选址的合理性，以及污染防治措施的可行性。

举一反三：

危险废物处置工程项目环境影响评价应关注的问题：

（1）必须详细调查、了解和描述危险废物的产生量、危险废物的种类和特性，它关系到危险废物处置中心的建设规模、处置工艺。因为危险废物的来源复杂、种类繁多、特性各异，而且各种废物在产生的数量上也有极大的差异，因此搞清废物的来源、种类、特性，对于评价处置场规模、处置场选址的优劣和处置工艺的可行性至关重要。

（2）危险废物安全处置中心的环境影响评价必须贯彻"全过程管理"的原则，包括收集、临时贮存、中转、运输、处置以及工程建设期和运营期的环境问题。

（3）对危险废物安全填埋处置工艺的各个环节进行充分分析，对填埋场的主要环境问题，如渗滤液的产生、收集和处理系统以及填埋气体导排、处理和利用系统进行重点评价，对渗滤液泄漏及污染物的迁移转化进行预测评价。对于配有焚烧设施的处置中心，还要对焚烧工艺和主要设施进行充分的分析，首先审查焚烧系统的完整性，对烟气净化系统的配置和净化效果进行论述，将烟气排放对大气环境的影响作为评价重点。

（4）危险废物处置工程的选址是一个比较敏感的问题，它除了环境的基本条件外，还有公众的心理影响因素，因此必须对场址的比选进行充分的论证，做好公众参与的调查和分析工作。

（5）必须要有风险分析和应急措施，它包括运输过程中产生的事故风险，填埋场渗滤液的泄漏事故风险以及由于入场废物的不相容性产生的事故风险。

3. 该项目现状调查的主要内容是什么？

《环境影响评价案例分析》考试大纲中"三、环境现状调查与评价（1）判定评价范围内环境敏感区与环境保护目标；（2）制定环境现状调查与监测方案"。

举一反三：

建设项目现状调查的内容主要包括：① 自然环境，包括项目地理位置、地质、地形地貌、土壤、植被等；② 项目周围水（包括地表水和地下水）、大气、噪声、生态现状、主要污染源情况、环境容量等；③ 社会经济情况，包括人口、工农业、土地利用、交通等；④ 项目周围是否有需要重点保护的人文遗迹、自然遗迹与珍贵景观等。

4. 水环境影响的主要评价因子包括哪些？

《环境影响评价案例分析》考试大纲中"四、环境影响识别、预测与评价（1）识别环境影响因素与筛选评价因子"。

本案例项目评价因子的选择依据：① 环境标准中包含的指标；② 选址区地表水（或地下水）水体主要的污染指标；③ 项目污水中主要污染物的种类；④ 具有代表性，能表征废物特性的参数。

对于地表水来说，评价因子包括地表水环境中常见的污染因子，既包括表征有机污染的指标，也包括氮、磷和重金属等无机污染指标。

5. 环境影响预测的主要内容及预测时段包括哪些？

《环境影响评价案例分析》考试大纲中"四、环境影响识别、预测与评价（1）识别环境影响因素与筛选评价因子；（2）判断建设项目影响环境的主要因素及分析产生的主要环境问题；（5）确定评价重点；（6）设置评价专题"。

一般的建设项目的环境影响包括：水、大气、噪声、生态（包括水土流失）和景观等几个方面，同时还要考虑项目建设和运行的时期不同，其对环境的影响也不同。具体的内容要根据项目的建设内容和特点确定。

举一反三：

对于危险废物处置中心建设项目，必须评价封场后的环境影响。预测时段包括：建设期、运行期和服务期满后（封场后）三个时段。

6．上述危险废物安全处置中心还缺少哪个主要的建设内容？

《环境影响评价案例分析》考试大纲中"一、相关法律法规运用和政策、规划的符合性分析（1）分析建设项目环境影响评价中运用的法律法规的适用性；（2）分析建设项目与相关环境保护政策及产业政策的符合性"。

根据危险废物安全处置中心污染物控制的要求，严禁将集、排水系统收集的渗滤液直接排放，必须对其进行处理并只有在达到《污水综合排放标准》（GB 8978—1996）中第一类污染物和第二类污染物最高允许排放浓度要求后方可排放。注意：若有地方标准，此处应执行地方的水污染物排放标准。

案例 5 300 万 t 垃圾填埋场项目

【素材】

某大城市拟建一生活垃圾填埋场，设计填埋量为 300 万 t，填埋厚度为 25 m，主要设施有：防渗衬层系统、渗滤液导排系统、雨污分流系统、地下水监测设施、填埋气导排系统以及覆盖和封场系统。按工程计划，该填埋场 2011 年 1 月投入使用。该填埋场渗滤液产生量预计为 120 t/d。拟将渗滤液送至该城市二级污水处理厂进行处理，城市污水处理厂污水日处理能力为 30 000 t/d，目前日处理量为 23 000 t/d。拟选厂址特点见表 1。

表 1 拟选厂址特点

所在位置	不在水源保护区、矿产资源储备区等需要特别保护的区域内
地质条件	山谷型填埋场
土壤性质	黏土，厚度 2.5 m，饱和渗透系数为 1.0×10^{-6} cm/s
地下水位	基础层底部与地下水最高水位距离约 0.9 m
洪水位条件	标高重现期大于 50 年一遇洪水位
距离敏感点位置	距离下风向村庄 3 km

【问题】

1. 该填埋场选址和所建设施是否合理？如果不合理请说明理由。

2. 该填埋场可选用何种防渗衬层？（　　　）

    A. 不需要使用衬层，现有土壤性质可以满足防渗要求

    B. 采用厚底不低于 2 m，饱和渗透系数小于 1.0×10^{-7} cm/s 的天然黏土防渗衬层

    C. 采用单层人工合成材料衬层，衬层下的天然黏土防渗衬层饱和渗透系数小于 1.0×10^{-7} cm/s 且厚度不小于 0.75 m

    D. 采用双层人工合成材料衬层，衬层下的天然黏土防渗衬层饱和渗透系数小于 1.0×10^{-7} cm/s 且厚度不小于 0.75 m

3. 可以进入该垃圾填埋场的垃圾为（　　　）。

    A. 生活垃圾焚烧炉渣

B. 企事业单位产生的办公废物

C. 含水率为65%的生活污水处理厂污泥

D. 禽畜养殖废物

E. 生活垃圾焚烧飞灰

4. 该填埋场渗滤液的处理方式是否可行？如果不可行请说明理由。

5. 垃圾填埋场的主要环境影响有哪些？

【参考答案】

1. 该填埋场选址和所建设施是否合理？如果不合理请说明理由。

答：该垃圾填埋场选址合理；所建设施不完善。根据《生活垃圾填埋场污染控制标准》（GB 16889—2008），生活垃圾填埋场应配备的设施有：防渗衬层系统、渗滤液导排系统、渗滤液处理设施、雨污分流系统、地下水监测设施、填埋气导排系统、覆盖和封场系统。在本案例中，基础层底部与地下水最高水位距离约0.9 m，不到1 m，因此更应建立地下水导排系统并确保填埋场的运行期和后期维护与管理期内地下水水位与基础层底部距离大于1 m。此外，由于该填埋场设计填埋量为300万t，填埋厚度为25 m，按照《标准》要求，应建立甲烷利用设施或火炬燃烧设施来处理填埋场产生的甲烷气体。

2. 该填埋场可选用何种防渗衬层？（C）

A. 不需要使用衬层，现有土壤性质可以满足防渗要求

B. 采用厚底不低于2 m，饱和渗透系数小于1.0×10^{-7} cm/s 的天然黏土防渗衬层

C. 采用单层人工合成材料衬层，衬层下的天然黏土防渗衬层饱和渗透系数小于1.0×10^{-7} cm/s 且厚度不小于0.75 m

D. 采用双层人工合成材料衬层，衬层下的天然黏土防渗衬层饱和渗透系数小于1.0×10^{-7} cm/s 且厚度不小于0.75 m

3. 可以进入该垃圾填埋场的垃圾为（AB）

A. 生活垃圾焚烧炉渣

B. 企事业单位产生的办公废物

C. 含水率为65%的生活污水处理厂污泥

D. 禽畜养殖废物

E. 生活垃圾焚烧飞灰

4. 该填埋场渗滤液的处理方式是否可行？如果不可行请说明理由。

答：不可行。根据《生活垃圾填埋场污染控制标准》（GB 16889—2008），首先生活垃圾填埋场必须设置污水处理装置，其次经填埋场污水处理装置处理后的废水如果因为达不到排放标准要求而送城市二级污水处理厂进行处理时，要求城市二级

污水处理厂每日处理渗滤液的总量不超过污水处理总量的 0.5%，并不超过该城市二级污水处理厂额定的污水处理能力。该案例超过了 0.5%。

5. 垃圾填埋场的主要环境影响有哪些？

答：垃圾填埋场对环境的主要影响有：填埋场渗滤液泄漏或处理不当对地下水及地表水的污染；填埋场产生气体的排放对大气的污染、对公众健康的危害以及可能发生的爆炸对公众安全的威胁；填埋场的存在对周围景观的不利影响；垃圾堆体对周围地质环境的影响；填埋机械噪声对公众的影响；填埋场孳生的害虫、昆虫、啮齿动物以及在填埋场觅食的鸟类和其他动物可能传播疾病；填埋垃圾中的塑料袋、纸张以及尘土等在未来得及覆盖压实的情况下可能飘出场外，造成环境污染和景观破坏；流经填埋场区的地表径流可能受到污染。

【考点分析】

1. 该填埋场选址和所建设施是否合理？如果不合理请说明理由。

《环境影响评价案例分析》考试大纲中"一、相关法律法规运用和政策、规划的符合性分析（1）分析建设项目环境影响评价中运用的法律法规的适用性；（2）分析建设项目与相关环境保护政策及产业政策的符合性"和"二、项目分析（4）不同工程方案（选址、规模、工艺等）的分析比选"。

该题考查对《生活垃圾填埋场污染控制标准》（GB 16889—2008）中垃圾填埋场场址选择及根据场址实际情况和生活垃圾填埋场建设规模而需要配套建设的设施。

举一反三：

根据《大纲》要求，对于固体废物的环境影响评价，应掌握生活垃圾填埋，生活垃圾焚烧，危险废物填埋，危险废物焚烧，危险废物贮存，一般工业固体废物贮存、处置的相关要求和规定。对于场址的选择，出题角度经常为"给出不同场址的各类条件，进行比对，从而选择更为合理的选址"，来考查考生对场址选择的相关要求的掌握程度。

为了便于记忆，生活垃圾填埋场场址选择规则笔者简单归纳为：符合规划、避开保护区域、标高不小于 50 年一遇洪水位、避开地质不稳定区域。详细内容参见 GB 16889—2008。

2. 该填埋场可选用何种防渗衬层（C）

《环境影响评价案例分析》考试大纲中"六、环境保护措施分析（2）分析污染控制措施及其技术经济可行性"。

该题考查的是根据生活垃圾填埋场选址处的土壤条件，选择合适的防渗衬层。该案例中，天然基础层厚度 2.5 m，饱和渗透系数为 1.0×10^{-6} cm/s，应采用厚底不低于 2 m，饱和渗透系数小于 1.0×10^{-7} cm/s 的天然黏土防渗衬层，或者防渗能力更好的防渗衬层。

举一反三：

防渗衬层是指设置于填埋场底部及四周边坡的、由天然材料和（或）人工合成材料组成的防止渗漏的垫层，可分为天然黏土防渗衬层、单层人工合成材料衬层（一层人工合成材料衬层+黏土衬层或者具有同等以上隔水效力的其他材料）、双层人工合成材料防渗衬层（两层人工合成材料衬层+黏土衬层或者具有同等以上隔水效力的其他材料）。笔者将生活垃圾填埋场的防渗衬层选择情况归纳如下（表 1）。

表 1　生活垃圾填埋场的防渗衬层选择情况

天然基础层 饱和渗透系数 k 和厚度 d	应选用的防渗衬层类型	构成防渗衬层的天然黏土层 饱和渗透系数 k 和厚度 d
$k < 1.0 \times 10^{-7}\,\mathrm{cm/s}$ 且 $d \geqslant 2\,\mathrm{m}$	天然黏土防渗衬层	$k < 1.0 \times 10^{-7}\,\mathrm{cm/s}$ 且 $d \geqslant 2\,\mathrm{m}$
$1.0 \times 10^{-7}\,\mathrm{cm/s} < k < 1.0 \times 10^{-5}\,\mathrm{cm/s}$ 且 $d \geqslant 2\mathrm{m}$	单层人工合成材料衬层	$k < 1.0 \times 10^{-7}\,\mathrm{cm/s}$ 且 $d \geqslant 0.75\,\mathrm{m}$
$k \geqslant 1.0 \times 10^{-5}\,\mathrm{cm/s}$ 或 $d < 2\,\mathrm{m}$	双层人工合成材料衬层	$k < 1.0 \times 10^{-7}\,\mathrm{cm/s}$ 且 $d \geqslant 0.75\,\mathrm{m}$

防渗衬层选择时可按照表 1 选择或者选择防渗能力更好的。对于危险废物填埋场的防渗衬层的选择大家可以自行归纳。

3．可以进入该垃圾填埋场的垃圾为（AB）

《环境影响评价案例分析》考试大纲中"六、环境保护措施分析（2）分析污染控制措施及其技术经济可行性"。

该题考查生活垃圾填埋场填埋废物的入场要求。A、B 均为可直接进入该填埋场的垃圾，C 的含水率过高，D 不可进入，而对进入生活垃圾填埋场的生活垃圾焚烧飞灰则有三个条件的限制。

举一反三：

可直接进入生活垃圾填埋场的废物有：① 由环境卫生机构收集或者自行收集的混合生活垃圾，以及企事业单位产生的办公废物；② 生活垃圾焚烧炉渣（不包括焚烧飞灰）；③ 生活垃圾堆肥处理产生的固态残余物；④ 服装加工、食品加工以及其他城市生活服务行业产生的性质与生活垃圾相近的一般工业固体废物。

经处理后可进入生活垃圾填埋场的废物有：

（1）满足以下三个条件的生活垃圾焚烧飞灰和医疗废物焚烧残渣（包括飞灰、底渣）。

① 含水率小于 30%；② 二噁英含量低于 3 μg TEQ/kg；③ 按照 HJ/T 300 制备的浸出液中危害成分浓度（金属离子等）低于《生活垃圾填埋场污染控制标准》（GB 16889—2008）规定的限值。

（2）经过下列处理的《医疗废物分类目录》中的感染性废物。

① 按照 HJ/T 228—2006 要求进行破碎毁形和化学消毒处理，并满足消毒效果

检验指标；② 按照 HJ/T 229—2006 要求进行破碎毁形和微波消毒处理，并满足消毒效果检验指标；③ 按照 HJ/T 276—2006 要求进行破碎毁形和高温蒸汽处理，并满足处理效果检验指标。

（3）经处理后，按照 HJ/T 300—2006 制备的浸出液中危害成分浓度低于《生活垃圾填埋场污染控制标准》（GB 16889—2008）规定的限值的一般工业固体废物。

（4）厌氧产沼等生物处理后的固态残余物，粪便经处理后的固态残余物和经处理后含水率小于 60% 的生活污水处理厂污泥。

不得进入生活垃圾填埋场的废物有：① 未经处理的餐饮废物；② 未经处理的粪便；③ 禽畜养殖废物；④ 电子废物及其处理处置残余物；⑤ 除本填埋场产生的渗滤液之外的任何液态废物和废水。

4. 该填埋场渗滤液的处理方式是否可行，如果不可行请说明理由？

《环境影响评价案例分析》考试大纲中"六、环境保护措施分析（2）分析污染控制措施及其技术经济可行性"。

该题从两个角度考查了渗滤液的处理问题。① 垃圾填埋场必须要有渗滤液处理装置。② 经过处理后的渗滤液送城市污水处理厂进一步处理时，对于处理量的要求。

举一反三：

关于垃圾填埋场渗滤液的考查角度较多，以下两个方面应该注意：① 到 2011 年 7 月 1 日以后，生活垃圾填埋场必须自行处理渗滤液并达到标准要求，不允许再送往城市二级污水处理厂。② 年轻（5 年以内）的垃圾填埋场和老（5 年以上）的垃圾填埋场，二者渗滤液组分的区别（表 1）。

表 1　不同年限垃圾填埋场渗滤液组分区别

垃圾填埋场性质	年轻的	老的
pH	较低	中性或弱碱性
BOD 与 COD 浓度	较高	较低
BOD/COD	较高	较低
重金属离子浓度	较高	下降

5. 垃圾填埋场的主要环境影响有哪些？

《环境影响评价案例分析》考试大纲中"四、环境影响识别、预测与评价（1）识别环境影响因素与筛选评价因子；（2）判断建设项目影响环境的主要因素及分析产生的主要环境问题"。

该题考查对项目的环境影响的分析。对于生活垃圾填埋场无外乎就是从水、气、声、渣、风险、生态、景观、土壤、地质这些方面来考虑，并逐条分析。

举一反三：

大家在分析一个项目对环境的影响时，首先分析该项目会产生水、气、声、渣、风险、辐射中的哪些污染，然后逐个分析这些污染因素对水环境（地表水和地下水）、气环境、声环境、土壤、生态、景观和人类安全健康的影响。从这些角度入手，基本可以做到分析全面，没有遗漏。

总而言之，该案例重点考查的是对生活垃圾填埋场有关内容的掌握情况，希望诸位考生能以此题为例，仔细研读《生活垃圾填埋场污染控制标准》（GB 16889—2008）、《生活垃圾焚烧污染控制标准》（GB 18485—2001）、《危险废物填埋污染控制标准》（GB 18598—2001）、《危险废物焚烧污染控制标准》（GB 18484—2001）、《危险废物贮存污染控制标准》（GB 18597—2001）、《一般工业固体废物贮存、处置场污染控制标准》（GB 18599—2001）。

案例 6 新建住宅小区项目

【素材】

某市拟结合旧城改造建设占地面积 $1\,000 \times 300 \text{ m}^2$ 的经济适用房住宅小区项目，总建筑面积 $6.34 \times 10^5 \text{ m}^2$（含 50 幢 18 层居民楼）。居民楼按后退用地红线 15 m 布置。西、北面临街。居民楼通过两层裙楼连接，西、北面临街居民楼的一层、二层及裙楼拟做商业用房和物业管理处。部分裙楼出租为小型餐饮店。市政供水、天然气管道接入小区供居民使用，小区生活污水接入市政污水管网，小区设置生活垃圾收集箱和一座垃圾中转站。项目用地范围内现有简易平房、小型机械加工厂和小型印刷厂等。有一纳污河由东北向南流经本地块，接纳生活污水和工业废水。小区地块东边界 60 m、南边界 100 m 外是现有的绕城高速公路，绕城高速公路走向与小区东、南边界基本平行，小区的西边界和北边界外是规划的城市次干道。小区南边界、东边界与绕城高速公路之间为平坦的空旷地带，小区最南侧的居民楼与绕城高速公路之间设置乔灌结合绿化带，对 1~3 层住户降噪 1.0 dB（A）。查阅已批复的《绕城高速公路环境影响报告书》评价结论，2 类区夜间绕城高速公路的噪声超标影响范围为道路红线外 230 m。

【问题】

1. 该小区的小型餐饮店应采取哪些环保措施？
2. 分析小区最东侧、最南侧居民楼的噪声能否满足 2 类区标准。
3. 对该项目最东侧声环境可能超标的居民楼，提出适宜防治措施。
4. 拟结合城市景观规划对纳污河进行改造，列出对该河环境整治应采取的措施。
5. 对于小区垃圾中转站，应考虑哪些污染防治问题？

【参考答案】

1. 该小区的小型餐饮店应采取哪些环保措施？

答：（1）油烟采用油烟净化设备；

（2）厨房含油废水采用隔油设施；

（3）应选用低噪声设备，风机、水泵等设备应采取减振措施；

（4）固体废物应实行分类存放，废弃食用油脂、餐厨垃圾应妥善处置，可进行资源化回收及利用，不能回收的及时送往垃圾转运站。

2. 分析小区最东侧、最南侧居民楼的噪声能否满足 2 类区标准。

答：2 类区夜间绕城高速公路的噪声超标影响范围为道路红线外 230 m。

小区最东侧距高速公路 60 m，远小于 230 m，故夜间东侧噪声超标，不能满足 2 类标准。

最南侧居民楼距高速公路 100 m，3 层以上（18 层住户房屋距公路不会超过 230 m）住户夜间噪声会超过 2 类区标准。绿化带对 1～3 层住户降噪 1.0 dB（A），根据线声源噪声衰减规律,距公路约 115 m(230 m/2)处噪声会超过 2 类区标准 2 dB(A)，因此，距公路 100 m 南侧的 1～3 层住户夜间噪声仍会超标。

综上，小区最东侧、最南侧居民楼的噪声不能满足 2 类区标准。

3. 对该项目最东侧声环境可能超标的居民楼，提出适宜防治措施。

答：因该小区拟建在现有的绕城高速公路附近，首先应在高速公路在小区附近路段设声屏障。其次应采取如下措施：

（1）调整小区功能布局。建议将拟做商业用房和物业管理处的临街居民楼的一层、二层及裙楼由西、北面调整至小区临高速公路的东侧。

（2）优化东侧楼房布局，居民住户布局尽可能为南北朝向，与高速公路垂直，而不是平行布局。

（3）调整后最东侧居民楼安装双层通气隔声窗。

（4）在东边界与绕城高速公路之间平坦的空旷地带设置乔灌结合绿化带。

4. 拟结合城市景观规划对纳污河进行改造，列出对该河环境整治应采取的措施。

答：（1）污水截留管道措施：使污水排入城区下游河道，不排入该河段。

（2）河道清淤措施：清除河道内受污染的污泥，改善水体质量。

（3）河岸景观绿化措施；

（4）修建拦河坝，使该河段形成景观水域。

5. 对于小区垃圾中转站，应考虑哪些污染防治问题？

（1）渗滤液收集和处理问题；

（2）恶臭及异味污染防治措施；

（3）灭蚊蝇、消毒问题；

（4）垃圾装卸过程中及运送车辆噪声、清洗车辆废水等污染防治问题。

【考点分析】

1. 该小区的小型餐饮店应采取哪些环保措施？

《环境影响评价案例分析》考试大纲中"六、环境保护措施分析（2）分析污染控制措施及其技术经济可行性"。

举一反三：

《环境影响评价技术方法》考试大纲（2014 年版）新增加了大气污染和水污染治理措施、环境噪声污染治理措施、地下水环境污染防治措施、固体废物处置措施、生态环境保护与恢复措施。本案例题第 1、3、4 题均出自此考点。本案例的设计再次印证了案例分析考题的答案来自于导则与标准以及技术方法，请在扎实复习好基础知识的前提下准备案例分析考试。

2. 分析小区最东侧、最南侧居民楼的噪声能否满足 2 类区标准。

《环境影响评价案例分析》考试大纲中"四、环境影响识别、预测与评价（1）识别环境影响因素与筛选评价因子；（2）判断建设项目影响环境的主要因素及分析产生的主要环境问题；（4）确定评价工作等级、评价范围及各环境要素的环境保护要求；（8）预测和评价环境影响（含非正常工况）"。

此题要求考生能灵活运用环境影响预测的模式，不仅可以根据公式进行计算，还可以根据结果进行反推。类似的还可以设计大气预测方面的考题。

3. 对该项目最东侧声环境可能超标的居民楼，提出适宜防治措施。

《环境影响评价案例分析》考试大纲中"六、环境保护措施分析（2）分析污染控制措施及其技术经济可行性"。

4. 拟结合城市景观规划对纳污河进行改造，列出对该河环境整治应采取的措施。

《环境影响评价案例分析》考试大纲中"六、环境保护措施分析（2）分析污染控制措施及其技术经济可行性"。

5. 对于小区垃圾中转站，应考虑哪些污染防治问题？

《环境影响评价案例分析》考试大纲中"四、环境影响识别、预测与评价（1）识别环境影响因素与筛选评价因子；（2）判断建设项目影响环境的主要因素及分析产生的主要环境问题"和"六、环境保护措施分析（3）分析生态影响防护、恢复与补偿措施及其技术经济可行性"。

本小题的考点主要从环境影响识别角度进行设计，类似的考点还经常出自《生活垃圾填埋场污染控制标准》《一般工业固体废弃物贮存、处置场污染控制标准》等标准。

七、采掘类

案例 1　新建铜矿项目

【素材】

A 公司拟建一个大型铜矿。经检测，该处铜矿主要矿物成分为黄铁矿和黄铜矿，且该矿山所在区域为低山丘陵，年均降雨量为 2 000 mm，而且年内分配不均。矿山所在区域赋存地下水分为第四系松散孔隙水和基岩裂隙水两大类。前者赋存于沟谷两侧的残坡积层和冲洪积层中，地下水水量贫乏，与露天开采矿坑涌水关系不大；后者主要赋存于矿区出露最广的千枚地层中，与露天采场矿坑涌水关系密切。

矿山开发利用方案如下：① 采用露天开采方式，开采规模 5 000 t/d；② 露天采场采坑最终占地面积为 50.3 hm²，坑底标高－192 m，坑口标高 72 m，采坑废石和矿石均采用汽车运输方式分别送往废石场和选矿厂。采坑废水通过管道送往废石场废水调节库。③ 选矿厂设粗碎站、破碎车间、磨浮车间、脱水车间和尾矿输送系统等设施。矿石经破碎、球磨和浮选加工后得铜精矿、硫精矿产品，产生的尾矿以尾矿浆（固体浓度 25%）的形式，通过沿地表铺设的压力管道输送至 3 km 外的尾矿库，尾矿输送环节可能发生管道破裂尾矿浆泄漏事故。④ 废石场位于露天采场北侧的沟谷，占地面积 125.9 hm²，总库容 1 400×10⁴ m³，设拦挡坝、废水调节库（位于拦挡坝下游）和废水处理站等设施。废水处理达标后排入附近地表水体。⑤ 尾矿库位于露天采场西北面 1.6 km 处的沟谷，占地面积 99 hm²，总库容 3.1×10⁷ m³，尾矿浆在尾矿库澄清，尾矿库溢流清水优先经回水泵站回用于选矿厂，剩余部分经处理达标后外排。

【问题】

根据上述背景材料，请回答以下问题：

1. 指出影响采坑废水产生量的主要因素，并提出减少产生量的具体措施。
2. 给出废石场废水的主要污染物和可行的废水处理方法。
3. 针对尾矿输送环节可能的泄漏事故，提出相应的防范措施。
4. 给出废石场（含废水调节库）地下水污染监控监测点的布设要求。

【参考答案】

1. 指出影响采坑废水产生量的主要因素，并提出减少产生量的具体措施。

答：影响采坑废水产生量的主要因素如下：

① 开采区面积、开采深度、开采时序或方式；

② 地表径流；

③ 围岩结构；

④ 降雨；

⑤ 地下水补给。

减少采坑废水产生量的措施：

① 合理规划，分期分区开采，严格控制开采作业面的面积。

② 采取废石场覆盖封闭、生态恢复工程措施，将废石堆场封存，底部采用防渗措施。采场周边设置围堰，防止地表径流流入采坑。

③ 采坑外围设置截排水设施或截洪沟，采取"先探后采"、划定禁采区、设置防止突水（或涌水）的维护带等措施，避免采坑区外雨水汇入。

④ 采取基岩裂隙水封堵和截流措施；采坑区内设置雨水收集池，完善排水设施。

⑤ 结合治理进行生态植被恢复和植被护坡，以减少采坑废水产生量。

2. 给出废石场废水的主要污染物和可行的废水处理方法。

答：废石场废水的主要污染物为：pH、SS、铜、铁、硫化物、COD、BOD。

可行的废水处理方法：废石场设置了废水调节库和废水处理站，应做好防渗处理。生产废水经石灰石中和，再经沉淀池，废水经沉淀处理，再经化学絮凝沉淀和过滤处理后，回用于选矿厂，或经监测达标后回用于采场内降尘、绿化，尽量少排或不排入附近地表水体。

3. 针对尾矿输送环节可能的泄漏事故，提出相应的防范措施。

答：可以采取如下泄漏风险防范措施：

（1）源头控制措施：在项目建设初期，应该避开山丘等容易发生地质灾害的区域。采用先进的工艺，优化配置，减少尾矿输送水量。采用优质的管材，配备备用的管道，在设计时尽量减少阀门及接口的数量，减少输送过程的跑、冒、滴、漏。

（2）防渗措施：对废矿输送管道采取防渗措施，并且设置截流设施和事故废水收集池，将泄漏的废矿输送废水收集到事故收集池；对事故收集池也应采取防渗措施，防渗措施应满足防渗标准要求，并设置防渗衬层检测系统。

（3）加强日常巡察，对输送矿浆管线定期维护维修。

（4）事故泄漏应急防范措施：设置应急预案并加强事故应急演练，一旦造成地下水污染，应采取应急措施，并对受污染的地下水进行处理。

（5）设置安全防护隔离带，并树立尾矿输送管线安全标识牌。

4. 给出废石场（含废水调节库）地下水污染监控监测点的布设要求。

答：废石场（含废水调节库）地下水污染监控监测点可按下列要求布设：

在废石场（含废水调节库）地下水上游设置污染监控参照井（孔）；

在废石场（含废水调节库）设置地下水污染监测井（孔）；

在废石场（含废水调节库）设置地下水扩散监测井（孔）。

【考点分析】

本案例是根据 2012 年案例分析真题改编而成。采掘类案例是近几年全国环境影响评价工程师职业资格考试的重点内容之一。矿产资源开发利用项目按产品性质分类，有石油天然气、金属矿（黑色金属、有色金属）和非金属矿（煤矿、磷矿、石料、陶土等）；按其开采方式，有露天开采和地下开采（酮采）两类，其涉及知识考点范围广泛。

1. 指出影响采坑废水产生量的主要因素，并提出减少产生量的具体措施。

《环境影响评价案例分析》考试大纲中"四、环境影响识别、预测与评价（1）识别环境影响因素与筛选评价因子；（2）判断建设项目影响环境的主要因素及分析产生的主要环境问题"；"六、环境保护措施分析（3）分析生态影响防护、恢复与补偿措施及其技术经济可行性"。

矿坑废水量与矿床种类、地质结构、、围岩结构、采业作业方法、水文地质等因素密切相关，在回答污染防治措施时，要注意生态防治措施比如生态修复及护坡等不能漏项。

2. 给出废石场废水的主要污染物和可行的废水处理方法。

《环境影响评价案例分析》考试大纲中"六、环境保护措施分析（2）分析污染控制措施及其技术经济可行性"。

矿山废水处理方法要结合矿山性质，比如说本题目是金属矿山，那么就和非金属矿山的污染物不同，尤其是特征污染物不同，考生在回答这一类问题时要结合项目的特点全面回答。

3. 针对尾矿输送环节可能的泄漏事故，提出相应的防范措施。

《环境影响评价案例分析》考试大纲中"五、环境风险评价（2）提出减缓和消除事故环境影响的措施"。

举一反三：

环境评价中，一般有管线的地方都存在泄漏风险问题，如石油天然气管道泄漏问题、采掘行业矿浆管线泄漏问题、污水处理站污水管线泄漏问题、化工厂有害气体泄漏问题等，而且管线类风险防范措施都具有一定的相似性，所以考生把握好这一点，答题就不容易漏项，遇到相同的题目就可以举一反三。

4. 给出废石场（含废水调节库）地下水污染监控监测点的布设要求。

《环境影响评价案例分析》考试大纲中"三、环境现状调查与评价（2）制定环境现状调查与监测方案"。

举一反三：

地下水污染监控监测点应当按最新的《环境影响评价技术导则—地下水环境》（HJ 610—2011）的要求进行布设。考生应当将布点原则及题目介绍的背景条件相结合，并根据项目自身特点，进行综合考虑。以下是《环境影响评价技术导则—地下水环境》（HJ 610—2011）监测布点的有关规定：

8.3.4.3 现状监测井点的布设原则

a) 地下水环境现状监测井点采用控制性布点与功能性布点相结合的布设原则。监测井点应主要布设在建设项目场地、周围环境敏感点、地下水污染源、主要现状环境水文地质问题以及对于确定边界条件有控制意义的地点。对于Ⅰ类和Ⅲ类改、扩建项目，当现有监测井不能满足监测井点位置和监测深度要求时，应布设新的地下水现状监测井。

b) 监测井点的层位应以潜水和可能受建设项目影响的有开发利用价值的含水层为主。潜水监测井不得穿透潜水隔水底板，承压水监测井中的目的层与其他含水层之间应止水良好。

c) 一般情况下，地下水水位监测点数应大于相应评价级别地下水水质监测点数的2倍以上。

d) 地下水水质监测点布设的具体要求：

1) 一级评价项目目的含水层的水质监测点应不少于7个点/层。评价区面积大于100 km² 时，每增加15 km²，水质监测点应至少增加1个点/层。

一般要求建设项目场地上游和两侧的地下水水质监测点各不得少于1个点/层，建设项目场地及其下游影响区的地下水水质监测点不得少于3个点/层。

2) 二级评价项目目的含水层的水质监测点应不少于5个点/层。评价区面积大于100 km² 时，每增加20 km²，水质监测点应至少增加1个点/层。

一般要求建设项目场地上游和两侧的地下水水质监测点各不得少于1个点/层，建设项目场地及其下游影响区的地下水水质监测点不得少于2个点/层。

3) 三级评价项目目的含水层的水质监测点应不少于3个点/层。

一般要求建设项目场地上游水质监测点不得少于1个点/层，建设项目场地及其下游影响区的地下水水质监测点不得少于2个点/层。

案例 2　露天金属矿改扩建项目

【素材】

某大型金属矿所在区域为南方丘陵区，多年平均降水量 1 670 mm，属泥石流多发区，矿山上部为褐铁矿床，下部为铜、铅、锌、镉、硫铁矿床。矿床上部露天铁矿采选规模为 1.5×10^6 t/a，现已接近闭矿。现状排土场位于采矿西侧一盲沟内，接纳剥离表土、采场剥离物和选矿废石，尚有约 8.0×10^4 m³ 可利用库容。排土场未建截排水设施，排土场下游设拦泥坝，拦泥坝出水进入 A 河，露天铁矿采场涌水直接排放 A 河，选矿废水处理后回用。

现在拟在露天铁矿开采基础上续建铜硫矿采选工程，设计采选规模为 3.0×10^6 t/a，采矿生产工艺流程为剥离、凿岩、爆破、铲装、运输，矿山采剥总量为 2.6×10^7 t/a，采矿排土依托现有排土场。新建废水处理站处理采场涌水，选矿矿生产工艺流程为破碎、磨矿、筛分、浮选、精矿脱水，选矿厂建设尾矿库并配套回用水、排水处理设施，其他公辅设施依托现有工程。尾矿库位于选矿厂东侧一盲沟内，设计使用年限 30 年，工程地质条件符合环境保护要求。

续建工程采、选矿排水均进入 A 河。采矿排水进入 A 河位置不变，选矿排水口位于现有排放口下游 3 500 m 处。

在 A 河设有三个水质监测断面，1#断面位于现有工程排水口上游 1 000 m，2#断面位于现有工程排水口下游 1 000 m，3#断面位于现有工程排水口下游 5 000 m，1#、3#断面水质监测因子全部达标。2#断面铅、铜、锌、镉均超标。土壤现状监测结果表明，铁矿采区周边表层土壤中铜、铅、镉超标。采场剥离物、铁矿选矿废石的浸出试验结果表明：浸出液中危险物质浓度低于危险废物鉴别标准。

矿区周边有 2 个自然村庄，甲村位于 A 河 1#断面上游，乙村位于 A 河 3#断面下游附近。

【问题】

1. 列出该工程还需配套建设的工程和环保措施。
2. 指出生产工艺过程中涉及的含重金属的污染源。
3. 指出该工程对甲、乙村庄居民饮水是否会产生影响？并说明理由。
4. 说明该工程对农业生态影响的主要污染源和污染因子。

【参考答案】

1. 列出该工程还需配套建设的工程和环保措施。

答：（1）续建工程拟利用的原铁矿排土场，需建设截排水设施及拦泥坝出水回用设施；

（2）续建工程的尾矿库需建设截排水设施及坝后渗水池（或消力池），且尾矿库及渗水池需采取防渗措施；

（3）需配套建设续建工程选矿厂至尾矿库的输送设施；

（4）露天铁矿闭矿后，需对原铁矿选矿厂采取改造利用或进行处理；

（5）破碎、磨矿、筛分车间的粉尘治理设施；

（6）泥石流防护工程。

（7）尾矿库与选矿厂废水排放的监测设施。

2. 指出生产工艺过程中涉及的含重金属的污染源。

答：（1）含重金属的扬尘或粉尘污染源：采矿中的凿岩、爆破、铲装、运输，选矿中的破碎、磨矿、筛分；

（2）排放（特别是非正常排放）的水体中含有重金属的污染源：选厂排水设施；尾矿及排水设施；采场涌水及处理站。

3. 指出该工程对甲、乙村庄居民饮水是否会产生影响？并说明理由。

答：（1）对甲村饮水不会产生影响。因甲村位于现有工程排水口上游 1 000 m、1#监测断面的上游，且所处满足要求段的水质不超标，其距离拟建工程选厂排水口也较远（4 500 m 以外）。因此，拟建工程选矿排水不会影响到甲村。

（2）对乙村饮水将产生影响。因为乙村位于本工程新建排水口下游 1 500 m 附近，虽然现状水质不超标，但根据现有采选规模较小的铁矿排水口下游 1 000 m 的 2#断面重金属超标的情况来看，续建规模较大的本工程营运后排水可能会导致乙村所处满足要求段出现重金属超标。

4. 说明该工程对农业生态影响的主要污染源和污染因子。

答：本工程对农业生态影响的主要污染源为：

（1）采场及采矿中的凿岩、爆矿、铲装、运输；

（2）选矿厂的破碎车间、磨矿车间和筛分车间；

（3）采场涌水处理站及选矿厂排水设施；

（4）尾矿库及其渗水池。

主要污染因子是：粉尘、铜、铅、锌、镉。

【考点分析】

1. 列出该工程还需配套建设的工程和环保措施。

《环境影响评价案例分析》考试大纲中"六、环境保护措施分析（2）分析污染控制措施及其技术经济可行性"。

举一反三：

尽管本题是单纯的提环保措施的题，但需要考生在环境影响识别的基础上才能正确作答，因此只有在正确、完整进行影响识别和判断后才能提出环保措施。

2. 指出生产工艺过程中涉及的含重金属的污染源。

《环境影响评价案例分析》考试大纲中"四、环境影响识别、预测与评价（1）识别环境影响因素与筛选评价因子；（2）判断建设项目影响环境的主要因素及分析产生的主要环境问题"。

3. 指出该工程对甲、乙村庄居民饮水是否会产生影响？并说明理由。

《环境影响评价案例分析》考试大纲中"四、环境影响识别、预测与评价（1）识别环境影响因素与筛选评价因子；（2）判断建设项目影响环境的主要因素及分析产生的主要环境问题"。

举一反三：

本题虽然表面上看属于判断题，但需要采取环保的观点在进行分析、类比、定性预测后才能得出结论，这也可以看出案例分析考试的特点在逐步注重实践，注重细节。

4. 说明该工程对农业生态影响的主要污染源和污染因子。

《环境影响评价案例分析》考试大纲中"四、环境影响识别、预测与评价（1）识别环境影响因素与筛选评价因子；（2）判断建设项目影响环境的主要因素及分析产生的主要环境问题"。

举一反三：

对农业生态的影响大体可从如下几方面入手分析：

（1）废气扬尘影响农田土壤环境质量；

（2）废水排放进入农田影响农田灌溉水质；

（3）渗滤液泄漏污染地下水间接影响农田水质等方面。

案例 3 洋丰油田开发项目

【素材】

洋丰油田拟在 A 省 B 县开发建设 40 km² 油田开发区块，计划年产原油 80 万 t。工程拟采用注水开采的方式，管道输送原油。该区块拟建油井 870 口，采用丛式井。钻井废弃泥浆、钻井岩屑、钻井废水全部进入井场泥浆池自然干化，就地处理。输油管线长 120 km，埋地敷设方式。油田开发区块土地类型主要为林地、草地和耕地。开发区永久占地 21 hm²（主要土地类型及工程永久占地面积见表 1），开发区内分布有若干小水塘。有条小河——白河（属地表水Ⅲ类水体，且无国家及地方保护的水生生物）流经区块内，输油管线将穿越白河，并在区块外 9 km 处汇入中型河——荆河（属地表水Ⅲ类水体，且无国家及地方保护的水生生物），在交汇口处下游 6 km 处进入 B 县集中式饮用水源地二级保护区，区块内有一处省级天然林自然保护区，面积约 600 hm²。工程施工不在保护区范围内，井场和管线与自然保护区边缘的最近距离为 500 m。

表 1 主要土地类型和工程永久占地面积 　　　　　　　单位：hm²

类型	基本农田	草地	林地	河流水塘	合计
区块现状	1 210	900	1 300	90	3 500
工程占地	7.9	11.9	0.8	0.4	21.0

【问题】

根据所提供的素材，请回答以下问题：

1. 试确定本项目的生态评价范围。
2. 本项目的生态环境保护目标有哪些？
3. 请识别本项目环境风险事故源项，并判断事故的主要环境影响。
4. 从环境保护角度判断完井后固体废物处理方式存在的问题，并简述理由。
5. 简述输油管道施工对生态的影响。

【参考答案】

1. 试确定本项目的生态评价范围。

答：由于本项目 500 m 外涉及敏感保护目标，即省级天然林自然保护区，故生态环境评价等级确定为一级。

根据该类项目特点，从升米境界这一区域来评价，生态评价范围是以油田开发区域 35 km² 为基础向周边扩展 3 km 范围。

输油管线评价范围是工程占地区外围 500 m，虽然在 500 m 外的省级天然林自然保护区内没有任何生产及施工行为，但生态影响评价范围应将该省级天然林自然保护区包括在内。

2. 本项目的生态环境保护目标有哪些？

答：本项目的生态环境保护目标主要有：省级天然林保护区、B 县集中式饮用水源地二级保护区、基本农田、草地、林地、水塘和地表水（白河、荆河）。

3. 请识别本项目环境风险事故源项，判断事故的主要环境影响。

答：本项目环境风险事故源项主要是：钻井作业发生井喷事故、集输管线破裂及站场等储油设施破损导致原油泄漏或遇火引发的环境风险事故、井壁坍塌导致地下水污染事故。

环境风险事故的主要环境影响表现在：

（1）在事故条件下，原油中烃类组分挥发进入大气造成大气环境污染，将危及人群健康和生命。如果由此引发火灾事故，会对大气环境、周边人群及生态环境造成危害。

（2）事故时，泄漏的原油会造成土壤的污染，使土壤透气性下降，影响植物生长，严重时可导致植物死亡。

（3）泄漏的原油会随地表径流进入地表水，造成水体污染，不仅影响水生生物正常生长与繁殖，还会影响地表水功能。

（4）石油烃类着火发生爆炸易酿成安全事故，在灭火过程中不仅大量的人员、机械活动会对生态造成破坏，还存在灭火剂对环境的污染。

（5）井壁坍塌有可能导致原油和回注水（往往含盐量较高）串流至饮用水开采层，导致地下水污染。

4. 从环境保护角度判断完井后固体废物处置方式存在的问题，并简述理由。

答：钻井废弃泥浆、钻井岩屑、钻井废水采取在井场泥浆池中自然干化、就地处理，这种方式存在环境污染问题，不符合固体废物处置规范。

理由：钻井废弃泥浆、钻井岩屑、钻井废水虽然均产生于井场钻井过程，但分别属于不同的污染物类型，其具体来源、成分均不同，不应混合在一起处理，且现状处理方式不符合固废处理的"减量化、资源化、无害化"原则，而应分别进行处理。正确做法是：将井场泥浆池进行防渗处理，并设置围堰（防止钻井泥浆及废水渗漏外溢）及渗滤液导排装置，渗滤液收集后集中处理。废弃泥浆加固化剂固化后就地填埋，表面覆土并种植植被恢复生态环境。

5. 简述输油管道施工对生态的影响。

答：输油管道施工对生态将会产生下列影响：

（1）本输油管道施工主要会对油田开发区内地表植被、土壤、河流（白河）等沿线区域造成明显的破坏或不利的影响。主要表现在：

① 输油管道施工的作业带清理及管沟开挖对区域景观产生不利影响；

② 输油管道施工将破坏地表保护层，加快土壤侵蚀过程，使沿线区域失去其原有的生态功能；

③ 输油管道施工将对区域内自然植被产生一定程度的破坏，因管道中心线两侧不能种植根深植物；

④ 由于施工期内输油管线将穿越白河，因此白河的水质及水生生物会受到短期影响。

（2）由于其距离省级天然林自然保护区较近，因此，虽然不占用保护区土地，但施工时对自然保护区将产生间接的不利影响，主要表现在：

① 临时用地可能选择在距离保护区更近的区域；

② 施工活动对林地内野生动物的干扰；

③ 保护区外围地带的生态环境变差。

【考点分析】

2006 年、2008 年及 2009 年全国环境影响评价工程师职业资格考试中都有油田开发项目，其属于采掘类行业案例。本题与 2008 年真题类似。

1. 试确定本项目的生态评价范围。

《环境影响评价案例分析》考试大纲中"四、环境影响识别、预测与评价（4）确定评价工作等级、评价范围及各环境要素的环境保护要求"。

举一反三：

根据《环境影响评价技术导则—陆地石油天然气开发建设项目》生态环境影响评价范围的确定原则如下：

> 4.6.3.1　确定原则
>
> 生态因子之间互相影响和相互依存的关系是划定评价范围的原则和依据。因此确定的生态影响评价的范围应保证评价区域与周边环境的生态完整性。
>
> 4.6.3.2　区域性建设项目以影响区范围向四周外扩原则确定评价范围：
>
> a）一级评价范围为建设项目影响范围并外扩 2～3 km（影响区边界涉及敏感区部分外扩 3 km）；

b）二级评价范围为建设项目影响范围并外扩 2 km；

c）三级评价范围为建设项目影响范围并外扩 1 km。

4.6.3.3　线状建设项目以向线状两侧外扩原则确定评价范围：

a）一级评价范围为油气集输管线（油区道路）两侧各 0.5 km 带状区域；

b）二、三级评价范围为油气集输管线（油区道路）两侧各 0.2 km 带状区域。

本项目属于油田开采项目，必须按照《环境影响评价技术导则—陆地石油天然气开发建设项目》（HJ/T 349—2007）进行答题。

2. 本项目的生态环境保护目标有哪些？

《环境影响评价案例分析》考试大纲中"三、现状调查与评价（1）判定评价范围内环境敏感区与环境保护目标"。

3. 请识别本项目环境风险事故源项，判断事故的主要环境影响。

《环境影响评价案例分析》考试大纲中"五、环境风险评价（1）识别重大危险源并描述可能发生的风险事故"。

举一反三：

环境风险评价是环境影响评价的重要内容。在做任何一个案例题目时，均应考虑其是否有环境风险因素。如果有，就需要深入地进行分析评价。不仅只有污染型项目需进行环境风险评价，交通运输项目也涉及环境风险评价，如公路、铁路、石油天然气输送管道等；此外，采掘类项目也涉及环境风险评价，如石油开采、天然气开采、煤层气开采、煤矿开采等。

对于油田开发项目而言，环境事故主要发生于钻井（井下作业）、原油集输管线以及站场等工艺环节，潜在危险因素主要有腐蚀、误操作、设备缺陷、设计问题，涉及的主要事故类型为井喷事故和管线破裂导致的泄漏。

4. 从环境保护角度判断完井后固体废物处置方式存在的问题，并简述理由。

《环境影响评价案例分析》考试大纲中"六、环境保护措施分析（2）分析污染控制措施及其技术经济可行性"。

举一反三：

当考生遇到涉及固体废物处置的问题时，首先应当辨别固体废物是一般固体废物还是危险固体废物。危险废物的分类通常有两种：一是按危险废物有害特性分类。按危险废物有害特性分类，可分六种：易燃性、反应性、腐蚀性、爆炸性、浸出毒性及急性素性。二是按废物有害成分的分子内部结构分类。通常危险废物可分为有机废物和无机废物。有机废物中同系物或衍生物，可分成一类，原因是它们的处置方法可能相似。无机废物可以分为单质（废物主体为单质）和化合物（废物主体为化合物）两类。

对于属于不同类型的污染物，由于其具体来源、成分均不同，不应混合在一起处理，应当分类处置。

5. 简述输油管道施工对生态的影响。

《环境影响评价案例分析》考试大纲中"四、环境影响识别、预测与评价（1）识别环境影响因素与筛选评价因子；（2）判断建设项目影响环境的主要因素及分析产生的主要环境问题"。

案例 4 1 200 万 t 煤矿项目

【素材】

某地拟建设生产能力为 1 200 万 t/a 原煤煤矿。井田面积约 66 km²，煤层埋深 220～320 m。配套建设选煤厂和全长 3.2 km 的铁路专用线。井田处于鄂尔多斯高原中部，井田范围有大、小村庄 53 个，居民人口约 17 600 人。井田内总体地势平缓，切割微弱，沟谷不发育，仅有西南部的甲河和东部的乙沟两条季节性河流。甲河由西北向东南流淌，井田内流程约 5 km，沟谷宽缓，水流呈散流状；切割深度一般小于 2 m，宽 50～250 m；平时无水流，丰雨季节汇集洪流排入井田南部的丙湖泊；乙沟由井田东部自北向南流过井田，途中有几条小支沟汇入其中。沟谷宽而浅，一般为 20～200 m，平时无水流，雨季时汇集洪流，终排入井田南部的丙湖泊。以该湖泊为中心的有一面积约 100 km² 的国家级湿地自然保护区，其主要保护对象为国家一级保护动物 A 鸟。保护区的外边界与井田有小部分区域重合。

井田浅层地下水埋深为 5～11 m，井田范围内有二级公路由东部通过，长约 5 km，区内土地大部分为草原牧场，并有少量农田。井田区西边界内 200 m 有一占地 0.5 hm² 的古庙，为当地百姓自建，祭祀拜佛用。项目工业场占用一定面积草地，首采区内有村庄 2 个，居民 1 200 人，村内有居民饮用水井 5 处。

工程主要内容有采煤、选煤和储运等。煤矿预计开采 70 年，投产后的矿井最大涌水量为 8 216 m³/d，水中主要污染物是 SS（煤粉和岩粉）。污水处理达标后回用，剩余部分排入乙沟。煤矸石产生量约 129.57 万 t/a，含硫率为 14%，属 I 类一般固体废物。

开采期煤矸石堆放场设在距工业场地东北侧约 800 m 的空地上，堆场西方约 0.4 km 有 A 村，东方约 0.6 km 有 B 村，东南方有 C、D、E、F、G、H 六个较大的村庄，距离分别为 0.4 km，0.5 km，0.8 km，1.0 km，0.7 km，1.5 km，西南方约 0.7 km 有 I 村。

本区域年主导风向为 NW 风。

【问题】

1. 根据相关规定，分析矸石场选址的合理性，并指出对矸石场有制约作用的村庄。

2. 该煤矸石堆场大气污染控制因子应有（　　）。

　　A．颗粒物　　B．NO$_x$　　C．SO$_2$　　D．F　　E．CO

3. 本项目主要环保目标有哪些？

4. 生态评价中主要应做的工作包括（　　）。

5. 在编制环保措施时，优先考虑的措施应该是（　　）。

6. 对两个自然村搬迁的环评中应论证分析的主要内容有（　　）。

　　A．新村环境保护措施　　　　　　B．迁入地区的土地资源利用影响

　　C．搬迁地生态适宜性分析　　　　D．新村对古庙的影响分析

7. 矿井排出的疏干水可否直接作为选煤厂生产用水？说明理由。

8. 试说明对古庙的保护措施。

9. 从哪几方面分析煤矿开采对该保护区的影响？

10. 对湿地自然保护区的保护措施有哪些？

11. 试分析该煤矿运行期的环境风险。

【参考答案】

1. 根据相关规定，分析矸石场选址的合理性，并指出对矸石场有制约作用的村庄。

根据《一般工业固体废弃物贮存、处置场污染控制标准》的相关规定，矸石场选址应符合当地城乡建设总体规划要求；应选在工业区和居民集中区主导风向下风侧，边界距居民集中区 500 m 以外，由此判断该矸石场选址错误，由于 A 村与其距离小于 0.5 km，C、D、E、F、G、H 六个村庄位于矸石场主导风向的下风向，所以以上 7 个村庄均对该矸石场选址有制约作用。

2. 该煤矸石堆场大气污染控制因子应有（AC）

A．颗粒物　　B．NO$_x$　　C．SO$_2$　　D．F　　E．CO

3. 本项目主要环保目标有哪些？

名称	保护目标
大气环境保护目标	村庄、居民点
地表水环境保护目标	甲沟、乙沟、丙湖泊、湿地自然保护区
地下水环境保护目标	居民饮用水井、区域水文资源
生态环境保护目标	草地、牧场、湿地自然保护区、地形地貌、地表植被、土地利用、动植物等
声环境保护目标	古庙、村庄、居民点

4. 生态评价中主要应做的工作包括（ABD）

　　A．地表沉陷区范围和沉降浓度预测　　B．生态恢复方案编制

　　C．地下水位影响预测　　　　　　　　D．移民新村选址环境合理性论证

5. 在编制环保措施时，优先考虑的措施应该是（A B）

    A．沉陷地带复垦   B．控制水土流失

    C．建设防风林带   D．异地开垦土地

6. 对两个自然村搬迁的环评中应论证分析的主要内容有（ABC）

    A．新村环境保护措施   B．迁入地区的土地资源利用影响

    C．搬迁地生态适宜性分析   D．新村对古庙的影响分析

7. 矿井排出的疏干水可否直接作为选煤厂生产用水？说明理由。

不可。矿井排出的疏干水含有大量的煤粉和岩粉，必须经过处理、达到相关选煤厂生产补充水标准后方可用做选煤厂生产用水，一般为《污水综合排放标准》一级标准即可。

8. 试说明对古庙的保护措施。

由于该庙为村民自建，为祭祀用，不属于人文景观。为合理确定保护等级，应到当地文物部门查明该庙的保护级别，是否列入了文物保护目录；若列入，根据《中华人民共和国文物保护法》相关规定进行保护；采取的措施有如下几种：①搬迁移建；②井田开采范围绕开古庙；③预留煤柱支撑。若不属于文物，按照一般建筑物进行保护，根据地表沉陷预测范围和对其影响程度，可以以维修加固、拆迁赔偿、异地重建的方式进行保护。

9. 从哪几方面分析煤矿开采对该保护区的影响？

（1）项目施工期对自然保护区的影响。

（2）项目地面生产系统污染物排放对保护区的影响，包括①环境空气、噪声影响；②矿井水排放影响。

（3）煤炭开采地表沉陷对保护区的影响。

（4）煤炭开采对自然保护区湿地水域的影响，包括①煤炭开采对保护区地下水的影响分析（煤炭开采所形成的导水裂缝带对保护区地下水的影响、对煤炭开采矿井排水影响半径与保护区关系的分析、地表沉陷对保护区地下水的影响、对区域隔含水层分布状况与保护区地下水之间的关系的分析）；②对煤炭开采对保护区地表水的影响的分析（流域分析、保护区汇水能力分析、煤炭开采对保护区汇水能力的影响分析）

（5）项目工业场地建设景观格局变化对 A 鸟迁飞的影响。

10. 对湿地自然保护区的保护措施有哪些？

（1）采取施工期环保措施，在表土剥离、施工营地和弃土弃渣场布设等方面加强对湿地自然保护区的保护。

（2）将开采区南边界保护煤柱加宽，并将重合部分划为不采区。

（3）对甲沟、乙沟留设保护煤柱。

（4）以多余矿井水作为保护区补充用水。

（5）做好保护区地表水水文和地下水动态监测工作。

11. 试分析该煤矿运行期的环境风险。

答：（1）煤矸石堆场遇洪水溃坝问题；

（2）采煤后引发的岩体崩塌、滑坡和泥石流等；

（3）露天矿大型排土场的滑坡；

（4）岩溶区的煤层底板水突水对附近地表或地下水源地水资源的袭夺引发的社会问题；

（5）瓦斯综合利用设施的爆炸风险。

【考点分析】

1. 根据相关规定，分析矸石场选址的合理性，并指出对矸石场有制约作用的村庄。

《环境影响评价案例分析》考试大纲中"四、环境影响识别、预测与评价（1）识别环境影响因素与筛选评价因子；（2）判断建设项目影响环境的主要因素及分析产生的主要环境问题"。

举一反三：

Ⅰ类场选址要求：

（1）所选场址应符合当地城乡建设总体规划要求。

（2）应选在工业区和居民集中区主导风向下风侧，厂界距居民集中区 500 m 以外。

（3）应选在满足承载力要求的地基上，以避免地基下沉的影响，特别是不均匀或局部下沉的影响。

（4）应避开断层、断层破碎带、溶洞区，以及天然滑坡或泥石流影响区。

（5）禁止选在江河、湖泊、水库最高水位线以下的滩地和洪泛区。

（6）禁止选在自然保护区、风景名胜区和其他需要特别保护的区域。

Ⅰ类场的其他要求：

应优先选用废弃的采矿坑、塌陷区。

2. 该煤矸石堆场大气污染控制因子应有（AC）

《环境影响评价案例分析》考试大纲中"四、环境影响识别、预测与评价（1）识别环境影响因素与筛选评价因子"。

举一反三：

根据《一般工业固体废弃物贮存、处置场污染控制标准》第 9 条之相关规定进行判断。

---

9 污染物控制与监测

9.1 污染控制项目

9.1.1 渗滤液及其处理后的排放水

应选择一般工业固体废物的特征组分作为控制项目。

9.1.2 地下水

贮存、处置场投入使用前，以GB/T 14848规定的项目为控制项目；使用过程中和关闭或封场后的控制项目，可选择所贮存、处置的固体废物的特征组分。

9.1.3 大气

贮存、处置场以颗粒物为控制项目，其中属于自燃性煤矸石的贮存、处置场，以颗粒物和二氧化硫为控制项目。

9.2 监测

9.2.1 渗滤液及其处理后的排放水

a）采样点

采样点设在排放口。

b）采样频率

每月一次。

c）测定方法

按GB 8978选配方法进行。

9.2.2 地下水

a）采样点

采样点设在地下水质监控井。

b）采样频率

贮存、处置场投入使用前，至少应监测一次本底水平；在运行过程中和封场后，每年按枯、平、丰水期进行，每期一次。

c）测定方法。按GB 5750进行。

9.2.3 大气

a）采样点。按GB 16297附录C进行。

b）采样频率。每月一次。

c）测定方法。

3．本项目主要环保目标有哪些？

《环境影响评价案例分析》考试大纲中"三、环境现状调查与评价（1）判定评价范围内环境敏感区与环境保护目标"。

4．生态评价中主要应做的工作包括（ABD）。

《环境影响评价案例分析》考试大纲中"四、环境影响识别、预测与评价（1）识别环境影响因素与筛选评价因子；（2）判断建设项目影响环境的主要因素及分析产生的主要环境问题"。

举一反三：

煤炭开采后的典型特征是地表沉陷，因此煤矿开采项目生态评价都需要做地表沉陷区范围和沉降浓度预测及生态综合整治方案，需要搬迁的要做移民新村选址环境合理性论证。由于煤炭开采后形成的导水裂隙带会在一定程度上导通其上覆含隔水层，地下水会漏失，导致区域地下水补给排泄失衡；有些时候还会导通第四系潜水层，对地表植被、地表水体等产生直接影响，因此煤炭开采项目地下水也是非常重要的分析内容，一般需列专门篇章进行分析。但有些采掘类项目并不完全和煤矿相同，比如有些金属矿（铁矿、金矿、铜矿、钼矿等）由于开采工艺与煤矿不同，设计上即要求不产生地表沉陷，而煤矿开采目前还做不到这一点，主要是煤层的分布和前述金属矿床分布有较大差别，开采工艺也有较大差别。

5. 在编制环保措施时，优先考虑的措施应该是(AB)

《环境影响评价案例分析》考试大纲中 "六、环境保护措施分析（2）分析污染控制措施及其技术经济可行性"。

6. 对两个自然村搬迁的环评中应论证分析的主要内容有(ABC)

《环境影响评价案例分析》考试大纲中 "四、环境影响识别、预测与评价（1）识别环境影响因素与筛选评价因子；（2）判断建设项目影响环境的主要因素及分析产生的主要环境问题"。

举一反三：

搬迁需对迁入地进行环境适宜性分析，如土地承载力分析，水资源承载力分析，与当地规划的符合性分析，是否符合新农村建设等。总之有个原则就是不能产生新的社会问题，并保证搬迁居民生活质量不降低。

7. 矿井排出的疏干水可否直接作为选煤厂生产用水？说明理由。

《环境影响评价案例分析》考试大纲中 "六、环境保护措施分析（2）分析污染控制措施及其技术经济可行性"。

8. 试说明对古庙的保护措施。

《环境影响评价案例分析》考试大纲中 "六、环境保护措施分析（2）分析污染控制措施及其技术经济可行性"。

9. 从哪几方面分析煤矿开采对该保护区的影响？

《环境影响评价案例分析》考试大纲中 "四、环境影响识别、预测与评价（1）识别环境影响因素与筛选评价因子；（2）判断建设项目影响环境的主要因素及分析产生的主要环境问题"。

10. 对该保护区的保护措施？

《环境影响评价案例分析》考试大纲中 "六、环境保护措施分析（2）分析污染控制措施及其技术经济可行性"。

11. 试分析该煤矿运行期的环境风险

《环境影响评价案例分析》考试大纲中 "四、环境影响识别、预测与评价（8）预测和评价环境影响（含非正常工况）"。

作为一个煤炭资源采掘和加工的大型建设项目，其开发强度大，影响延续时间长，且生产系统涉及地下和地上两部分，特别是地下开采过程中的不安全因素较多，各种风险事故多发于井下，严重时也会波及地面。煤炭生产过程中潜在的风险危害主要有瓦斯、煤尘爆炸，火灾，采掘工作面冒顶，矿井透水事故，爆破事故以及地面排矸场溃坝事故等。

关于矿井井下瓦斯、煤尘爆炸，火灾危害，冒顶和透水事故等危及煤矿安全生产的事故主要是煤矿安全生产所要解决的内容，这些内容在项目的安全预评价报告和安全专篇设计中将进行全面的评价和设计，环评不涉及此类问题。环境影响报告书环境风险分析主要针对地面环境风险事故的环境影响进行。

一般情况，煤矿环评报告中可针对煤矸石堆场溃坝、污废水处理站事故、露天矿大型油罐进行分析。事实上，污废水处理站要求建事故水池，而且目前的水处理工艺很成熟，且设备自动化程度很高，一般是一备一用，出现事故的可能极小，即使出现事故，也能在较短时间内予以解决，造成的危害不是很大。因此，可只针对煤矸石堆场溃坝和油罐风险进行分析。

案例 5　古圣砂岩开采项目

【素材】

某水泥有限公司拟开发利用古圣砂岩矿资源，年产 872 179 t 砂岩。项目矿界范围面积 0.44 km²，分为北东矿块和南西矿块。高速公路所在地段位于矿区中部，高速公路两侧边界与露采边界距离各为 50 m。距厂区破碎站北侧约 100 m 为古圣移民住宅区，总计约 100 户；距南西矿区厂界约 150 m 为肖冲队，住户约 15 户。矿山北侧有一条季节性河流（古圣河），主要用于农田灌溉。

工程内容包括矿山开采（无爆破开采）、公路开拓运输、破碎系统和皮带运输。皮带廊道位于古圣移民住宅区东侧约 80 m。设计圈定砂岩矿石资源量 2 299.44 万 t，矿山服务年限为 26.36 年。矿山前期生产为露天矿开采，矿山最终为凹陷开采，最终形成深度为 8 m 和 24 m 的两个采坑。矿山开采为无爆破法开采，用液压挖掘机直接挖掘，台段高度 8 m。从采场至破碎站运输矿石采用矿用 27 t 自卸汽车，并采用反击式破碎机对矿石进行破碎，带式输送机运输。

矿山年工作 280 d，每天工作两班，每班 8 h。

项目所在地环境功能区划要求如下：

矿区及周围环境空气：《环境空气质量标准》（GB 3095—1996）中的二级标准；声环境：《声环境质量标准》（GB 3096—2008）中的 2 类标准；古圣河：《地表水环境质量标准》（GB 3838—2002）中的Ⅳ类标准。

【问题】

1. 该项目主要生态、环境保护目标是什么？
2. 该项目主要的环境、生态影响是什么？营运期应采取的环保措施有哪些？
3. 进行项目环评预测时，应收集哪些资料？
4. 项目运营期环境影响预测内容有哪些？

【参考答案】

1. 该项目主要生态、环境保护目标是什么？

答：本项目主要生态保护目标为矿区中部的高速公路，环境保护目标是项目周围环境空气满足《环境空气质量标准》（GB 3095—1996）中的二级标准；地表水环境古圣河满足《地表水环境质量标准》（GB 3838—2002）Ⅳ类标准；敏感点古圣移民住宅区、肖冲队声环境满足《声环境质量标准》（GB 3096—2008）2 类区标准。

2．该项目主要的环境、生态影响是什么？营运期应采取的环保措施有哪些？

答：该项目主要的环境、生态影响为：

施工期：① 砍伐地表植物对生态环境的影响；② 矿区地表覆盖土剥离和工业场地建设造成的水土流失、施工粉尘、噪声对环境的影响；③ 修建矿山道路对环境的影响（占地、施工扬尘、噪声、取弃土场等）。

运营期：① 空气影响。有组织排放粉尘源主要是矿石破碎、皮带输送产生的；无组织排放粉尘源主要由矿山采掘、矿石汽车内部运输产生的。② 矿区和采场水土流失。③ 矿山水污染。矿山工业场地内有维修间、露天停车场、洗车台设施，洗车废水主要污染物是油和悬浮物。④ 矿石运输交通噪声。矿山开采过程中采装、运输、破碎等工序都将产生噪声，高噪声设备主要有挖掘机、空压机、破碎机、筛分机、自卸式载重汽车等。

服务期满（闭矿）：闭矿后矿区对景观环境的影响。

（2）营运期应采取的措施为：矿山采掘运输的扬尘防治措施，破碎、皮带运输的粉尘防治措施；废水防治措施；对破碎机、风机的噪声防治措施；生态环境保护措施主要为水土保持措施，高速公路安全防护措施，生态恢复措施。

3．进行项目环评预测时，应收集哪些资料？

答：（1）水环境。污水排水去向，纳污水体为几类水体，水污染源调查。

（2）大气环境。所在区域环境空气属几类区，当地气象资料，包括风速、风向、大气稳定度，主要大气污染源分布情况。

（3）生态环境。森林调查：类型、面积、覆盖率、生物量、组成物种等，评价生物量损失、物种影响、有无重要保护物种。水土流失调查：侵蚀面积、程度、侵蚀量及损失、发展趋势、工程与水土流失的关系。

（4）声环境。主要噪声源与敏感点的相对位置。

4．项目运营期环境影响预测内容有哪些？

答：该项目运营期环境影响预测内容为：① 声环境：厂界和敏感点声环境影响预测；② 大气环境：粉尘和汽车尾气对敏感点影响预测；③ 生态环境：矿山运营期间对区域生态环境影响预测；④ 水环境：洗车水、生活污水对地表水影响预测。

【考点分析】

1．该项目主要生态、环境保护目标是什么？

《环境影响评价案例分析》考试大纲中 "三、环境现状调查与评价（1）判定评价范围内环境敏感区与环境保护目标"。

建设项目生态、环境保护目标首先是保护项目附近空气、声、水环境符合相应环境功能区划的要求，其次才是项目周边的敏感目标。

举一反三：

《中华人民共和国矿产资源法》第二十条规定：非经国务院授权的有关主管部门同意，不得在下列地区开采矿产资源：（一）港口、机场、国防工程设施圈定地区以内；（二）重要工业区、大型水利工程设施、城镇市政工程设施附近一定距离以内；（三）铁路、重要公路两侧一定距离以内；（四）重要河流、堤坝两侧一定距离以内；（五）国家划定的自然保护区、重要风景区，国家重点保护的不能移动的历史文物和名胜古迹所在地；（六）国家规定不得开采矿产资源的其他地区。

矿山开采要考虑：项目与重要工业区、大型水利工程设施、城镇市政工程设施、铁路、重要公路、重要河流和堤坝的相对距离；矿山开采是否对重要工业区、大型水利工程设施、城镇市政工程设施、铁路、重要公路、重要河流和堤坝造成影响；矿山开采是否对国家和地方划定的自然保护区、重要风景区造成影响，以及矿山开采对周围敏感点的影响。

2. 该项目主要的环境、生态影响是什么？营运期应采取的环保措施有哪些？

《环境影响评价案例分析》考试大纲中"二、项目分析（1）分析建设项目生产工艺过程的产污环节、主要污染物、资源和能源消耗等，给出污染源强，生态影响为主的项目还应根据工程特点分析施工期和运营期生态影响的因素和途径"和"六、环境保护措施分析（2）分析污染控制措施及其技术经济可行性"。

非金属矿山主要环境影响问题一般按施工期、运营期、闭矿期考虑。根据项目不同运行期考虑其主要环境影响和应采取的环保措施。

举一反三：

非金属露天开采矿山主要环境问题为：

施工期：① 占用林地和砍伐树木对生态环境的影响；②矿区地表覆盖土剥离和排土石场造成的水土流失，施工粉尘、噪声对环境的影响；③修建矿山道路的环境影响（占地、施工扬尘、噪声、取弃土场等）。

运营期：① 空气影响：有组织粉尘排放源主要是矿石破碎、筛分、输送产生的。无组织粉尘排放源主要是凿岩、爆破粉尘、矿山表面剥离过程中装载机和液压挖掘机铲装作业、矿石运输等产生的。② 矿区和废土石场水土流失；废石堆场的安全性评价，是否会造成泥石流和滑坡等灾害影响。③ 道路和作业面的喷洒用水可全部被蒸发，无废水产生，主要是生活污水。本项目考虑洗车水。④ 矿石运输交通噪声的环境影响：矿山开采中穿孔、爆破、采装、运输、破碎等工序都将产生噪声，高噪声设备主要有凿岩机、潜孔钻机、挖掘机、空压机、破碎机、筛分机、自卸式载重汽车等。⑤ 炸药库环境风险评价问题。⑥ 爆破震动对居民住房、野生动物的影响。

服务期满（闭矿）：闭矿后矿区对景观环境的影响。

应采取的环保措施：主要根据矿山开采所产生的环境问题采取相应的环保措施。

矿山无组织排放的粉尘主要采取洒水降尘措施，有组织排放的粉尘采取布袋除尘和电除尘措施；对于洗车废水采用隔油沉淀池除油降低悬浮物；对破碎机、风机等高噪声设备采用减振、吸声和隔声措施；除尘系统风机配有消声器，破碎室等处设有隔声操作室。

运营期生态措施主要为水土保持措施。具体为：在工程设计中确定合理、稳定的边坡角；对在开采境界内的高边坡和失稳边坡实施工程加固，如水泥护坡、削坡减载等工程措施。根据采场地形条件设置排水沟，在采场周边地势低洼处设置拦挡墙，将汇水有序地引入矿山公路靠山侧的排水沟中。对矿山道路、破碎车间、矿山工业场地等经开挖和平整场地形成的边坡，及时进行防护。对永久性边坡视其稳定程度可采用挡墙、削坡、永久性植被等措施；对临时性边坡实施削坡、喷浆等临时性防护措施。对排土场设置挡土墙、周围设置排水沟、永久性植被等措施。对于炸药库环境风险应提出相应的措施，如炸药库距居民区较近，应重新考虑选址。为减轻爆破震动的影响，可以控制爆破使用的炸药量。

矿山闭矿期：应考虑矿山土地复垦，对采坑的平台筑堤填土，在平台和边坡上种树及藤蔓植物，进行最终边坡的绿化。

3. 进行项目环评预测时，应收集哪些资料？

《环境影响评价案例分析》考试大纲中"四、环境影响识别、预测与评价（3）选用评价标准；（6）设置评价专题"。

主要是考查《环境影响评价技术导则》影响预测方面收集项目背景资料的内容。针对本项目露天开采项目，主要环境影响为环境空气、水环境、声环境、生态环境四个方面。了解所在区域环境空气、地表水、声环境功能区划，确定选用标准，进行专题设置的基础资料收集。

举一反三：

矿山露天开采项目包括非金属矿山和金属矿山，非金属矿山一般矿石品位高，含有害物质少；金属矿山品位较低，含有害物质较多，因此应收集矿石化学成分、物相分析等资料，以确定矿石淋溶水、矿坑水是否超标、是否需要处理。

4. 项目运营期环境影响预测内容有哪些？

《环境影响评价案例分析》考试大纲中"四、环境影响识别、预测与评价（6）设置评价专题"。

本案例项目露天开采矿山运营期环境影响预测内容为：环境空气（主要是粉尘）、水环境、声环境、生态环境。

举一反三：

露天开采矿山环境空气影响主要考虑采矿、道路、破碎筛分、矿石堆存的粉尘问题。水环境影响考虑：工业场地主要污染物为石油类、COD、悬浮物，采坑废水和矿石淋溶水中的污染物根据矿石性质而定。大多数露天开采矿均需爆破，因此要考虑矿山爆破的震动影响。声环境影响主要为设备噪声、交通噪声以及爆破噪声。露天矿运营期固废排放,主要是土岩剥离物、生活垃圾。生态环境影响方面主要是排土场的水土流失问题。

  对于井下开采矿山造成的环境空气影响主要考虑矿井通风所产生的污风、矿石装卸及汽车运输所产生的扬尘;水环境影响考虑井下涌水和矿石、废石堆场淋溶水,其主要污染物根据矿石性质而定;噪声源主要有空压机、风机等设备噪声,以及矿石运输交通噪声;生态影响主要是井下开采引起的地表错动和地表塌陷等地质灾害,以及井下爆破所引起的震动对附近居民的房屋的影响。

案例 6　某选矿厂尾矿库项目

【素材】

某选矿厂处理矿石 13 000 t/d，日产出尾矿 8 450 t，井下充填用去 4 850 t/d。平均仍有 3 600 t/d，即平均 118.8 万 t/a，需 74 万 m³/a 的库容来堆存。在全部 31 年的计算服务年限内需堆存 3 683 万 t 的尾矿，计库容 2 301 万 m³。为彻底解决企业铜矿的尾矿出路问题，决定在某村建尾矿库。尾矿库选址区原为林地，有人工林、竹子、松树等植被。

尾矿库项目由尾矿库、尾矿输送管道、尾矿回水管道、尾矿输送泵及泵房（现有）、移动式浮船取水泵站、道路（现有）、供电网组成。尾矿坝设计采用碾压混合料坝，混合料的主要原料完全取自库内。尾矿坝为碾压混合料不透水坝，坝顶标高 120 m，坝高 80 m，坝长 729 m，顶宽 4 m。采用库后放矿，依托山体向坝前排尾。

拟建尾矿库库址下游为老鸦岭水库，该水库 1959 年建设，属小（二）型三类水库，水库集水面积为 0.81 km²，总库容 17.9 万 m³，目前浇灌农田约 350 亩（1 亩＝667 m²）。

【问题】

1. 项目位于水库上游，环评时应注意什么问题？
2. 项目的评价时段是什么？尾矿库运行期间对环境的影响是什么？
3. 尾矿库建设对生态环境的影响是什么？
4. 尾矿库何时进行生态恢复？南方地区生态恢复适宜的植物是什么？
5. 尾矿库风险防范措施是什么？一旦发生尾矿库溃坝事故，减缓和消除事故环境影响的措施是什么？

【参考答案】

1. 项目位于水库上游，环评时应注意什么问题？

答：项目位于水库上游，环评时应注意以下问题：

（1）水利部门对项目的意见。根据水利部门的意见，确定尾矿库是否可以建设。

（2）尾矿库建成后，尾矿库库区将截留大部分雨水，使老鸦岭水库汇水面积减少，农田灌溉用水量也将随之减少，故应考虑补水方案。

（3）环评应考虑尾矿库回水是否满足农业灌溉要求。如满足农业灌溉水质要求，应根据农业灌溉的需要，采用水泵将尾矿澄清水泵入老鸦岭水库。

2. 项目的评价时段是什么？尾矿库运行期间对环境的影响是什么？

答：评价时段为项目建设施工期、运行期、尾矿库闭库期。

尾矿库运行期间对环境的影响为：

（1）尾矿输送泵站的砂泵噪声（泵站已有，在企业铜矿选矿厂旁）；

（2）尾矿管道出现爆管现象时造成尾砂污染；

（3）枯水期间，尾矿库尾矿水用于农田灌溉，可能对农田有污染；

（4）尾矿库尾矿水渗透可能对地下水的影响；

（5）尾矿库出现溃坝的风险；

（6）尾矿库回水泵站的水泵噪声。

3. 尾矿库建设对生态环境的影响是什么？

答：（1）临时和永久占地可能使当地农业、林业等受到影响。

（2）尾矿输送管线及回水管线占用部分林地。管线管墩的施工建设将对管线沿线的野竹子、松树等进行砍伐，因而占用部分林地资源，对原有的地表植被造成破坏。

（3）尾矿库建设，导致拟建项目区域原有的土地利用格局发生改变，地表所覆盖的人工林、竹子、杂草等植被全部被破坏，并占用大量的林地资源，对局部生态环境造成破坏。

（4）移民搬迁建房过程中，对原有地貌造成破坏，改变原有的土地利用方式。

（5）尾矿库坝采用碾压混合料，主要原料全取自库内。库区附近植被破坏和库内采石产生的表土堆存，都可能产生水土流失。

4. 尾矿库何时进行生态恢复？南方地区生态恢复适宜的植物是什么？

答：尾矿库闭库后，应及时对其库面进行植被复垦。南方地区可以种植香根草、高羊毛、紫花苜蓿、拔根草等植物，使库区形成绿色覆盖。从源头治理尾砂的污染并进行生态恢复，达到控制尾矿库水土流失、减少扬尘的目的。

5. 尾矿库风险防范措施是什么？一旦发生尾矿库溃坝事故，减缓和消除事故环境影响的措施是什么？

答：尾矿库风险防范措施主要从工程地质勘察、项目设计、施工、日常管理、雨季和汛期管理方面进行论述。尾矿库风险防范措施为：

（1）严格按国家有关规定对尾矿坝进行勘察、设计和施工，认真进行地质勘察，确保坝体安全；在施工时应对草根杂物认真加以清除，以确保坝体稳妥。

（2）严格按照设计能力填埋尾矿，确保尾矿库年排入量、最小安全超高等各项指标满足规范要求。

（3）加强对尾矿库坝体的日常监测（包括对坝体变形、坝体浸润线、坝体渗流量及库区地下水动态的系统观测，在雨季、汛期，应保证 24 h 库内排水、排洪构筑物能正常工作）和维护，严格执行各项工艺排放要求，落实各项防洪防震措施。

（4）建立健全尾矿库安全生产管理机构，配备专职管理人员，制定具体可行、便于检查的规章制度，遵守设计要求的运行参数，进行精心管理。同时禁止在矿区滥采乱挖及放牧，确保尾矿库正常运行。

一旦发生尾矿库溃坝事故，首先应做好现场营救工作，然后针对可能造成的环境影响采取减缓措施，现分述如下：

（1）现场营救

① 建立紧急营救系统，在最短时间内组织营救，使受灾区居民的生命、财产损失降低到最小。

② 进行受灾居民安置工作，封闭受灾区。

（2）水方面

① 根据流沙以及污水的覆盖范围，进行地表、地下水体污染范围预测，并进一步做水质鉴定，明确受污染范围和程度。

② 由于附近水域均受到尾矿浆水的直接或间接污染，因此应采取各种措施对易污染的水体进行必要的处理，以尽快恢复其原有的功能。在恢复原水体功能之前，为了防止对农、工业以及饮用水的进一步污染，应该建立必要的隔离措施。

（3）固废、大气方面：在矿砂下泻之后，整个覆盖面积将是成倍扩大，水分蒸发后，很可能造成粉尘污染，这对周围的大气环境极为不利。由于采取铲除清运的方式很不现实，因此建议尽快覆土并进行复垦。

（4）生态方面：由于下泻流沙覆盖了下游大面积的植被，当地动植物生境、土地利用类型因此发生改变，植被的连通性也遭到破坏，对当地自然景观将产生重大影响。建议根据当地植被、土地利用类型以及生态、景观等方面的情况，综合考虑以进行综合整治工作，把对周围环境的影响降低到最低。

【考点分析】

1. 项目位于水库上游，环评时应注意什么问题？

《环境影响评价案例分析》考试大纲中 "七、环境可行性分析（1）分析建设项目的环境可行性"。

项目涉及水利部门，在环评中应及时与水利部门进行沟通，了解项目建设是否可行以及水利部门对项目建设的要求。本案例项目因尾矿库的建设，水库的汇水面积减少，影响了农业灌溉用水，故应考虑补水方案。

举一反三：

根据《尾矿库安全技术规程》，尾矿库库址选择应遵守下列原则：

（1）不宜位于工矿企业、大型水源地、水产基地和大型居民区上游。

（2）不应位于全国和省重点保护名胜古迹的上游。

（3）应避开地质构造复杂、不良地质现象严重区域。

（4）不占或少占农田，不迁或少迁村庄。

（5）不宜位于有开采价值的矿床上面。

（6）汇水面积小，有足够的库容和初期、终期库长。

（7）筑坝工程量小，生产管理方便。

（8）尾矿输送距离短，能自流或扬程小。

2．项目的评价阶段在什么时期？尾矿库运行期间对环境的影响是什么？

《环境影响评价案例分析》考试大纲中"四、环境影响识别、预测与评价（2）判断建设项目影响环境的主要因素及分析产生的主要环境问题"。

尾矿不仅在施工期和运营期对环境有影响，在闭库期对环境也仍有影响，故项目的评价阶段包括施工期、运营期、闭库期。

尾矿库运行期间对环境的影响要根据尾矿库的坝型、尾矿放矿方式确定尾矿库运行期间对环境的影响。

举一反三：

本案例项目为一次成坝，采用库后放矿，依托山体向坝前排尾。在运行期无扬尘污染。对于上游式筑坝、坝前放矿（图 1）的尾矿库，需要考虑尾矿库运行期间，尾矿库堆积坝坡面和尾矿库干滩在大风干燥天气产生的扬尘对环境的影响。

（1）尾矿库施工期对环境的影响主要为：

① 库内岩石开采、钻机穿孔、爆破、石料运输产生粉尘；公路平整产生粉尘；清基废土运输、堆放产生粉尘；

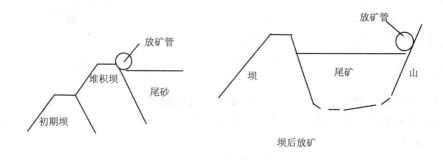

图 1　尾库矿

② 岩石开采穿孔、爆破、汽车运输、土方机械施工噪声等；

③ 库区原有地表植被的砍伐和尾矿库堆筑时需清基，这会对库区生态造成破坏。

④ 工程占地、移民安置对当地居民的影响。

（2）尾矿库在闭库至尚未复垦阶段，形成干滩，环境影响主要为：

① 在大风干燥天气状态下，易造成下风向的扬尘污染；

② 在暴雨期间，易造成水土流失；

③ 尾矿库出现溃坝的风险。

（3）尾矿库闭库复垦后，库面被绿色植被覆盖，环境影响主要为：暴雨期间，尾矿库会出现溃坝的风险。

3. 尾矿库建设对生态环境的影响是什么？

《环境影响评价案例分析》考试大纲中"四、环境影响识别、预测与评价（2）判断建设项目影响环境的主要因素及分析产生的主要环境问题；（6）设置评价专题"。

尾矿库建设对生态环境的影响主要为施工期管线建设，尾矿库堆筑时清基对地貌、植被的影响，另外清基的表土堆存可能引发水土流失。

举一反三：

对于上游式筑坝、坝前放矿的尾矿库，要考虑尾矿库运行期间堆积坝坡面的水土流失问题。

4. 尾矿库何时进行生态恢复？南方地区生态恢复适宜的植物是什么？

《环境影响评价案例分析》考试大纲中"六、环境保护措施分析（3）分析生态影响防护、恢复与补偿措施及其技术经济可行性"。

尾矿库何时进行生态恢复要根据尾矿库的坝型、尾矿放矿方式确定。

举一反三：

对于上游式筑坝、坝前放矿的尾矿库，在尾矿库堆积坝坡面形成后便要考虑进行生态恢复，在堆积坝坡面种植香根草、高羊毛、紫花苜蓿、拔根草等植物，以减少堆积坝坡面的扬尘和水土流失对环境的影响。

5. 尾矿库风险防范措施是什么？一旦发生尾矿库溃坝事故，减缓和消除事故环境影响的措施是什么？

《环境影响评价案例分析》考试大纲中"五、环境风险评价（1）识别重大危险源并描述可能发生的风险事故；（2）提出减缓和消除事故环境影响的措施"。

尾矿库风险防范措施主要是从尾矿库设计、建设施工、日常管理、雨季、汛期进行考虑。尾矿库风险防范措施为尾矿库风险评价的主要内容。

尾矿库如发生溃坝事故，首先要做好现场营救和封闭工作，然后针对尾砂覆盖范围，水环境、大气环境、生态环境的现有功能等方面，对河流、农田采取清理措施，对山坡地采取覆土、恢复植被的措施，减少尾砂铲运造成的二次扬尘污染。

举一反三：

尾矿库项目除考虑风险防范措施外，还应考虑突发事故紧急预案，其内容主要为：成立应急救援组织、设备和器材配置、联络与应急处理、人员紧急疏散和撤离、事故现场隔离、人员救护、现场保护。

尾矿库项目选择题：

1．本项目评价阶段是（　　）。

  A．施工期   B．运营期   C．闭库期

答案：ABC

2．尾矿库选址不宜地区为（　　）。

  A．工矿企业、大型水源地、水产基地和大型居民区上游

  B．国家级或省级重点保护名胜古迹的上游

  C．地质构造复杂、不良地质现象严重区域

  D．农田和农村居民区

答案：ABCD

3．因项目位于水库上游，减少了水库的汇水面积，缺水时，农业灌溉需用尾矿水，则尾矿水外排适用的环评标准为（　　）。

  A．《农田灌溉水质标准》（GB 5084—92）水作类

  B．《污水综合排放标准》（GB 8978—1996）

  C．《地表水环境质量标准》（GB 3838—2002）Ⅳ类

答案：AB

4．尾矿库运行期间对环境的影响是（　　）。

  A．砂泵噪声、回水泵站的水泵噪声

  B．枯水期间，尾矿库尾矿水用于农田灌溉，可能对农田有污染

  C．尾矿库可能对地下水有影响

  D．尾矿库的粉尘污染

答案：ABCD

5．尾矿库运行期间的环境风险是（　　）。

  A．尾矿管道出现爆管现象，造成尾砂污染

  B．尾矿库出现溃坝的风险

  C．尾矿库对地下水的污染

答案：ABC

八、交通运输类

案例 1　新建成品油管道工程

【素材】

某公司拟投资 14 亿元，计划花 2 年时间铺设从河南省到湖南省的成品油管道工程，可研设计管道干线长 800 km，设计压力 8 MPa，管径采用 Φ 508 mm。设计最大输量为 700 万 t/a。项目共有支线 6 条，总长 35 km。沿线设分输站、泵站共 8 座（包括 1 座分输阀室）。项目主要工程量见表 1。

表 1　成品油管道主要工程量

序号	工 程 项 目	单位	数量	备注
一	线路总长	km	800	
二	管道组焊	km	800	
三	管道防腐	km	800	三层 PE 防腐
四	穿越工程			
1	顶管穿越公路	m/次	6 220/147	混凝土套管
2	穿越铁路	m/次	1 000/20	顶管
3	某大江穿越	m/次	2 100/1	盾构隧道
4	其他大中型河流穿越	m/次	12 900/26	隧道、定向钻或大开挖
5	湖泊 B 穿越	m/次	900/1	定向钻
五	线路附属工程			
1	线路截断阀室	座	28	
2	标志桩	个	4 500	
六	道路工程			
1	修施工便道	km	120	
2	改扩建道路	km	50	
七	站场	座	8	
八	土石方			
1	挖土方	10^4m^3	318.67	
2	挖石方	10^4m^3	155.33	
3	回填细土	10^4m^3	44.85	

序号	工 程 项 目	单位	数量	备注
九	支线工程	km/条	35/6	
十	占地			
1	永久占地（站场）	hm²	40	
2	临时占地（施工便道等）	hm²	1 800	其中基本农田 30 hm²，林地 500 hm²

初步现场踏勘表明，本工程沿线地形地貌复杂多样，大的地形地貌单元主要有豫西黄土丘陵、黄淮平原、桐柏山—大别山山地、江汉平原。本工程沿线经过湿地自然保护区 A（部分穿越）、饮用水源二级保护区湖泊 B 和国家级自然保护区 C（附近经过）。距站场距离 100～300 m 附近有村庄 8 个。

【问题】

1. 简述本项目环境影响评价的重点。
2. 列出本项目的环境保护目标。
3. 管道施工期的生态环境影响有哪些？
4. 如何采取措施减缓工程临时占用基本农田造成的不利影响？

【参考答案】

1. 简述本项目环境影响评价的重点。

答：针对本工程特点和所经过地区的环境特征及沿线的敏感保护目标，确定本项工程的环评重点为：

（1）施工期的生态环境影响评价。重点为本项工程对植被、动植物资源、土壤侵蚀、土壤环境、土地利用的影响以及保护对策与措施。

（2）沿线河流湖泊等敏感目标的影响分析。对于管道沿线涉及的敏感区域——湿地自然保护区和国家级自然保护区等，在做好该生态敏感区域的现状调查工作的同时，重点评价管道穿越该区域的影响程度，在可接受的范围内，提出减缓和预防措施，使其影响为最小。

（3）运行期的环境风险评价。对拟采用的环保措施进行论证，提出改进措施及制订环境管理计划。环境风险评价重点为管道破裂、油品泄漏对周围环境（土壤、植被、水体等）的影响、事故预防措施及事故应急预案。评价重点区段为管线穿越的饮用水源。

2. 列出本项目的环境保护目标。

答：（1）工程正常施工和运营环境下环境保护目标为工程沿线区域地表水环境质量、空气环境质量、地下水环境质量、声环境质量、生态系统结构和功能不因本项目而恶化，均满足相应的环境功能区划要求。

（2）环境敏感保护目标包括：穿越的大江、大中型河流、湿地自然保护区 A、饮用水源二级保护区湖泊 B、国家级自然保护区 C、基本农田、林地和 8 个村庄。

3．管道施工期的生态环境影响有哪些？

答：（1）清理施工带、开挖管沟、建设临时施工便道。

① 临时占地改变土地使用功能。

② 扰动土壤将使土壤的结构、组成及理化特性等发生变化。

③ 植被遭到破坏，农业遭受损失、林木被砍伐等。

④ 弃土处置不当会产生水土流失。

（2）河流穿越。

① 采取大开挖方式穿越中型河流时，可能会污染水体或因弃土不当而堵塞河道。

② 采取定向钻方式穿越大型河流时，将临时占用土地，并将产生弃土和废弃泥浆。

③ 盾构形式穿越大江时将产生弃土和碎石。

（3）站场建设等永久占地改变土地使用功能，使耕地面积减少或影响其他功能。

（4）管道试压、施工机械冲洗产生的废水可能污染地表水体。

（5）施工机械、车辆使用将产生噪声、扬尘、汽车尾气、施工机械废气。

（6）施工人员产生生活污水、生活垃圾，污染环境。

4．如何采取措施减缓工程临时占用基本农田造成的不利影响？

答：（1）划定施工范围，尽可能缩小施工作业带宽度，尽可能少地占用耕地。

（2）管沟开挖采取分层开挖、分层堆放、分层回填的作业方式。即挖掘管沟时，应执行分层开挖的操作制度，即表层耕作土与底层耕作土分开堆放；管沟填埋时，也应分层回填，即底土回填在下，表土回填在上。

（3）清理施工作业区域内产生的废弃物。

（4）施工应尽量避开作物生长季节，减少农业生产的损失。要保护农田林网，使农田生态系统的功能相对稳定。

（5）施工结束后做好农田的恢复工作，应按国务院的《土地复垦规定》复垦。凡受到施工车辆、机械破坏的地方，都要及时修整，恢复原貌，植被（自然的、人工的）破坏应在施工结束后的当年或来年予以恢复。

【考点分析】

1．简述本项目环境影响评价的重点。

《环境影响评价案例分析》考试大纲中"四、环境影响识别、预测与评价（1）识别环境影响因素与筛选评价因子；（5）确定评价重点；（6）设置评价专题"。

环境影响评价重点的选取，应根据项目的排污情况、对生态的影响大小、对环境的影响程度和环境敏感程度来选定。一般情况下，管道输送项目的评价重点包括施工期的生态环境影响评价和运营期的风险评价。

2. 列出本项目的环境保护目标。

《环境影响评价案例分析》考试大纲中"三、环境现状调查与评价（1）判定评价范围内环境敏感区与环境保护目标"。

要注意的是环境保护目标一般包括"环境敏感目标和环境要素不因为项目的建设和运营而恶化"的环境功能区划保护要求。

3. 应从哪几个方面分析管道施工引起的生态环境问题？

《环境影响评价案例分析》考试大纲中"四、环境影响识别、预测与评价（2）判断建设项目影响环境的主要因素及分析产生的主要环境问题"。

举一反三：

一般情况下，管道施工（输油管线与输气管线类似）一般可分为线路施工和站场施工，整个施工由具有相应施工机械设备的专业化队伍完成。其过程概述如下：

（1）在线路施工时，首先要清理施工现场，并修建必要的施工道路（以便施工人员、施工车辆、管材等进入施工场地）。在完成管沟开挖、铁路、公路穿越、河流穿越等基础工作以后，按照施工规范，将运到现场的管道进行焊接、补口、补伤、防腐，然后下到管沟内。

（2）建设工艺站场时，首先要清理场地，然后安装工艺装置，并建设相应的辅助设施。

（3）以上建设完成以后，对管道进行试压，然后覆土回填，清理作业现场，恢复地貌、恢复地表植被；对站场进行绿化。

4. 如何采取措施减缓工程临时占用基本农田造成的不利影响？

《环境影响评价案例分析》考试大纲中"六、环境保护措施分析（2）分析污染控制措施及其技术经济可行性"。

生态类项目在施工过程中经常涉及临时占用和永久占用大量土地。对此应该区别对待，如果永久占用基本农田，必须遵守"占一补一""总量平衡"的原则。如果临时占用基本农田，则需要遵守国务院的《土地复垦规定》。而对于表层土的处理必须采取分层开挖、分层堆放、分层回填的作业方式。

举一反三：

临时占用耕地要求对表层土先行保存，很多时候都要求等恢复时再利用，比如高速公路建设方面可以出如下一个问题：

取、弃土场一般应如何恢复？

答：取土场：首先在取土时应该分层进行，开挖前先将表土剥离，集中堆放，并保存好（遮挡，草帘、聚乙烯布覆盖），用于覆土复耕或植被恢复。在取土完成后，进行边坡整修（一般应修成缓坡，以利于雨水汇入），最后将原来的表土填回摊平，这样取土坑内就有了土壤层，加上从边坡汇来的雨水，就产生了一种洼地效应。当然取土场也可恢复为农田、鱼塘或者植树种草，但应结合当地的自然环境条件，特别是降水等气象情况考虑。干旱区与湿润区就有所不同。

弃土场：弃土场一般选择在地势较低处，在弃土前也应挖出表层土壤层，并保存好；"先挡后弃"（对弃土堆容易发生坍塌的一侧设置拦挡设施）。在弃土作业结束后，将原表层土覆盖在弃土堆上，进行人工绿化（植树、种草）；在弃土堆外围设置排水沟，以防洪水冲蚀。

案例 2 道路改扩建项目

【素材】

拟对某一现有省道进行改扩建，其中拓宽路段长 16 km，新建路段长 8 km，新建、改建中型桥梁各 1 座，改造段全线为二级干线公路，设计车速 80 km/h，路基宽 24 m，采用沥青路面，改扩建工程需拆迁建筑物 6 200 m^2。

该项目沿线两侧分布有大量农田，还有一定数量的果树和路旁绿化带，改建中型桥梁桥址，位于 X 河集中式饮用水源二级保护区外边缘，其下游 4 km 处为该集中式饮用水源保护区取水口。新建桥梁跨越的 Y 河为宽浅型河流，水环境功能类别为Ⅱ类，桥梁设计中有 3 个桥墩位于河床，桥址下游 0.5 km 处为某鱼类自然保护区的边界。公路沿线分布有村庄、学校等，其中 A 村庄、B 小学和某城镇规划住宅区的概况及公路营运中期的噪声预测结果见下表：

敏感点	距红线距离	敏感点概况	营运中期的噪声预测结果	路段
A 村庄	4 m	8 户	超标 8 dB(A)	拓宽
城镇规划住宅区	12 m	约 200 户	超标 5 dB(A)	新建
B 小学	围城高 30 m 教学楼高 120 m	学生 100 人、教师 100 人。夜间无人住宿	教学楼昼间达标，夜间超标 2 dB(A)	拓宽

【问题】

1. 给出 A 村庄的声环境现状监测时段和评价量。
2. 针对表中所列敏感点，提出噪声防治措施并说明理由。
3. 为保护饮用水水源地水质，应对跨 X 河桥梁采取哪些配套环保措施？
4. 列出 Y 河环境现状调查应关注的重点。
5. 可否通过优化桥墩设置和施工工期安排减缓新建桥梁施工对鱼类自然保护区的影响？并说明理由。

【参考答案】

1. 给出 A 村庄的声环境现状监测时段和评价量。

答：（1）声环境现状监测时段为昼间和夜间。

（2）评价量分别为昼间和夜间的等效声级[L_{eq}, dB(A)]L_d 和 L_n。

2．针对表中所列敏感点，提出噪声防治措施并说明理由。

答：（1）A 村应搬迁。因为该村超标较高，且处于 4a 类区，采取声屏障降噪也不一定能取得很好效果，宜搬迁。

（2）城镇规划的住宅区，可采取以下措施：

a．调整线路方案；

b．设置声屏障、安装隔声窗以及绿化；

c．优化规划的建筑物布局或改变前排建筑的功能。

因为该段为新建路段，可以通过优化线路方案，使线路远离规划的住宅区；也可以采取设置声屏障并安装隔声窗、建设绿化带的措施达到有效的降噪效果；当然作为规划住宅区，也可以调整或优化规划建筑布局或改变建筑功能。

（3）B 小学。不必采取噪声防治措施。因为营运中期昼间达标，夜间虽然超标，但超标量较小，且夜间学校无人住宿。

3．为保护饮用水水源地水质，应对跨 X 河桥梁采取哪些配套环保措施？

答：为保护饮用水水源地水质，针对跨 X 河桥梁可采取如下环保措施：

（1）提高桥梁建设的安全等级；

（2）限制通过桥梁的车速，并设警示标志和监控设施；

（3）设置桥面径流引导设施，防止污水排入水中，并在安全地带设事故池，将泄漏的危化品引排至事故池处置，防止排入水中；

（4）桥面设置防撞装置。

4．列出 Y 河环境现状调查应关注的重点。

答：（1）关注拟建桥位下游是否有饮用水水源地及取水口；

（2）关注桥位下游鱼类保护区的级别、功能区划，主要保护鱼类及其保护级别、生态特性、产卵场分布，自然保护区的规划及保护要求等；

（3）调查尖嘴流的水文情势，包括不同水期的流量、流速、水位、水温、泥沙含量的变化情况；

（4）调查水环境质量是否满足 II 类水体水质；

（5）沿河是否存在工业污染源，是否有排污口入河。

5．可否通过优化桥墩设置和施工工期安排减缓新建桥梁施工对鱼类自然保护区的影响？并说明理由。

答：（1）可以。

（2）减少桥墩数量（甚至可以考虑不设水中墩），这样就减少了对河道的扰动，降低对水质的污染，由此可以减缓新建桥梁施工对保护区的影响；施工工期安排时，避开鱼类繁殖或洄游季节施工，既可避免对水文情势的改变，也可以减缓对保护区鱼类的影响。

【考点分析】

1. 给出 A 村庄的声环境现状监测时段和评价量。

《环境影响评价案例分析》考试大纲中"三、环境现状调查与评价（1）判定评价范围内环境敏感区与环境保护目标;（2）制定环境现状调查与监测方案"。

举一反三:

对于水、气、声、土壤、生态的现状监测与调查方案的制订应该十分熟练,尤其今年颁布了新的地下水导则,其对现状采样点位数、采样时段、采样频率、采样深度均有详细要求,请考生注意。

2. 针对表中所列敏感点,提出噪声防治措施并说明理由。

《环境影响评价案例分析》考试大纲中"六、环境保护措施分析（2）分析污染控制措施及其技术经济可行性"。

此题的考点简单,而且在历年案例分析考试中反复考到,请引起注意。

3. 为保护饮用水水源地水质,应对跨 X 河桥梁采取哪些配套环保措施?

《环境影响评价案例分析》考试大纲中"六、环境保护措施分析（2）分析污染控制措施及其技术经济可行性"。

此题在近几年的案例分析考试中重复出现多次,请考生引起注意。

4. 列出 Y 河环境现状调查应关注的重点。

《环境影响评价案例分析》考试大纲中"三、环境现状调查与评价（1）判定评价范围内环境敏感区与环境保护目标;（2）制定环境现状调查与监测方案"。

此题的考点与 2013 年案例分析考试第八题城市污水处理厂改扩建中"3. 为分析工程对 A 河的环境影响,需调查哪些方面的相关资料"基本一致。但是 2013 年的真题考点不仅包括河流涉及的现状调查资料,还包括进行水环境影响预测与分析时需要的相关内容和参数,考点扩大了,但出题角度大同小异,复习时注意总结。

5. 是否可通过优化桥墩设置和施工工期安排减缓新建桥梁施工对鱼类自然保护区的影响? 并说明理由。

《环境影响评价案例分析》考试大纲中"六、环境保护措施分析（2）分析污染控制措施及其技术经济可行性"。

举一反三:

环保措施不仅包括常说的废水治理措施、废气治理措施、隔声减震措施、固废填埋措施等常规措施,还包括施工期避开敏感时段、施工布置优化以避开敏感地区和施工方法采用先进工艺等方面。

案例 3 新建高速公路项目

【素材】

某省拟建设一条从 A 市到 B 市、双向 8 车道的江济高速公路，项目共投资 70 亿元，公路全长 230 km，设计行车速度 120 km/h，路基宽 28 m，工程新建特大桥梁 2 座（其中 1 座跨 C 河大桥）和大桥 1 座，设置 3 个收费站和 5 个服务区。属大型建设项目，预计建设前后区域声级变化 5～11 dB(A)。

经环评人员现场踏勘，江济高速公路途经 65 个村庄，并将穿过国家重点保护野生动物活动带。C 河段大桥下游 7 km 处有 D 县生活饮用水源保护区。A 市和 B 市都有火电厂，粉煤灰运回自己的贮存场堆放。该工程所在区域雨量充沛，夏多暴雨。森林覆盖率约 40%，均为人工森林和天然林。

【问题】

根据所提供的素材，请回答以下问题：

1. 有关生态影响的工程分析内容主要有哪些？
2. 请说明本项目生态环境现状调查的重点内容有哪些。
3. 请确定本项目噪声评价等级，并简述理由。
4. 评价运营期噪声影响，需要的主要技术资料有哪些？
5. 请阐述 6 项保护耕地的措施。
6. 桥梁运营期环境风险防范的具体措施及建议。

【参考答案】

1. 有关生态影响的工程分析内容主要有哪些？

答：有关生态影响的工程分析内容主要有：

（1）江济公路穿越的隧道名称、规模、建设地点、施工方式，弃渣场设置点位及环境类型，占地类型；隧道周边地质条件及地下水的分布情况。

（2）工程涉及的 2 座特大桥梁和 1 座大桥的名称、规模、点位；跨河大桥水中墩的数量、规模及其施工方式。

（3）高填方路段的占地类型和数量，特别是占用基本农田情况。

（4）边坡防护：主要为深挖路段，弃渣场设置及其占地类型、数量。

（5）主要取土场设置和其恢复设计，公路采石场及沙石料场情况；

（6）营运期永久占地及施工期临时征用土地的数量及其他基本情况等。

2．请说明本项目生态环境现状调查的重点内容有哪些。

答：本项目生态环境现状调查的重点内容有：

1）评价区的生态现状：沿线森林生态系统结构、类型、生态功能，包括涵养水源、水土流失防治等生态功能规划。森林覆盖率、生物量、生产力、生物多样性调查，有无珍稀濒危受保护植物物种。沿线气候特征、土壤状况、地形地貌水文情况及地下水文分布调查。

2）评价区的生态环境敏感目标：国家重点保护动物的名称、种类、保护级别、数量及生存状况，包括食源地、栖息地、繁殖场所、迁徙路线等是否受工程影响，影响程度和范围，以及工程建成后的发展趋势。河流水生生态结构类型和保护状况，有无珍稀濒危鱼类及经济鱼类，有无"三场"分布等；沿线水源地及取水口保护和规划情况，目前面临的问题等。

3）评价区现存的环境问题。包括森林功能退化、天然林向人工林转变、水土流失、泥石流坍塌滑坡等现象发生的区域和范围。保护物种种群面临的生态压力和问题，以及人类社会经济活动对动物种群的影响和干扰，指出相关问题的类型、成因和发展趋势。

3．请确定本项目噪声评价等级，并简述理由。

答：本项目噪声评价等级确定为一级。

理由：江济高速公路建设前后区域声级变化5～11 dB(A)，江济高速公路途经65余个村庄，涉及人口众多；声环境功能区为居民集中区，噪声影响声级变化幅度较大，且有国家重点保护野生动物。根据《环境影响评价技术导则—声环境》（HJ 2.4—2009）的规定，确定本项目噪声评价等级为一级。

4．评价运营期噪声影响，需要的主要技术资料有哪些？

答：（1）工程技术资料：公路路段、道路结构、坡度、路面材料、标高、交叉口、道桥数量；

（2）车流情况：分段给出公路、道路昼间和夜间各类型车辆的平均车流量、车速、车型；确定沿线村庄与公路的相对位置、距离及高度差；

（3）环境状况：公路至预测点之间的地面类型，公路与预测点之间的声传播障碍物（如树林、灌木等）的分布情况，地形高差等以及风向、风速、气温、湿度等气象资料；

（4）敏感点参数：敏感点名称、类型、所在路段、桩号（里程）和路基的相对高差、人口数量、沿线分布情况、建筑物的朝向、楼房层数、现状背景噪声和拟采用的评价标准等。

5. 请阐述 6 项保护耕地的措施。

答：保护耕地的措施主要有：

（1）合理选线，尽可能少占耕地；临时占地选址也应尽可能避开耕地。

（2）以桥代路，采用低路基或以桥隧代路基，少占用耕地。

（3）利用隧道弃渣作路基填料，减少从耕地取土。

（4）保留表层土壤，对于临时占用耕地，建设完工后及时回填表土，复垦为耕地。

（5）合理设置取、弃土场位置。

（6）充分利用 A 市及 B 市电厂粉煤灰作为路基填料，减少从耕地内取土。

6. 桥梁运营期环境风险防范的具体措施及建议。

答：桥梁营运期的风险主要是运输危险品车辆发生交通事故时危险品泄漏对下游饮用水水源地的污染。环境风险防范的具体措施及建议如下：

（1）设置桥面径流收集系统，并设置事故应急水池，当发生事故后及时切断桥面径流与河流的导排关系，将事故废水全部收集到应急水池集中处理，避免直接排入河流；

（2）提高桥梁建设安全等级；

（3）在桥入口处设置警示标志和监控设施，运输危险品的机动车辆车身侧面需印有统一的标志；

（4）限制运输危险化学品车辆的速度；

（5）加强危险化学品车辆的运输管理，颁发"三证"（驾驶证、押运证、准运证）方可运输危险品，并实施运输危险品车辆的登记和全程监控制度；

（6）制定完善的环境风险应急预案；

（7）有货物滴漏遗撒或危险化学品的超载车辆禁止上桥，防止滴漏遗撒货物因雨水冲刷造成 C 河污染；

（8）公安部门、运输管理部门以及消防部门可以为危险化学品车辆指定特殊的行驶路线，使其停在指定的停车区域。

【考点分析】

公路项目为历年案例分析考试必考的行业案例，属于高频考点，考生应当对公路项目有足够的重视。公路项目一般的主要考点为生态影响、声环境影响和环境风险。本题是根据 2008 年真题改编而成的。2012 年又考过一次类似的考题，考点亦有雷同。

1. 有关生态影响的工程分析内容主要有哪些？

《环境影响评价案例分析》考试大纲中"二、项目分析（1）分析建设项目生产工艺过程的产污环节、主要污染物、资源和能源消耗等，给出污染源强，生态影响为主的项目还应根据工程特点分析施工期和运营期生态影响的因素和途径"。

举一反三：

生态环境影响评价的工程分析一般应当把握如下要点：

（1）工程组成完全。即把所有工程活动都纳入分析中，一般建设项目工程组成有主体工程、辅助工程、配套工程、公用工程和环保工程。工程分析中必须将所有的工程建设活动，无论是临时的还是永久的，施工期还是运营期的，直接或相关的都考虑在内。

（2）重点工程明确：造成环境影响的工程，应作为重点的工程分析对象，明确其名称、位置、规模、建设方案、施工方案和运营方式等。一般还应将其涉及的环境作为分析对象，因为同样的工程发生在不同的环境中，其影响作用是不一样的。

（3）全过程分析：生态环境影响是一个过程，不同时期有不同的问题需要解决，因此必须做全过程分析。一般可将全过程分为选址选线期（工程预可研期）、设计方案期（初步设计与工程设计）、建设期（施工期）、运营期和运营后期（结束期、闭矿期、设备退役期和渣场封闭期）。

2. 请说明本项目生态环境现状调查的重点内容有哪些？

《环境影响评价案例分析》考试大纲中"三、环境现状调查与评价（1）判定评价范围内环境敏感区与环境保护目标;（2）制定环境现状调查与监测方案"。

举一反三：

生态环境现状调查至少要进行两个阶段：影响识别和评价因子筛选前要进行初次调查与现场踏勘；环境影响评价中要进行详细勘测与调查。

考生在回答生态环境现状调查类问题时，要按照《环境影响评价技术导则—生态环境》中的内容并结合考题背景来回答。

3. 请确定本项目噪声评价等级，并简述理由。

《环境影响评价案例分析》考试大纲中"四、环境影响识别、预测与评价（4）确定评价工作等级、评价范围及各环境要素的环境保护要求"。

举一反三：

《环境影响评价技术导则—声环境》（HJ 2.4—2009）已由中华人民共和国环境保护部于2009年12月23日颁布，于2010年4月1日正式实施。"新"导则与"旧"导则的区别之一为：建设项目规模不再作为评价等级的判据。请广大考生在复习时一定要熟读新导则的各项条款。

《环境影响评价技术导则—声环境》（HJ 2.4—2009）5.2"评价等级划分"和6.1"评价范围的确定"规定：

> 5.2.1 声环境影响评价工作等级一般分为三级，一级为详细评价，二级为一般性评价，三级为简要评价。
>
> 5.2.2 评价范围内有适用于 GB 3096 规定的 0 类声环境功能区域,以及对噪声有特别限制性

要求的保护区等敏感目标，或建设项目建设前后评价范围内敏感目标噪声级增高量达到 5 dB（A）以上（不含 5 dB（A）），或受影响人口数量显著增多时，按一级评价。

6.1.3　城市道路、公路、铁路、城市轨道交通地上线路和水运线路等建设项目：a）满足一级评价的要求，一般以道路中心线外两侧 200 m 以内为评价范围。

4．评价运营期噪声影响，需要的主要技术资料有哪些？

《环境影响评价案例分析》考试大纲中"三、环境现状调查与评价（2）制定环境现状调查与监测方案"。

举一反三：

《环境影响评价技术导则—声环境》（HJ 2.4—2009）　8.1.3"预测需要的基础资料"中规定：

8.1.3.1　声源资料

建设项目的声源资料主要包括：声源种类、数量、空间位置、噪声级、频率特性、发声持续时间和对敏感目标的作用时间段等。

8.1.3.2　影响声波传播的各类参量

影响声波传播的各类参量应通过资料收集和现场调查取得，各类参量如下：

a）建设项目所处区域的年平均风速和主导风向，年平均气温，年平均相对湿度。

b）声源和预测点间的地形、高差。

c）声源和预测点障碍物（如建筑物、围墙等；若声源位于室内，还包括门、窗等）的位置及长、宽、高等数据。

d）声源和预测点间树林、灌木等的分布情况，地面覆盖情况（如草地、水面、水泥地面、土质地面等）。

5．请阐述 6 项保护耕地的措施。

《环境影响评价案例分析》考试大纲中"六、环境保护措施分析（3）分析生态影响防护、恢复与补偿措施及其技术经济可行性"。

6．桥梁运营期的环境风险防范的具体措施及建议。

《环境影响评价案例分析》考试大纲中"五、环境风险评价（2）提出减缓和消除事故环境影响的措施"。

举一反三：

环境风险评价是当前环境影响评价的重要内容。公路风险考题首次出现是在 2006 年的公路案例考题中，其涉及了公路经过跨河桥梁时应关注的问题，实际上考的就是运输危险品的车辆经过桥梁段时发生事故的环境风险的问题。而 2007 年公路案例考题，其中一问要求指出公路运营期的水环境风险。2008 年又考了相似的内容，可见对水环境风险的关注。

案例 4 新建铁路建设项目

【素材】

某地拟新建总长 142 km 的铁路干线。全程有特大桥 6 座，总长 6 891 m；大中桥 66 座，总长 16 468 m；三线大桥 7 座，总长 2 614 m；涵洞 302 座，总长 8 274 m；隧道 45 座，总长 18 450 m，其中长度大于 1 000 m 的隧道 6 座，长度小于 1 000 m 的隧道 37 座，三线隧道 1 座；近期车站 11 座。

该工程起源于某铁路 M 站，征用土地 890 亩（1 亩＝667 m²），其中耕地 300 亩、林地 400 亩、荒草地 100 亩，其他 90 亩。铁路经过地区水系发达，曾连续两次穿越某大江。地貌类型为低山丘陵，相对高差 20～300 m。主要植被类型为森林（包括自然林和人工林）、灌木林、荒草地和农田。降雨丰沛，且多暴雨；植被覆盖率 5%～25%，水土流失严重，属水土流失重点防治区。项目穿越 1 处国家级自然保护区和 1 处风景名胜区。沿线区域人口密度大，农业生产发达，经过村庄 8 个。初步预测表明，沿线居民住宅噪声声级增加量为 5～10 dB（A）。

【问题】

1. 该工程建设的环境可行性应从哪几个方面分析？
2. 简述该项目生态环境影响工程分析的重点内容。
3. 简述该项目生态现状调查与评价的主要内容，并说明沿线区域环境的主要生态限制因子。
4. 简述该工程可采用的水土保持措施。

【参考答案】

1. 该工程建设的环境可行性应从哪几个方面分析？

答：（1）法规符合性：符合国家的法律法规，符合总体规划、环境保护规划、功能区划等。

（2）方案比选：选择对生态环境、水环境、水土保持等影响最小的。

（3）工程占地：工程占地的类型、占地数量，最好不占用基本农田。

（4）对沿线的国家级自然保护区、风景名胜区和村庄等环境敏感点的环境影响情况，选择对敏感点影响最小的。

（5）环保措施与达标排放情况：环保措施包括防止重要生境、敏感点破坏的措施，大临工程生态恢复的措施，防止国家级自然保护区、风景名胜区生态系统完整性破坏的措施，生态破坏小、污染物均能达标排放的措施及水保措施。

（6）环境风险：铁路运输危险品对沿线国家级自然保护区、风景名胜区和村庄的大气环境、水环境可能产生的环境风险；选择环境风险小的方案。

（7）公众参与：铁路穿越的 8 个村庄居民对本项目的支持比例；选择公众支持比例高的。

2．简述该项目生态环境影响工程分析的重点内容。

答：（1）隧道名称、规模、建设点位、施工方式；弃渣场设置点位及其环境类型，占地特点；隧道上方及其周边环境；隧道地质岩性及地下水疏水状态；景观影响。

（2）大桥和特大桥的名称、规模、点位；跨河大桥的施工方式，河流水体功能，可能的影响。

（3）高填方段占地合理性分析，占地类型，占用的基本农田情况。

（4）边坡防护；主要深挖路段，弃渣场设置及其占地类型、数量、环境影响。

（5）主要取土场设置及其恢复设计；采石场及沙石料场情况。

（6）施工便道布置、规模、占地类型，施工规划等。

3．简述该项目生态现状调查与评价的主要内容，并说明沿线区域环境的主要生态限制因子。

答：（1）调查与评价的主要内容：参考答案见"八、交通运输类　案例 3　新建高速公路项目"第 2 题。

（2）限制性因子：水土流失重点防治区、国家级自然保护区、风景名胜区、沿线村庄等。

4．简述该工程可采用的水土保持措施。

答：工程措施：拦渣工程、护坡工程、土地整治工程、路基排水工程、防风固沙工程、防泥石流工程等。

生物措施：绿化、恢复植被等。

【考点分析】

1．该工程建设的环境可行性应从哪几个方面分析？

《环境影响评价案例分析》考试大纲中"七、环境可行性分析（1）分析建设项目的环境可行性"。

项目的环境可行性主要从国家相关法律法规、主要生态敏感点、主要环境影响因子、公众支持与否等方面进行分析。

举一反三：

铁路（公路）工程环评应注意的问题：

（1）铁路（公路）工程如遇沙化土地封禁保护区时，须经国务院或其指定部门的批准。

（2）铁路（公路）等交通运输类工程如遇有自然保护区、饮用水源保护区、风景名胜区、地质公园时，路线布设时应采取避绕措施。

（3）铁路（公路）工程经过山区、丘陵区、风沙区时，环评报告中必须要有水土保持方案。

2. 简述该项目生态环境影响工程分析的重点内容。

《环境影响评价案例分析》考试大纲中"二、项目分析（1）分析建设项目生产工艺过程的产污环节、主要污染物、资源和能源消耗等，给出污染源强，生态影响为主的项目还应根据工程特点分析施工期和运营期生态影响的因素和途径；（2）从生产工艺、资源和能源消耗指标等方面分析建设项目清洁生产水平；（3）分析计算改扩建工程污染物排放量变化情况；（4）不同工程方案（选址、规模、工艺等）的分析比选"。

3. 简述该项目生态现状调查与评价的主要内容，并说明沿线区域环境的主要生态限制因子。

《环境影响评价案例分析》考试大纲中"三、环境现状调查与评价（1）判定评价范围内环境敏感区与环境保护目标"。

生态影响评价的主要内容可参考《环境影响评价技术导则—生态影响》，生态影响评价应该包括对区域自然生态完整性的评价以及对敏感生态区域和敏感生态问题的评价两大部分。本案例项目重点应该包括：

铁路建设和运营对沿线的国家级自然保护区、风景名胜区和村庄等环境敏感点的环境影响情况；项目采用的环保措施与达标排放情况：环保措施，包括工程采取的防止水土流失的措施，防止重要生境破坏的措施，大临工程生态恢复的措施，防止敏感点生境破坏的措施，防止国家级自然保护区、风景名胜区生态系统完整性破坏的措施；达标排放情况，包括水污染物达标排放情况、噪声达标排放情况等。同时，还包括铁路危险品运输导致沿线国家级自然保护区、风景名胜区和村庄的大气环境、水环境可能产生的环境风险。

4. 简述该工程可采用的水土保持措施。

《环境影响评价案例分析》考试大纲中"六、环境保护措施分析（3）分析生态影响防护、恢复与补偿措施及其技术经济可行性"。

参考《环境影响评价技术导则—生态影响》，略。

九、农林水利类

案例1 新建水库工程

【素材】

某市拟在清水河一级支流 A 河新建水库工程，水库主要功能为城市供水、农业灌溉，主要建设内容包括大坝、城市供水取水工程、灌溉引水渠首工程，配套建设灌溉引水主干渠等。

A 河拟建水库坝址处多年平均径流量为 0.6 亿 m^3，设计水库兴利库容为 0.9 亿 m^3，坝高 40 m，回水长度 12 km，为年调节水库；水库淹没耕地 12 hm^2，需移民 170 人，库周及上游地区土地利用类型主要为天然次生林、耕地，分布有自然村落，无城镇和工矿企业。

A 河在拟建坝址下游 12 km 处汇入清水河干流，清水河 A 河汇入口下游断面多年平均径流量为 1.8 亿 m^3。

拟建灌溉引水主干渠长约 8 km，向 B 灌区供水，B 灌区灌溉面积 0.7 万 hm^2，灌溉回归水经排水渠于坝下 6 km 处汇入 A 河。

拟建水库的城市供水范围为城市新区生活和工业用水，该新区位于 A 河拟建坝址下游 10 km 处，现有居民 2 万人，远期规划人口规模 10 万人，工业以制糖、造纸为主。该新区生活污水和工业废水处理达标后排入清水河干流，清水河干流 A 河汇入口以上河段水质现状为 V 类，A 河汇入口以下河段水质为Ⅳ类。

（灌溉用水按 500 m^3/（亩·a）、城市供水按 300 L/（人·d）测算。）

【问题】

1. 给出本工程现状调查应包括的区域范围。
2. 指出本工程对下游河流的主要环境影响，并说明理由。
3. 为确定本工程大坝下游河流的最小需水量，需要分析哪些环境用水需求？
4. 本工程实施后能否满足各方面用水需求？说明理由。

【参考答案】

1. 给出本工程现状调查应包括的区域范围。

（1）A 河：库区及上游集水区，下游水文变化区直至 A 河入清水河河口的河段；

（2）B 灌区；

（3）清水河：A 河汇入的清水河上下游由于工程建设引起水文变化的河段；

（4）灌溉引水主干区沿线区域；

（5）供水城市新区。

2. 指出本工程对下游河流的主要环境影响，并说明理由。

（1）对下游洄游鱼类的阻隔影响。由于在 A 河上建设大坝，造成河道生境切割，阻止下游鱼类通过大坝完成洄游。

（2）由于坝下形成减水段，河流水文情势及水生生态将发生变化。由于库区蓄水及引水灌溉，A 河坝下至清水河汇入口 12 km 的河段将形成一个减水段。

（3）由于汇入清水河的水量减少，对清水河水文情势及水生生态也将产生不利影响。

（4）水生生物生境及鱼类"三场"的改变。坝下河段水文情势的改变，造成水生生物生境的改变，特别是鱼类"三场"将受到不利影响或破坏。

（5）低温水及气体过饱和问题。由于本工程为年调节的高坝水库，如果农灌季节下泄库底低温水，会导致下游出现低温水灌溉，导致农作物减产；如果下放上层水或下泄方式不当，则容易产生气体过饱和；另外，下放上层泥沙含量少的清水，则容易导致下游河道的冲刷、河岸的塌方。

（6）灌溉回归水（农田退水）的污染影响。灌溉回归水含有较多的污染物，对下游河流水质和干流清水河水质将造成不利的影响。

3. 为确定本工程大坝下游河流的最小需水量，需要分析哪些环境用水需求？

（1）农业灌溉用水量及新区工业和生活用水量；

（2）维持 A 河河道及清水河水质的最小稀释净化水量；

（3）维持 A 河河道及清水河水生生态系统稳定所需的水量；

（4）A 河河道外生态需水量，包括河岸植被需水量、相连湿地补给水量等；

（5）维持 A 河及清水河流域地下水位动态平衡所需要的补给水量；

（6）景观用水。

4. 本工程实施后能否满足各方面用水需求？说明理由。

（1）能满足 B 灌区的农灌用水和城市新区近、远期的供水。因为该水库的功能为城市供水和农业灌溉，而 B 灌区农灌用水为：$0.7 \times 10^4 \, hm^2 \times 15 \times 500 \, m^3/（亩·a）= 0.525 \times 10^8（m^3/a）$，城市新区远期用水为：$100\,000$ 人 $\times 300 \, L/（人·a）\times 365d \div 1\,000 = 0.109\,5 \times 10^8 \, m^3$，两者合计小于水库的兴利库容，仅占水库兴利库容的 70.5%。

（2）不能确定是否满足城市工业用水的需要，因为制糖、造纸均为高耗水行业，其规划建设的规模、用水量预测等均未知。

（3）不能确定是否满足大坝下游河道及清水河的环境用水。因为确定环境用水的各类指标未确定，A 河坝下接纳的灌溉回归水，水质较差，而且汇入清水河后，会使汇水口下游的Ⅳ类水体进一步恶化，而 A 河水库的下泄水量与水质也有不确定性。

【考点分析】

本题是根据 2012 年环评师考试《案例分析》真题修改而成，其中不少考点与本书 2012 年版 "九　农林水利类　案例 1 跨流域调水工程" 类似，请各位考生认真分析，寻找高频考点，做到事半功倍。

1. 给出本工程现状调查应包括的区域范围。

《环境影响评价案例分析》考试大纲中 "四、环境影响识别、预测与评价（2）判断建设项目影响环境的主要因素及分析产生的主要环境问题"。

此考题与本书 2012 年版 "九 农林水利类 案例 1 跨流域调水工程" "1. 该工程的环境影响范围应该包括哪些区域？" 考点完全一致，类似考点重复出现的现象很多，请考生注意。

2. 指出本工程对下游河流的主要环境影响，并说明理由。

《环境影响评价案例分析》考试大纲中 "四、环境影响识别、预测与评价（2）判断建设项目影响环境的主要因素及分析产生的主要环境问题"。

此考题与本书 2012 年版本 "九 农林水利类　案例 1 跨流域调水工程" "3. 指出工程实施对大清河下游的主要影响" 考点完全一致。

3. 为确定本工程大坝下游河流的最小需水量，需要分析哪些环境用水需求？

《环境影响评价案例分析》考试大纲中 "四、环境影响识别、预测与评价（2）判断建设项目影响环境的主要因素及分析产生的主要环境问题"。

此考题与本书 2012 年版 "九 农林水利类　案例 2　新建水利枢纽工程" "1. 确定本工程大坝下游河流最小需水量时，需要分析哪些方面的环境用水需求？" 考点完全一致。

4. 本工程实施后能否满足各方面用水需求？说明理由。

《环境影响评价案例分析》考试大纲中 "四、环境影响识别、预测与评价（2）判断建设项目影响环境的主要因素及分析产生的主要环境问题"。

案例 2 跨流域调水工程

【素材】

青城市为缓解市供水水源问题，拟建设调水工程，由市域内大清河跨流域调水到碧河水库，年均调水量为 $1.87 \times 10^7 \, m^3$，设计污水流量为 $0.75 \, m^3/s$。碧河水库现有兴利库容为 $3 \times 10^7 \, m^3$，主要使用功能拟由防洪、农业灌溉供水和水产养殖调整为防洪、城市供水和农业灌溉供水。本工程由引水枢纽和输水工程两部分组成，引水枢纽位于大清河上游，由引水堤坝、进水闸和冲沙闸组成。坝址处多年平均径流量 $9.12 \times 10^7 \, m^3$，坝前回水约 3.2 km；输水工程全长 42.94 km，由引水隧洞和输水管道组成。其中引水隧洞长 19.51 km，洞顶埋深 8~32 m，引水隧洞进口接引水枢纽，出口与 DN 1300 的预应力砼输水管相连；输水管道管顶埋深为 1.8~2.5 m，管线总长为 23.43 km。按工程设计方案，坝前回水淹没耕地 $9 \, hm^2$，不涉及居民搬迁，工程施工弃渣总量为 $1.7 \times 10^5 \, m^3$，工程弃渣方案拟设两个集中弃渣场用于枢纽工程。

【问题】

1. 该工程的环境影响范围应该包括哪些区域？
2. 给出引水隧洞工程涉及的主要环境问题。
3. 指出工程实施对大清河下游的主要影响。
4. 列出工程实施过程中需要采取的主要生态保护措施。

【参考答案】

1. 该工程的环境影响范围应该包括哪些区域？

答：应包括以下区域：

（1）调出区——大清河，包括坝后回水段、坝下减脱水段及工程引起水文情势变化的区域。

（2）调入区——碧河水库。

（3）调水线路沿线——输水工程沿线，即引水隧道及管道沿线。

（4）各类施工临时场地及弃渣场。

2. 给出引水隧洞工程涉及的主要环境问题。

答：（1）隧道施工排水引起地下水变化的问题。

（2）隧洞顶部植被及植物生长受影响的问题。

（3）隧道弃渣处理与利用的问题。

（4）隧道施工可能导致的塌方、滑坡等地质灾害及其环境影响问题。

（5）隧洞洞口结构、形式与周边景观的协调问题。

（6）隧洞施工引起的噪声与扬尘污染影响，以及生产生活污水排放的污染问题。

3. 指出工程实施对大清河下游的主要影响。

答：（1）造成坝下减脱水，甚至河床裸露，导致坝下区域生态系统类型的改变；如果不能确保下泄一定的生态流量，将影响下游河道及两岸植被的生态用水，甚至下游的工农业用水、生活用水等。

（2）改变下游河流的水文情势，如果坝下减脱水段有鱼类的"三场"，则会受到破坏。

（3）库区冲淤下灌泥沙容易导致下游河道局部泥沙淤积而抬高水位。

（4）库区不冲淤而下泄清水时又容易导致河道两岸受到清水的冲蚀而造成塌方。

（5）容易导致下游土地的盐碱化。

4. 列出工程实施过程中需要采取的主要生态保护措施。

答：（1）大清河筑坝应考虑设置过鱼设施。

（2）设置确保下泄生态流量及坝下其他用水需要的设施。

（3）弃渣场及各类临时占地的土地整治与生态恢复措施。

【考点分析】

1. 该工程的环境影响范围应该包括哪些区域？

《环境影响评价案例分析》考试大纲中"四、环境影响识别、预测与评价（2）判断建设项目影响环境的主要因素及分析产生的主要环境问题"。

2. 给出引水隧洞工程涉及的主要环境问题。

《环境影响评价案例分析》考试大纲中"四、环境影响识别、预测与评价（2）判断建设项目影响环境的主要因素及分析产生的主要环境问题"。

3. 指出工程实施对大清河下游的主要影响。

《环境影响评价案例分析》考试大纲中"四、环境影响识别、预测与评价（2）判断建设项目影响环境的主要因素及分析产生的主要环境问题"。

水利水电项目建设对下游减水河段的影响是常考不衰的重点，答案内容无非是对水文情势的影响，对水质的影响，对下游工农业等需水区的影响，对洄游路径、"三场"等环保目标的影响等。

4．列出工程实施过程中需要采取的主要生态保护措施。

《环境影响评价案例分析》考试大纲中"四、环境影响识别、预测与评价（2）判断建设项目影响环境的主要因素及分析产生的主要环境问题"和"六、环境保护措施分析（3）分析生态影响防护、恢复与补偿措施及其技术经济可行性"。

一般情况下，要完整正确地提出环保措施，必须先进行环境影响识别，然后根据环境影响提出有针对性的环保措施。

案例 3 新建水利枢纽工程

【素材】

某拟建水利枢纽工程为坝后式开发。工程以防洪为主，兼顾供水和发电。水库具有年调节性能，坝址断面多年平均流量 88.7 m³/s。运行期电站至少有一台机组按额定容量的 45%带基荷运行，可确保连续下泄流量不小于 5 m³/s。

工程永久占地 80 hm²，临时占地 10 hm²，占地性质为灌草地。水库淹没和工程占地共需搬迁安置人口 3 800 人，拟在库周分 5 个集中安置点进行安置。库区（周）无工业污染源，入库污染源主要为生活污染源和农业面源；坝址下游 10 km 处有某灌渠取水口。本区地带性植被为亚热带常绿阔叶林，水库蓄水将淹没古树名木 8 株。

库区河段现为急流河段，有 3 条支流汇入，入库支流总氮、总磷质量浓度范围分别为 0.8～1.3 mg/L，0.15～0.25 mg/L。库尾河段有某保护鱼类产卵场 2 处，该鱼类产黏沉性卵，且具有海淡洄游习性。

【问题】

1. 确定本工程大坝下游河流最小需水量时，需要分析哪些方面的环境用水需求？

2. 评价水环境影响时，需关注的主要问题有哪些？说明理由。

3. 本工程带来的哪些改变会对受保护鱼类产生影响？并提出相应的保护措施。

4. 该项目的陆生植物的保护措施有哪些？

【参考答案】

1. 确定本工程大坝下游河流最小需水量时，需要分析哪些方面的环境用水需求？

答：（1）工农业生产及生活需水量，尤其是下游 10 km 处某灌渠取水口的取水量；

（2）维持水生生态系统稳定所需水量；

（3）维持河道水质的最小稀释净化水量；

（4）维持地下水位动态平衡所需要的补给水量，以防止下游区域土壤盐碱化；

（5）维持河口泥沙冲淤平衡和防止咸潮上溯所需的水量；

（6）河道外生态需水量，包括河岸植被需水量、相连湿地补给水量等；、

（7）景观用水。

2. 评价水环境影响时，需关注的主要问题有哪些？说明理由。

答：（1）库区水体的富营养化问题。因入库支流河水中总氮、总磷浓度较高，在其他因素如水土流失、面源污染等综合作用下，容易产生富营养化。

（2）水质污染问题。若施工期管理不当，则施工废水排放可能造成污染；运营期也可能存在面源污染，特别是如果库区清理不当，库区水质还会变差。因本项目具有供水功能，故需严格保持库区水环境质量。

（3）低温水问题。本工程为年调节水库，低温水下泄将影响下游工农业用水。

（4）库区消落带污染问题。本工程具有防洪功能，库区消落带的形成容易导致水环境问题。

（5）鱼类产卵场受到污染和破坏的问题。由于受库区回水顶托的影响，库尾两处受保护的鱼类产卵场的水文情势及水质将可能发生变化，影响鱼类产卵和孵化。

（6）移民安置产生的水环境污染问题。如果移民安置不当，则容易造成水土流失，并加剧库区及河道的水环境污染。

（7）氮气过饱和问题。由于库区长期蓄水，库区污染物及周边污染物的汇入等影响，库区水体容易产生氮气过饱和，影响鱼类生活。

3. 本工程带来的哪些改变会对受保护鱼类产生影响？并提出相应的保护措施。

答：（1）大坝建设阻断了受保护鱼类的洄游通道。

（2）库区大量蓄水，受回水的顶托作用，库尾的产卵场环境也受到影响，影响了鱼类产卵和孵化。

（3）库区水文情势变化，特别是水流变缓，将不适宜急流性鱼类生活，这将导致库区鱼类种群组成的变化，包括受保护鱼类。

（4）库区大面积的淹没区，蓄水及周边面源污染物的排入，特别是如果移民安置不当，都将导致水土流失加剧，使库区水质变差，影响鱼类的生存环境。

（5）工程建设导致下游出现减水段，这将影响鱼类的正常生活和洄游。

（6）高坝下泄水，产生过饱和气体。

保护措施：

（1）库区蓄水前应进行认真的清理。（2）妥善做好移民安置工作，包括合理选择安置区。（3）合理调度工程发电，确保下泄一定的生态流量工作的长效性。（4）采取人工增殖放流、营造适宜的产卵场（如建立人工鱼礁）、建立鱼类保护区、加强调查研究，根据实际情况设置过鱼通道。（5）加强渔政管理和生态监测，防治水土流失和面源污染，切实保护流域生态环境。（6）分层放水。

4. 该项目的陆生植物的保护措施有哪些？

答：（1）施工期合理布置作业场所，进一步优化各类临时占地，严格控制占地

面积，减少对植物的破坏。

（2）对临时征占的 10 hm² 灌草地，在施工结束后及时恢复植被。

（3）对工程永久征占的 80 hm² 灌草地，在施工建设前，分层取土，剥离土壤层并保护好，用于工程取土场、弃土弃渣场或其他受破坏区域的土地整治和植被恢复.

（4）对库区蓄水将淹没的 8 株古树名木予以移植、移植后挂牌保护或建立保护区。

（5）进一步优化移民安置区，控制陡坡开垦，尽最大可能减少对植被的破坏。

（6）对受工程影响区域采取切实的水土保持措施。

（7）对容易发生地质灾害的区域，尽量避免人为干扰和植被破坏，必要时采取必要的拦挡措施，防止地质灾害发生破坏植被。

【考点分析】

1．确定本工程大坝下游河流最小需水量时，需要分析哪些方面的环境用水需求？

《环境影响评价案例分析》考试大纲中"四、环境影响识别、预测与评价（2）判断建设项目影响环境的主要因素及分析产生的主要环境问题"。

2．评价水环境影响时，需关注的主要问题有哪些？说明理由。

《环境影响评价案例分析》考试大纲中"四、环境影响识别、预测与评价（2）判断建设项目影响环境的主要因素及分析产生的主要环境问题"。

气体过饱和的含义：水库下泄水流通过溢洪道或泄洪洞冲泄到消力池时，产生巨大的压力并带入大量空气，由此造成水体中含有过饱和气体，这一情况一般发生在大坝泄洪时期，水中过饱和气体主要为氧气和氮气（氮气起决定性作用）。水库泄洪过程中过饱和氧气的产生将在一定范围内加速降解水体中好氧性污染物，溶解氧浓度的维持能使水库水质良好状态得到保证。水体中过饱和氮气对水库水质基本上无影响，但它是影响水生生物的主要物质。对水生生物的影响受体主要是鱼类，鱼类较长时间生活在溶解气体分压总和超过流体静止压强的水中，会使溶解气体在其体内、皮肤下等部位以气泡状态游离出来，这种现象叫"气泡病"，发病的鱼类多为中层、上层生活的鱼类，幼鱼死亡率为 5%～10%。

3．本工程带来的哪些改变会对受保护鱼类产生影响？并提出相应的保护措施。

《环境影响评价案例分析》考试大纲中"四、环境影响识别、预测与评价（2）判断建设项目影响环境的主要因素及分析产生的主要环境问题"。

举一反三：

水利水电项目中此类考题已经多次出现，请考生尤其注意。此题与 2013 年案例分析考试中第五题堤坝式水电站中"2. 给出本项目运行期对水生生物产生影响的主要因素"的考点几乎一致。真题答案概括如下：

（1）大坝阻隔，影响鱼类洄游；

（2）水库蓄水后水温分层、低温水下泄；

（3）库区淹没特有鱼类的产卵场；淹没部分上游高中山峡谷景观资源（如果淹没区有古树名木或其他风景名胜等也应一并作答）

（4）大坝建成后，坝下水量减少，库区水流流速减缓、水文情势改变、水质恶化；

（5）高坝下泄水，产生过饱和气体。

4．该项目的陆生植物的保护措施有哪些？

《环境影响评价案例分析》考试大纲中"六、环境保护措施分析（3）分析生态影响防护、恢复与补偿措施及其技术经济可行性"。

案例 4　梯级开发引水式电站项目

【素材】

　　某水电站建设项目为规划径流式 7 梯级开发电站中的第三级。该河流有国家级保护鱼类，其中有鲑科鱼类两种；河流两岸森林较为茂密，有国家二级保护植物和二级保护鸟类。工程土石方量 1 000 万 m³，需移民 3 000 人，拟建设为引水式电站，大坝高 130 m，长 3 000 m，坝址下游有农田 10 万亩，工厂 3 处。施工高峰时约 4 000 人。

【问题】

　　1. 生态环境现状应调查哪些内容？应采取哪些调查方法？
　　2. 大坝建设对半洄游性鱼类、洄游性鱼类有何影响？应采取什么措施？
　　3. 大坝建设对下游河道、农灌及工业用水有何影响？
　　4. 移民安置影响评价应评价哪些内容？
　　5. 对评价区国家保护植物种采取什么保护措施？

【参考答案】

　　1. 生态环境现状应调查哪些内容？应采取哪些调查方法？
　　答：（1）重点调查内容。
　　① 森林调查：要阐明植被类型、组成、结构、特点，生物多样性等；评价生物损失量、物种影响、有无重点保护物种、有无重要功能要求。
　　② 陆生和水生动物：种群、分布、数量；评价生物损失、物种影响、有无重点保护物种。要阐明是否有鱼类"三场"（产卵场、索饵场、越冬场）、洄游通道分布。特别要明确区内是否有国家和地方保护、珍稀濒危特有鱼类的分布，如有需阐明其生态习性、繁殖特性等。
　　③ 农业生态调查与评价：占地类型、面积，占用基本农田数量，农业土地生产力，农业土地质量；
　　④ 水体流失情况调查：侵蚀模数、程度、侵蚀量及损失，发展趋势及造成的生态问题，工程与水土流失的关系。
　　⑤ 景观资源调查与评价：由于项目涉及自然保护区、风景名胜区等敏感区域，

故要阐明敏感区域与工程的区位关系及自然保护区、风景名胜区内保护动植物数量、名录、生活习性、分布范围等。

（2）主要调查方法。主要有收集资料法（当地有关部门的各类规范性文件、技术资料、有关科研单位的研究成果、航拍资料）、现场踏勘法（实际观察与样方调查）、遥感及 GPS 技术应用、访问专家及当地群众等。

遥感技术应用需专业人员结合现场调查进行，主要是制作遥感图件，并解译出相关信息。

2．大坝建设对半洄游性鱼类、洄游性鱼类有何影响？应采取什么措施？

答：（1）影响。

① 大坝修建后，下游的半洄游性鱼类、洄游性鱼类无法洄游至上游，位于库区的产卵场将不复存在，河流梯级开发后其产卵场亦将全部消失，由此会影响半洄游性鱼类、洄游性鱼类的繁殖。

② 大坝修建后，一些适应于激流环境并且以摄食底栖生物为主的特有鱼类，因其适宜的生境已完全消失而在水库中绝迹。它们是无法通过水库上下交流的，因而大坝建设直接影响半洄游性鱼类、洄游性鱼类的生长。

（2）措施。

一种是采取工程措施，建鱼梯、鱼道，让洄游鱼类正常返回栖息和繁殖地；另一种是对洄游鱼类进行人工繁殖。同时，应设定水电站大坝的下泄基流量。

3．大坝建设对下游河道、农灌及工业用水有何影响？

答：（1）对下游工、农业取水的影响。如果取水口处于减脱水段，则会导致农灌、工业用水量的不足，可用水量减少甚至缺失，严重影响下游工、农业生产的发展。

（2）减（脱）水灌溉对农业生产产量的影响。冷水灌溉对生长期及产量有影响。

（3）对下游湿地的影响。减水（脱水）的河道流量大大减少，下游湿地可能因此而消失。

（4）对洄游性鱼类造成严重的影响，导致洄游鱼类无法洄游到大坝上游，影响其索饵或繁殖。

（5）清水下泄改变河道原来的水文情势，对下游河岸产生冲蚀影响。

4．移民安置影响评价应评价哪些内容？

答：一般评价对移民生活、就业和经济状况的影响，移民安置区土地开发利用对环境的影响。包括：

（1）对移民生产条件、生活质量的影响：应考虑搬迁初期、搬迁后期；预测移民环境容量和移民生产条件、生活质量及环境状况，并从生态保护角度分析移民环境容量的合理性。

（2）对水环境的影响：应预测生产和生活废污水量、主要污染物及对水质的影响。

（3）对生态环境的影响：移民后开发、工程建设和农田开垦，将进一步破坏生态系统。

（4）对社会环境的影响：移民从水电站库区迁移到异地，对当地的风俗、社会习惯产生影响。

（5）对人群健康的影响：移民搬迁把原来的流行传染疾病一并转移，对当地人群健康产生影响。

5. 对评价区国家保护植物种采取什么保护措施？

答：（1）对施工人员进行野生植物保护的宣传教育。

（2）建立生态破坏惩罚制度，禁止野外用火。

（3）征求文物、林业等部门的意见，对名木采取工程防护、移栽、引种繁殖栽培、种质库保存及挂牌保存。

【考点分析】

1. 生态环境现状应调查哪些内容？应采取哪些调查方法？

《环境影响评价案例分析》考试大纲中"三、环境现状调查与评价（2）制定环境现状调查与监测方案"。

2. 大坝建设对半洄游性鱼类、洄游性鱼类有何影响？应采取什么措施？

《环境影响评价案例分析》考试大纲中"四、环境影响识别、预测与评价（2）判断建设项目影响环境的主要因素及分析产生的主要环境问题"和"六、环境保护措施分析（3）分析生态影响防护、恢复与补偿措施及其技术经济可行性"。

举一反三：

大坝建设对生态环境的影响是水利水电建设项目必须关注的重要问题，评价中必须对河流生态结构与功能有充分的调查和认识，大坝建设导致的淹没、阻隔、径流变化是对河流生态系统最大的干扰，评价中应根据《环境影响评价技术导则—生态影响》中提供的景观生态学评价方法，重点评价大坝建设对河流廊道的生态功能的影响，并要考虑河流的连续性的生态功能。

一般情况下，水利水电项目水生生态影响要分析水文情势变化造成的生境变化，对浮游植物、浮游动物、底栖生物、高等水生植物的影响，对国家和地方重点保护水生生物，以及珍稀濒危特有鱼类及渔业资源等的影响，对"三场"分布、洄游通道（包括虾、蟹）、重要经济鱼类及渔业资源等的影响。

3. 大坝建设对下游河道、农灌及工业用水有何影响？

《环境影响评价案例分析》考试大纲中"四、环境影响识别、预测与评价（2）判断建设项目影响环境的主要因素及分析产生的主要环境问题"。

举一反三:

引水式电站环境对于河道生态影响比较大,主要是由于大坝建设会造成下游河道的减水或脱水。对于此类电站对河流生态系统的影响必须深入进行评价,特别是本案例项目属于梯级开发引水电站,一定程度上会使天然河流流量减少,乃至河道断流,最终导致生态功能完全丧失。

4. 移民安置影响评价应评价哪些内容?

《环境影响评价案例分析》考试大纲中"四、环境影响识别、预测与评价(2)判断建设项目影响环境的主要因素及分析产生的主要环境问题"。

5. 对评价区国家保护植物种采取什么保护措施?

《环境影响评价案例分析》考试大纲中"四、环境影响识别、预测与评价(2)判断建设项目影响环境的主要因素及分析产生的主要环境问题"和"六、环境保护措施分析(3)分析生态影响防护、恢复与补偿措施及其技术经济可行性"。

举一反三:

本题与本书"九、农林水利类 案例 3 新建水利枢纽工程 4. 该项目的陆生植物的保护措施有哪些?"考点类似,请考生自行总结。类似考点近 3 年案例分析考试中多次出现,值得注意。

案例 5　水电站扩建项目

【素材】

某水电站项目，于 2003 年验收。现有 4 台 600 MW 发电机组。水库淹没面积 120 km², 安排移民 3 万人，由于移民安置不太妥当，移民开垦陡坡、毁林开荒等现象严重。改、扩建工程拟新增一台 600 MW 发电机组，以增加调峰能力，库容、运行场所等工程不变。职工人员不变，新增机组只在用电高峰时使用。在山体上开河，引水进入电站。工程所需的沙石料距项目 20 km 处，由汽车运输，路边 500 m 有一村庄。原有工程弃渣堆放在水电站下游 200 m 的滩地上，有防护措施。

【问题】

1. 项目现有主要环境问题有哪些？确定项目主要环境保护目标及影响因素。
2. 生态环境调查除一般需调查的外，还需重点注意哪些问题的调查？
3. 水电运行期对环境的主要影响有哪些？
4. 弃渣场位置是否合理？拟采取什么措施（现有电站整改措施）？

【参考答案】

1. 项目现有主要环境问题有哪些？确定项目主要环境保护目标及影响因素。

答：项目现有主要环境问题：

（1）移民开垦陡坡、毁林开荒等，容易造成山体不稳而导致塌方，大面积的毁林开荒可引起水土流失，最终导致下游河道淤积。

（2）山体上开河可能造成水土流失。

（3）施工期噪声。

（4）工程弃渣。

项目主要环境保护目标及影响因素：

（1）自然环境。影响因素：移民开垦陡坡、毁林开荒造成的植被减少、山体地质不稳，容易导致塌方和水土流失，同时山体上开河可造成水土流失。

（2）路边 500 m 的村庄。影响因素：施工期噪声和扬尘。

（3）河道管理范围。影响因素：工程弃渣。

2．生态环境调查除一般需调查的外，还需重点注意哪些问题的调查？

答：调查动植物物种清单；生态系统的完整性、稳定性、生产力等；生态系统与其他系统的连通性和制约问题；水土流失等问题。

3．水电运行期对环境的主要影响有哪些？

答：库区：泥沙的排泄，对适应流水生活的鱼类的迁移、物种多样性等的影响。

脱水段：影响两栖类、鱼类物种，生态用水，民用、工业用水，整个流域的生物多样性、完整性及岸上动物的迁移。

除此外，还包括对调水区的生态影响，对植被的破坏，水土流失，对景观的影响等。

4．弃渣场位置是否合理？拟采取什么措施（现有电站整改措施）？

不合理。应采取搬迁措施。弃渣场不能设在水库下游的滩地上，因发电排泄的水量大，易阻塞河道、导致行水困难。

【考点分析】

1．项目现有主要环境问题有哪些？确定项目主要环境保护目标及影响因素。

《环境影响评价案例分析》考试大纲中"四、环境影响识别、预测与评价（2）判断建设项目影响环境的主要因素及分析产生的主要环境问题；（4）确定评价工作等级、评价范围及各环境要素的环境保护要求"。

2．生态环境调查除一般需调查的外，还需重点注意哪些问题的调查？

《环境影响评价案例分析》考试大纲中"三、环境现状调查与评价（1）判定评价范围内环境敏感区与环境保护目标；（2）制定环境现状调查与监测方案"。

举一反三：

水利水电项目生态环境调查内容大致包括以下几点，需要根据项目具体特点进行分析和取舍。

（1）森林调查：类型、面积、覆盖率、生物量、组成的物种等；评价生物量损失、物种影响、有无重点保护物种、有无重要功能要求（如水源林等）。

（2）陆生和水生动物：种群、分布、数量；评价生物量损失、物种影响、有无重点保护物种。

（3）农业生态调查与评价：占地类型、面积，占用基本农田数量，农业土地生产力，农业土地质量。

（4）水土流失调查与评价：侵蚀面积、程度，侵蚀量及损失，发展趋势及造成的生态环境问题，工程与水土流失的关系。

（5）景观资源调查与评价：水库周边景观敏感点段，主要景观保护目标及保护要求，水库建设与重要景观景点的关系。

现状调查方法有：现有资料收集、分析，规划图件收集；植被样方调查，主要调查物种、覆盖率及生物量；现场勘查景观敏感点段；也可以利用遥感信息测算植被覆盖率、地形、地貌及各类生态系统面积、水土流失情况等。

3. 水电运行期对环境的主要影响有哪些？

《环境影响评价案例分析》考试大纲中"四、环境影响识别、预测与评价（2）判断建设项目影响环境的主要因素及分析产生的主要环境问题"。

举一反三：

水利水电项目运营期间的主要环境影响大致包括以下几点。

（1）水环境影响。

① 对水文情势的影响：对库区水文情势的影响（水位变幅、水库内流速减缓）；减水河段内的流量变化；厂房下游水文情势分析。

② 对泥沙情势的影响。

③ 对水温的影响：水库水温结构的变化等。

④ 对水质的影响：重点分析对减水河段的影响，一般减水河段自净能力下降。

（2）生态环境影响。

① 对局地气候的影响（可通过类比分析）。

② 对水生生物多样性的影响（对库区鱼类等水生生物；减水河段鱼类等水生生物；产卵场、索饵场、越冬场的影响）。

③ 对陆生生物多样性的影响。

④ 大坝建设对河流廊道的生态功能的影响（分析大坝建设导致的淹没、阻隔、径流变化对河流生态系统的影响）。

⑤ 新增水土流失预测（主要为工程永久占地、渣场、料场、施工公路占地、施工辅助企业占地、围堰、暂存表土等引起的水土流失）。

（3）社会环境影响。

① 对用水的影响：减水河段用水、下游用水。

② 对社会经济的影响。

③ 对人群健康的影响。

（4）对移民安置区的影响（新的移民搬迁后，其生活对周围环境的影响）。

（5）对环境地质的影响（主要是渣场等是否会引起滑坡、塌陷、泥石流等灾害，是否会引发地震等）。

4. 弃渣场位置是否合理？拟采取什么措施（现有电站整改措施）？

《环境影响评价案例分析》考试大纲中"六、环境保护措施分析（3）分析生态影响防护、恢复与补偿措施及其技术经济可行性"。

案例 1   用地性质调整规划项目

【素材】

长江中下游某城市为了进一步改造遗留工业问题,决定将某大型油漆厂所在区域进行调整,全部划为工业区。该油漆厂原本为该区域唯一一家工业企业,企业废水自行处理后排入无名河(河宽 25 m,流量为 12 m³/s),周边地块原先均为农田,现状油漆厂南厂界噪声(不通过列车时)昼夜为 70/58 dB(A),现地方管理部门拟将油漆厂进行改造,并且将整片区域划为工业区,规划产业发展方向为精细化工、电子信息和建材。另外在区域内建设一个 1.2 万 t/d 的污水处理厂,统一处理后排入地块北侧的无名河。地块西侧为目前已有道路以及果园,地块南面为自 2008 年就已经通车的铁路,距离工业区边界仅为 18 m。地块西南面距离区域边界 670 m 处为规划的某住宅用地,目前尚未建设(图 1)。

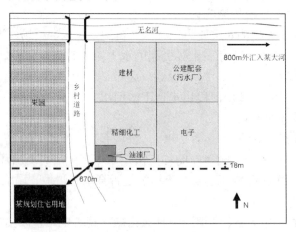

图 1   工业区规划图

地区常年平均风速为 1.8 m/s,所在大气环境功能区划为二类功能区,地表水环境功能区划为Ⅳ类,声环境功能区划未划分。主要河道无名河水质因子 COD 为 28 mg/L,BOD₅ 为 4.6 mg/L,氨氮为 1.6 mg/L;大河水质因子 COD 为 21 mg/L,BOD₅

为 3 mg/L，氨氮为 0.8 mg/L。

【问题】

1. 请列出区域开发可能面临的环境限制条件及解决方案。
2. 请列出大气环境质量现状监测因子。
3. 请指出油漆厂是否存在厂界噪声超标。

【参考答案】

1. 请列出区域开发可能面临的环境限制条件及解决方案。

答：目前区域开发可能面临的环境限制条件有：

（1）周围用地现状及规划与工业用地之间的矛盾。如根据《保护农作物的大气污染物最高允许浓度》（GB 9137—88）的要求，地块西侧的果园对大气中 CO_2 和氟化物均有严格的要求。而工业园区产业导向中的建材和电子产业均有特征污染物氟化物的排放。又根据《油漆厂卫生防护距离标准》（GB 18070—2000），本地区常年平均风速小于 2 m/s，油漆厂与周围居住区需要保持 700 m 的卫生防护距离。目前该油漆厂与居住区的距离不能满足卫生防护距离要求。

（2）现状水环境质量中氨氮指标已经超过功能区要求上限，而本区域污水处理厂废水拟排入当地河道，且无名河流量仅为 12 m³/s，属于小河，水流较缓，容易造成氨氮超标。

解决方案：

（1）调整产业结构导向或者控制特征产业的发展，如对建材和电子行业适当控制，但是发展的前提是其特征污染物排放因子能满足控制要求。

（2）适当调整规划住宅用地，留足卫生防护距离。

（3）延长污水排水管道，将污水处理厂尾水排至某大河。

2. 请列出大气环境质量现状监测因子

答：大气环境质量现状监测因子应当包括：SO_2、NO_2、PM_{10}、F^-、氨、H_2S、二甲苯、苯、HCl。

3. 请指出油漆厂是否存在厂界噪声超标。

答：超标。厂界南侧为铁路，距离厂界仅为 18 m，根据《城市区域环境噪声适用区划分技术规范》（GB/T 15190—94）以及《声环境质量标准》（GB 3096—2008），工业区地块应当划分为 3 类区，铁路两侧应当划分为 4 类区。按照《城市区域环境噪声适用区划分技术规范》，4 类区与 3 类区相邻时，4 类区两侧标准适用区域为 20±5 m；油漆厂南侧距离铁路仅为 18 m，应当执行 4b 类标准限值，即昼夜分别是 70/60 dB（A）；但是该铁路属于 2010 年 12 月 31 日前已经建设的既有铁路，按照《声环境质量标准》（GB 3096—2008）5.3 条规定，其标准限值应当执行昼夜分别为

70/55 dB（A）的要求。

【考点分析】

1. 请列出区域开发可能面临的环境限制条件及解决方案。

《环境影响评价案例分析》考试大纲中"七、环境可行性分析（1）分析建设项目的环境可行性"。

举一反三：

一般情况下，建设项目的环境限制条件有两个：（1）由于建设项目产生的污染物排放而对周围环境产生的环境影响问题，（2）外界环境存在相关企业的污染问题或者地质条件不允许等原因对项目本身的制约，故需要全面考虑。

解决方案相应也有两个：（1）对建设项目的污染排放采取环保措施，使其达标排放，以使其对环境的影响达到可接受水平；（2）对项目选址进行重新考虑或者对项目的平面布置进行调整，改变建设项目中的敏感部分的布局以摆脱外界条件对项目本身的制约。

2. 请列出大气环境质量现状监测因子。

《环境影响评价案例分析》考试大纲中"三、环境现状调查与评价（2）制定环境现状调查与监测方案"。

3. 请指出油漆厂是否存在厂界噪声超标。

《环境影响评价案例分析》考试大纲中"四、环境影响识别、预测与评价（8）预测和评价环境影响（含非正常工况）。"

举一反三：

《声环境质量标准》（GB 3096—2008）规定了环境噪声限值及其注意事项，对此需要熟练掌握。

---

5 环境噪声限值

5.1 各类声环境功能区适用表 1 规定的环境噪声等效声级限值。

表 1　环境噪声限值　　　　　单位：dB（A）

声环境功能区类别		时段	
		昼间	夜间
0 类		50	40
1 类		55	45
2 类		60	50
3 类		65	55
4 类	4a 类	70	55
	4b 类	70	60

5.2 表 1 中 4b 类声环境功能区环境噪声限值，适用于 2011 年 1 月 1 日起环境影响评价文件通过审批的新建铁路（含新开廊道的增建铁路）干线建设项目两侧区域。

5.3 在下列情况下，铁路干线两侧区域不通过列车时的环境背景噪声限值，按昼间 70 dB (A)、夜间 55 dB (A) 执行：

　　a）穿越城区的既有铁路干线；

　　b）对穿越城区的既有铁路干线进行改建、扩建的铁路建设项目。

既有铁路是指 2010 年 12 月 31 日前已建成运营的铁路或环境影响评价文件已通过审批的铁路建设项目。

5.4 各类声环境功能区夜间突发噪声，其最大声级超过环境噪声限值的幅度不得高于 15 dB (A)

案例 2   煤矿矿区规划环评

【素材】

某矿区位于内蒙古锡林浩特盟，矿区煤炭资源分布面积广，煤层赋存稳定，资源十分丰富，是适宜露天和井工开采的特大型煤田，是我国重要的能源基地。矿区东西长 40 km，南北宽 35 km，规划面积 960 km²，均衡生产服务年限为 100 年。境界内地质储量 19 669 Mt，主采煤层平均厚度 10.65 m，其中露天开采储量 14 160 Mt，井工开采储量 5 509 Mt，另外还有后备区 1 070 Mt，暂未利用储量 1 703 Mt。为合理开发煤炭资源，当地拟定该矿区开发的规划，包括井田划分方案，煤炭洗选及加工转化规划，矿区地面设施规划（矿井及选煤厂、附属企业、铁路专用线、瓦斯电厂、煤矸石综合利用电厂等），矿区给、排水规划和环境保护规划等。

该矿区内目前已有一座露天矿在生产。区内只有一条河流流过，矿区地处中纬度的西风带，属半干旱大陆性气候，草原面积占 97.3%，森林覆盖率 1.23%。多年来，由于干旱、大风、过牧等因素的影响，保护区的生态环境十分恶劣，沙化、退化草场所占比例扩展到 64%。特别是近几年来，由于连续遭受干旱、沙尘暴等自然灾害，有的地方连续两年寸草不生。水资源短缺，地下水补给主要靠大气降水和地表水渗入。

【问题】

1. 列出该规划环评的主要保护目标。
2. 列出该规划环评的主要评价内容。
3. 列出该评价的重点。
4. 矿区内河流已无环境容量，应如何利用污废水？
5. 应从哪几方面进行矿区总体规划的合理性论证？

【参考答案】

1. 列出该规划环评的主要保护目标。

和项目环评一样，根据矿区周边的自然环境特征、人文特点、环境功能要求，该区环境保护目标为矿区生态环境、区域地表水环境、区域地下水环境、环境空气、声环境、社会环境、固体废弃物、资源与能源。使之满足相应的功能区划，矿区与区域社会持续协调发展，固体废物的生成量达到最小化、减量化及资源化，资源与能源消耗总量达到减量化，以及鼓励更多地使用可再生的资源，能源及废物实现资源化利用。并根据单项工程的具体进度确定各环境要素在不同阶段的保护目标。

2．列出该规划环评的主要评价内容。

（1）规划方案。

（2）规划区域环境。

（3）规划方案初步分析。

（4）环境影响识别与环境目标及评价指标。

（5）环境调查与评价。

（6）环境影响预测与评价。

（7）环境容量与污染物总量控制。

（8）生态环境保护与建设。

（9）公众参与。

（10）矿区总体规划合理性论证。

（11）环境保护对策和减缓措施。

（12）清洁生产与循环经济。

（13）环境管理和监测计划。

3．列出该评价的重点

（1）在区域自然环境资源现状调查和环境质量评价的基础上，对开发区环境现状、环境承载能力、环境影响进行分析，识别制约本地区经济发展的主要环境因素，提出对策和措施。

（2）根据矿区发展目标和方案，识别规划区的开发活动可能带来的主要环境影响以及可能制约开发区发展的环境因素，并提出对策和措施。

（3）从环境保护角度论证规划项目建设，包括能源开发，资源综合利用，污染集中治理设施的规模、工艺、布局的合理性。

（4）对拟议的规划建设项目（包括土地利用规划、环境功能区划、产业结构与布局、发展规模、基础设施建设、环保设施建设等）进行环境影响分析和综合论证，提出完善规划的建议和对策。

（5）提出大气污染物总量控制方案。

（6）制定区域环境保护宏观战略规划和区域环境保护与生态建设规划。

将评价要素中的生态环境、水环境和环境保护对策作为本次评价工作的重点。

4．矿区内河流已无环境容量，应如何利用污废水？

尽量做到废水零排放，疏干水要求资源化利用；生活污水经过处理后回用于各生产环节；实在用不完的疏干水和生活污水就近送往其他需水项目供利用；根据该区域自然环境特点，采用人工或天然氧化塘处理污废水，满足相关标准后进行回用。

5. 应从哪几方面进行矿区总体规划的合理性论证？

① 矿区规划的资源可行性；② 矿区规划与城市总体规划的合理布局分析；③ 总体规划主体项目与国家产业政策一致性分析；④ 经济与社会环境协调性分析。

【考点分析】

1. 列出该规划环评的主要保护目标。

《环境影响评价案例分析》考试大纲中"三、环境现状调查与评价（1）判定评价范围内环境敏感区与环境保护目标"。

根据《环境影响评价技术导则—大气环境》（HJ 2.2—2008）中如何根据常规因子和特征因子制定现状监测方案的内容确定，详见导则原文。

2. 列出该规划环评的主要评价内容。

《环境影响评价案例分析》考试大纲中"九、规划环境影响评价（1）分析规划的环境协调性；（2）判断规划实施后影响环境的主要因素及可能产生的主要环境问题；（3）比选规划的替代方案及分析环境影响减缓措施的合理性"。

3. 列出该评价的重点。

《环境影响评价案例分析》考试大纲中"九、规划环境影响评价（2）判断规划实施后影响环境的主要因素及可能产生的主要环境问题"。

4. 矿区内河流已无环境容量，应如何利用污废水？

《环境影响评价案例分析》考试大纲中"九、规划环境影响评价（3）比选规划的替代方案及分析环境影响减缓措施的合理性"。

5. 应从哪几方面进行矿区总体规划的合理性论证？

《环境影响评价案例分析》考试大纲中"九、规划环境影响评价（1）分析规划的环境协调性"。

案例 3 水电规划环评

【素材】

某山区河流流域总面积 25 900 km²，干流长度 383 km，天然落差 2 493 m，水量丰沛，干流河床比降大，年平均径流量 158 m³/s，水能资源丰富。在该河流上游距离河口 146 km 处已经有一蓄水 5.4 亿 m³ 的水库。河段所在地区经济不发达，流域总人口 5.1 万人，涉及两个县的 14 个乡，国内总产值 1.7 亿元。为发展地方经济，开发水电资源成为该流域的一个必然的选择。根据该河流的形态、资源分布特点和水库的蓄水位变化情况，水电部门做出了该流域梯级水电开发规划。该规划提出 5 个拟议订方案，分别在河流的不同河段开发 4 组可能的梯级开发方案，其中一个作为规划的推荐方案，规划中主要在不同梯级组的地质条件、水文泥沙情况、交通条件、动能经济指标、水库淹没、工程枢纽布置、工程量以及环境影响等方面进行技术经济比较和论证。最后推荐的开发方案是"一库 5 级"方案。

【问题】

1. 该规划的环境影响评价重点是什么？
2. 简述生态影响预测与评价的主要内容。
3. 规划分析的主要内容有哪些？
4. 列表表示该规划环评的评价指标体系。
5. 开展该规划环境影响评价需要涉及哪些机构或者部门？其作用是什么？

【参考答案】

1. 该规划的环境影响评价重点是什么？

答：该项目属于专项规划的环境影响评价，从项目性质和所在地区的环境概况看，项目的主要影响是对所在地区的生态系统及水库淹没区的土地利用和社会的影响。对该规划进行环境影响评价的重点是规划分析、生态影响评价和替代方案。规划分析中该规划与其他相关规划的协调是重点内容；生态影响评价重点是规划对流域陆生和水生生态系统的影响；替代方案分析比较主要是针对不同的规划方案以及规划取消情况下的零方案，对社会、经济和环境的影响的对比分析。

2．简述生态影响预测与评价的主要内容。

答：水电梯级开发产生的生态影响主要包括：土地淹没对陆生动植物分布及多样性的影响，对水生生物多样性的影响。因此生态影响与预测的主要内容包括：

（1）对陆生植物的影响。

① 直接影响：各规划方案的水库淹没情况；各规划方案的植被损失情况；影响区内有无珍稀（列入国家级或地方级保护名录的）动植物。对流域内陆地生态系统中动物和植物多样性的影响。

② 间接影响：人为活动增加，水电开发造成的交通运行、电力输送等活动对植被的破坏。

施工期的临时影响：施工活动造成的植被破坏。

（2）对陆生动物的影响。

① 工程实施后的影响：水库的蓄水和发电将造成水库周边频繁的水陆变换，可能会影响到爬行类和两栖类动物的生境条件。河道在丰水期水量会减少，对动物会产生影响。

② 施工过程对动物的影响：对鸟类、兽类、昆虫和其他动物的影响。

（3）对流域内陆地生态系统稳定性及完整性的影响。

（4）对水生生物的影响。

① 施工过程对水生生物的影响：对藻类、底栖动物、鱼类的影响。

② 运行期对水生生物的影响：库区使得生物量增加，种类增加；河道减水对河流中鱼类、底栖生物和藻类等的影响。

（5）对干流河段水生生物的多样性、完整性和稳定性的影响。

3．规划分析的主要内容有哪些？

答：规划分析主要内容包括：

（1）规划描述：规划的背景及意义、规划方案简介、规划推荐方案和规划的近期工程及开发顺序等。

（2）规划目标协调性分析：水电开发规划与本地区社会经济发展目标的协调，与整个流域开发目标的协调，与本地区其他相关规划（土地利用规划、水利规划、城镇体系发展规划及旅游资源开发规划等）的协调性分析。

（3）规划的环境限制性因素分析。

4．列表表示该规划环评的评价指标体系。

主题	环境目标	评价指标
生态环境	保护生物多样性，保持生态系统的结构和功能的完整，不加剧水土流失	是否导致物种消失，珍稀物种的数量和分布，陆生生物的数量和多样性，水生生物的数量和多样性，水土流失量，弃渣土石方量

主题	环境目标	评价指标
水环境	流域水环境达到功能要求，水源功能得以保护，生态用水得以保证，景观用水得以保证	河流、水库水质达标率，供水水源达标率，生态用水保证率，景观用水保证率
社会环境	有利于地区经济发展，有利于当地居民的生活条件与社会发展规划相协调，有利于当地居民的就业	对当地经济的贡献率，移民数量，就业数量，对当地基础设施的贡献
资源开发利用	水能资源有效利用，土地资源有效利用，景观旅游资源有效利用	水能资源利用率，淹没耕地数量，淹没林地数量，永久占地数量，受影响旅游点

5. 开展该规划环境影响评价需要涉及哪些机构或者部门？其作用是什么？

答：开展本规划环境影响评价要涉及的机构或部门及其作用如下：

机构或部门	作用
当地政府水利水电主管部门	规划的审批和委托编制
当地政府环境保护行政主管部门	参与规划环评的审查
上级环保行政主管部门	主管规划环评的审查
评价机构	规划环境影响报告书的编制
规划编制单位	规划的编制，接受或拒绝环境影响报告书中的环境保护措施
政府其他相关部门	对环境影响报告书提出意见
其他关心的公众或非政府组织	公众参与

【考点分析】

1. 该规划的环境影响评价重点是什么？

《环境影响评价案例分析》考试大纲中"九、规划环境影响评价（2）判断规划实施后影响环境的主要因素及可能产生的主要环境问题"。

从专项规划的特点出发，其环境影响评价的重点就是工作的重点和规划将来可能产生的主要环境影响。专项规划不同于建设项目，水电开发规划的影响更多应该关注其对区域的整体影响，所以规划分析是重要的。另外此类规划的行动后果一般不产生重要的污染问题，而对于流域的生态系统则影响则很大。

2. 简述生态影响预测与评价的主要内容。

《环境影响评价案例分析》考试大纲中"九、规划环境影响评价（2）判断规划实施后影响环境的主要因素及可能产生的主要环境问题"。

参考《环境影响评价技术导则—生态影响》中对于生态影响预测与评价的要求，根据项目可能对陆生、水生生态系统产生的影响的特点，提出对珍稀物种、生物多样性与生态系统结构和功能完整性三个方面的影响预测和评价。

3. 规划分析的主要内容有哪些?

《环境影响评价案例分析》考试大纲中"九、规划环境影响评价（2）判断规划实施后影响环境的主要因素及可能产生的主要环境问题"。

参考《规划环境影响评价技术导则》中对于规划分析的主要要求与建设性项目工程分析类型。从以下三个方面考虑：规划本身的介绍和描述，规划的协调性，当地环境资源条件对规划本身的限制。

4. 列表表示该规划环评的评价指标体系。

《环境影响评价案例分析》考试大纲中"九、规划环境影响评价（2）判断规划实施后影响环境的主要因素及可能产生的主要环境问题"。

参考《规划环境影响评价技术导则》中评价的指标体系，从环境主题、环境目标和评价指标三个层次，结合本案例的实际情况提出。其中生态、水环境和社会经济是必须有的，空气质量、噪声、固体废弃物等可以省略。

5. 开展该规划环境影响评价需要涉及哪些机构或者部门? 其作用是什么?

《环境影响评价案例分析》考试大纲中"一、相关法律法规运用和政策、规划的符合性分析（1）分析建设项目环境影响评价中运用的法律法规的适用性"。

案例 4　工业园规划环评项目

【素材】

A市拟在本市西北方向10 km处建设规划面积为5 500亩的"向日葵工业园"，它是经A市所在的B省人民政府批准的省级开发区。该工业园区以绿色食品加工、轻纺服装、机械电子、新型建材与电子加工行业为主导产业。该工业园区规划布局是：北部为轻纺服装、新型建材企业的厂房区；南部主要为产业服务区板块，含工业园管理区、公共服务设施、商业金融、医疗卫生、居住用地等；东部规划为绿色食品加工、电子行业加工区板块。根据工业园规划，入园各企业均自建燃煤锅炉进行供热。详见图1《向日葵工业园园区规划图》。

向日葵工业园西北方向2 km处为峰河，该河无划定饮用水源保护区及游泳区。峰河为A市城区排水及向日葵工业园排水最终受纳水体。峰河全长656 km，集水面积为45 220 km²，河段弯曲系数0.68，平均比降为0.3‰。峰河A市段每年高水位期在7~8月，低水位期在12月~翌年2月，常年径流量平均395亿 m³，最高径流量654亿 m³，最低径流量180亿 m³；枯水期段平均流量270 m³/s。

根据工业园规划内容，向日葵工业园东南向拟建设园区污水集中处理厂，处理规模为2.5万 t/d。该工业园所在区域属典型的北亚热带大陆性季风气候，四季分明，光照充足，雨量充沛。A市城市主导风向为ES。园区周边目前有少量分散的董家湾居民点。主要植被为高大茂密的落叶阔叶林和常绿针叶林，其树种主要为水杉、池杉、椿、槐、杨、油茶、南茶、柑橘、乌桕、板栗、梨、柿、桑等。农作物有水稻、小麦、油菜、棉花、芝麻等。

向日葵工业园主要环境敏感目标如表1所示。

表1　向日葵工业园主要环境敏感目标

保护对象	性质	位置关系
A市市区	行政、商贸、文化教育、集中居住区域	工业园区东南10 km
峰河	地表水III类水体	紧邻工业园东南侧，为A市城市污水及工业园排水最终水体
工业园区周边	董家湾居民点（非集中）	工业园区周边

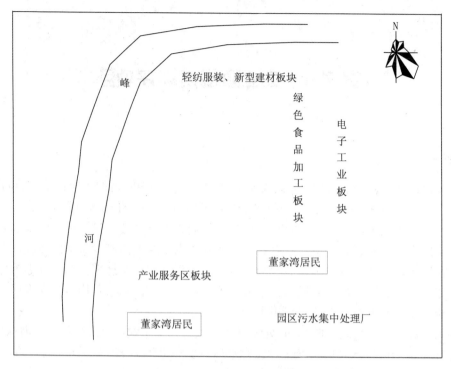

图1　向日葵工业园园区规划图

【问题】

请根据上述背景材料，回答以下问题：

1. 向日葵工业园环境影响评价报告书应设置哪些评价专题？

2. 在工业园规划与城市发展规划协调性分析中，应包括哪些主要内容？

3. 从环境保护角度出发，评述向日葵工业园污水集中处理厂设置的合理性。

4. 若在工业园里建设一个电镀基地，那么在本环评报告书中还应该增加哪些内容？

5. 根据题目提供的素材，请提出向日葵工业园规划布局调整建议。

【参考答案】

1. 向日葵工业园环境影响评价报告书应设置哪些评价专题？

答：向日葵工业园环境影响评价报告书应设置以下评价专题：

（1）区域环境现状调查：自然环境及生态环境调查、社会环境调查；

（2）区域环境质量现状调查、监测和评价：水环境质量现状调查、监测和评价，大气环境质量现状调查、监测和评价，声环境质量现状调查、监测和评价；

（3）水环境影响评价和控制措施：水污染源预测、峰河水环境影响预测及评价；

（4）大气环境影响评价和控制措施：评价区区域污染气象特征、大气污染源预测、区域大气环境质量影响预测和评价；

（5）生态环境影响分析：生态变化影响因素、生态环境影响分析、生态环境保护和生态建设；

（6）声环境质量影响评价：主要噪声源预测、区域声环境质量预测、区域噪声影响控制；

（7）固体废物环境影响分析：固体废物污染源预测、固体废物及其处理对环境的影响分析、固体废物的处置和综合利用；

（8）区域社会经济分析：工业园区经济分析、对 A 市及 A 市所在 B 省的社会经济影响分析；

（9）环境容量与污染物排放总量控制：水环境容量分析和污染物排放总量控制；

（10）区域开发规划方案合理性分析：工业园区规划与 A 市总体规划一致性分析、工业园区总体布局与功能分区合理性分析、工业园区环境功能区划的合理性分析、工业园区规划与土地利用总体规划合理性分析、工业园区土地利用生态适宜度分析、工业园区发展限制因素分析；

（11）公众参与：征询工业园区内和区外单位、专家和公众意见；

（12）工业园区环境管理体系：环境管理及信息系统、环境风险管理、环境监测；

（13）工业园区规划优化调整建议。

2. 在工业园规划与城市发展规划协调性分析中，应包括哪些主要内容？

答：在工业园规划与城市发展规划协调分析中，应包括的主要内容有以下几个方面：

（1）工业园土地利用的规划与 A 市城市发展规划协调性分析；

（2）工业园规划布局与 A 市产业结构协调性分析；

（3）工业园排水与峰河 A 市段水体功能区划的协调性分析；

（4）工业园区环境保护规划与 A 市环境保护规划的协调性分析；

（5）工业园水资源利用和能源规划与 A 市相关规划的协调性分析等；

（6）工业园区供热规划与 A 市相关规划的协调性分析等。

3. 从环境保护角度出发，评述向日葵工业园污水集中处理厂设置的合理性。

答：从环境保护角度出发，向日葵工业园污水集中处理厂设置在东南向不合理。理由如下：

（1）工业园污水集中处理厂设在东南向，距离纳污水体峰河较远，污水管网路线铺设长；

（2）A 市的城市主导风向为 ES，园区规划将集中污水处理厂设置在主导风向的上风向。若将污水处理厂调整布置在园区西北向，就可避免污水处理厂恶臭气体对工业园区及董家湾居民点的影响。

4．若在工业园里建设一个电镀基地，那么在本环评报告书中还应该增加哪些内容？

答：若在工业园里建设一个电镀基地，则在本环评报告书中还应该增加下列内容：

（1）电镀基地与工业园布局规划的协调性分析；

（2）对电镀基地在工业园的选址合理性进行分析；

（3）电镀基地必须单独建设污水处理设施，提高污水的回用率及重复使用率，并且加强污水管网防渗防漏措施等方面的分析；

（4）处理后的电镀废水对向日葵工业园集中污水处理厂的废水接纳能力及水质的冲击影响分析；

（5）提出对电镀基地生产产生的酸性气体（主要为酸电解除锈工艺中产生的硫酸酸雾、镀铬时产生的铬酸雾、中和工段挥发的 HCl）的控制减缓措施；

（6）对电镀基地周边土壤重金属本底进行监测；

（7）提出对电镀基地污泥的安全处置措施；

（8）对工业园区设置卫生防护距离可行性的分析；

（9）循环经济在电镀基地层次的分析。

5．根据题目提供的素材，请提出向日葵工业园规划布局调整建议。

答：向日葵工业园规划布局调整建议如下：

（1）建议污水处理厂的位置布置在园区的西北向；

（2）工业园供热企业不能自建燃煤锅炉，应该由工业园采用集中供热，建设供热电厂，并使用天然气、柴油等清洁能源；

（3）尽量将产生污染较大的企业布置在工业园以北的地块，将污染较小的企业布置在工业园以东地块；

（4）将位于污水集中处理厂下风向处的董家湾居民搬迁，避免其受污水处理厂臭气影响；

（5）建材等污染大的行业设置足够的卫生防护距离和绿化带，必要时可对企业厂区总图布置进行调整，避免或减缓企业排污对董家湾居民生活或其他对环境条件要求较高的企业产生影响。

（6）污水处理厂处理后的中水考虑回用。

【考点分析】

1．向日葵工业园环境影响评价报告书应设置哪些评价专题？

《环境影响评价案例分析》考试大纲中"四、环境影响识别、预测与评价（6）设置评价专题"。

　　开发区环评跟建设项目环评有联系也有区别，评价专题的设置要体现区域环评的特点，突出规划的合理性分析和规划布局论证、排污口优化、能源清洁化和集中供热（汽）、环境容量和总量控制等涉及全局性、战略性等方面的内容。

举一反三：

　　根据《开发区区域环境影响评价技术导则》（HJ/T131—2003），开发区区域环境影响评价一般设置以下专题：

　　（1）环境现状调查与评价；

　　（2）规划方案分析与污染源分析；

　　（3）环境空气影响分析与评价；

　　（4）水环境影响分析与评价；

　　（5）固体废物管理与处置；

　　（6）环境容量与污染物总量控制；

　　（7）生态环境保护与生态建设；

　　（8）开发区总体规划的综合论证与环境保护措施；

　　（9）公众参与；

　　（10）环境监测和管理计划。

2．在工业园规划与城市发展规划协调性分析中，应包括哪些主要内容？

　　《环境影响评价案例分析》考试大纲中"九、规划环境影响评价（1）分析规划的环境协调性"。

举一反三：

　　协调性分析是规划环境影响评价的重要组成部分，它的分析对象是被评价的规划草案及其相关的政策、法规、规划等。在以规划草案为评估对象的环境影响评价中，协调性分析能够起到两种作用：解释制订规划草案的"政策背景环境"和检查规划草案是否存在资源保护、环境保护方面的缺陷和不足。这两种作用不能被截然分开。规划环境协调性分析的内容涉及规划的各个方面，可以从规划布局、规划影响、公用配套等角度进行考虑。在进行环境影响评价时将开发区所在区域的总体规划、布局规划、环境功能区划与开发区规划做详细对比，分析开发区规划是否与所在区域的总体规划具有相容性。

3．从环境保护角度出出发，评述向日葵工业园污水集中处理厂设置的合理性。

　　《环境影响评价案例分析》考试大纲中"九、规划环境影响评价（2）判断规划实施后影响环境的主要因素及可能产生的主要环境因素"。

举一反三：

　　风向频率可分 8 个或 16 个罗盘方位观测，累计某一时期内（一季、一年或多年）各个方位风向的次数，并以各个风向发生的次数占该时期内观测、累计各个不同风向（包括静风）的总次数的百分比来表示。

相应的比例长度按风向中心绘制 8 个或 16 个方位图上，然后将各相邻方向的端点用直线连接起来，形成一个宛如玫瑰的闭合折线，就是风向玫瑰图。图中线段最长者即为当地主导风向。

在城市规划中，应根据主导风向的上风向和下风向确定重大污染源和城市生活区等重要环境敏感点的相对位置。一般地讲，重大污染源应建造在城市的边缘地带且处在常年主导风向的侧风向，这样污染源排放的污染物就不会由于主导风向而向主要环境敏感点扩散从而造成污染。因此，在城市规划中重大污染源禁止设计在主导风向的上风向。

此外，在饮用水源上游规定区域范围、人口密集区主导风向的上风向，限制设立化工、造纸、医药等污染类型的开发区。

4. 若在工业园里建设一个电镀基地，那么在本环评报告书中还应该增加哪些内容？

《环境影响评价案例分析》考试大纲中 "九、规划环境影响评价（2）判断规划实施后影响环境的主要因素及可能产生的主要环境影响"。

考生在回答此类问题时，应将电镀行业的污染特征与工业园区环保要求紧密结合起来回答。

举一反三：

电镀废水主要有以下几种：

- 电解后进行中和处理后的水洗废水，主要污染物为酸碱污染物；
- 镀镍后镀件水洗产生的废水，主要污染物为镍；
- 镀铬后镀件水洗产生的废水，主要污染物为镍、铬；
- 车间地面冲洗废水，主要成分是镍、铬、悬浮物。

其中含铬废水和含镍废水在车间废水治理装置预处理达到一类污染物车间排放标准后，和其他废水一起排入自建污水处理装置，处理达标后排入园区集中污水处理厂。

根据《污水综合排放标准》（GB 8978—1996）的要求，对第一类污染物，不分行业和污水排放方式，也不分受纳水体的功能类别，一律在车间或车间处理设施排放口采样。第一类污染物有总汞、总镍、总铍、总铬、总砷、总铅、总银、六价铬、总镉、烷基汞、苯并[a]芘、总 α 放射性、总 β 放射性，共 13 类。

5. 根据题目提供的素材，请提出向日葵工业园规划布局调整建议。

《环境影响评价案例分析》考试大纲中 "九、规划环境影响评价（3）比选规划的替代方案及分析环境影响减缓措施的合理性"。

案例 1 某综合医院竣工环保验收项目

【素材】

某综合性医院选址在城市中心地带，设有床位 300 张，设有放射科（X 光机、CT 机）、传染病区等 23 个诊疗科室，员工 400 人。辅助生活设施有盥洗卫生、办公室、洗衣房等。公用工程中有 1 台 DZL2-1.25-III 型燃煤锅炉，配 XZD-2 型单筒旋风除尘器，烟囱高 25 m；1 台 YFL-AI 型医疗废物焚烧炉，烟囱高 6 m。医疗废水二氧化氯处理系统一套，医院绿化面积 1 300 m^2。工程总投资预算 5 000 万元，环保设施投资 85.4 万元。工程于 2001 年 3 月立项，2003 年 7 月试运行，2003 年 8 月进行监测验收。废水经排洪沟排入淮河干流（III 类）。

项目污水处理工艺路线见图 1。

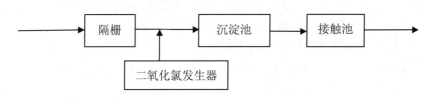

图 1 项目污水处理工艺流程

【问题】

1．简述该项目竣工环保验收标准的确定原则。

2．分析该项目竣工环境保护验收监测的范围。

3．简述在该项目竣工环境保护验收中，废气和废水监测布点原则及点位布设。

4．该项目竣工环境保护验收监测中，污染源监测的重点是哪些？并简述该项目竣工验收监测的重点。

【参考答案】

1. 简述该项目竣工环保验收标准的确定原则。

答：验收标准的确定原则：按照环境影响管理一致性、连续性的特点，验收标准采用环境影响评价时的施行标准。对建设期新出台和修订的法律法规、标准等，仅在验收时参照评价，不作为验收的依据。

该项目的验收监测标准主要包括两个方面：一是污染源达标排放标准，包括污染源的主要污染指标浓度监测达标，污染源排放口技术指标达标（如排气筒高度达标、废水排放口规范、监测点位设立规范等），排放总量达标（重点包括总量控制指标达标）；二是验收监测的采样测试方法标准。

验收监测方法标准选取原则：验收监测时，应尽量按国家污染物排放标准和环境质量标准要求，列出标准测试方法。

2. 分析该项目竣工环境保护验收监测的范围。

答：医院竣工环境保护验收监测的范围包括：医院医疗废水消毒处理系统的运行效果和废水达标情况、锅炉废气消烟除尘处理效率和烟气达标情况、焚烧炉废气消烟除尘效率和达标情况。

对比环境影响评价报告、专家评审结论和环境主管部门的审批意见，验收本次验收的主要污染源及其环保设施。

（1）废气污染源及其环保设施：包括燃煤锅炉配置的 XZD-2 型单筒旋风除尘器排气中的烟尘浓度、速率和除尘效率；医疗废物焚烧炉的温度、烟气停留时间、焚烧效率及烟气中污染物的排放浓度和速率等。

（2）废水污染源及其环保设施：医院污水处理站各主要处理车间的处理效率及处理后污水中各污染物的浓度和排放量等。

（3）噪声源及其环保设施：包括锅炉鼓风机和引风机、水泵等的源强、降噪效果和厂界噪声等。

（4）固体废物及其环保设施：包括锅炉炉渣、医疗固废、污水处理过程中的污泥、焚烧炉的炉灰和除尘器收尘的处理途径及固废处理设施的处理效果。

（5）放射源：包括影像中心内的 X 光机、CT 机等放射源强和处理效果。

3. 简述在该项目竣工环境保护验收中，废气和废水监测布点原则及点位布设。

答：（1）采样布点原则。在详细了解验收项目（锅炉和焚烧炉）的生产工艺状况和环保设施类别、结构以及排放污染物的种类、特性与排放点位置的基础上，确定采样位置。在废气治理设施的进口和出口均应布设采样点。锅炉烟尘测试，应依据《锅炉烟尘测试方法》（GB 5468—91）设采样孔和采样点。

对焚烧炉依据《危险废物焚烧污染控制标准》（GB 18485—2001）及《固定污染源排气中颗粒物测定与气态污染物采样方法》（GB/T 16157—1996）布设采样孔和采

样点。

（2）点位布设。

① 锅炉和焚烧炉烟道气监测布点。根据 GB/T 16157—1996 规定，不同形状、不同直径的烟囱其监测布点要求不一致。本次验收监测，烟道气采样点设置为：

1#点——锅炉除尘器进口；

2#点——锅炉除尘器出口；。

3#点——焚烧炉除尘器进口，设一个测点。

4#点——焚烧炉排放口（除尘器出口），设一个测点。

② 废水监测点位布设。在医院污水处理站的沉淀池进口设 1#采样点，接触池的出口设 2#采样点，共 2 个采样点。

③ 噪声监测点位布设。根据该院实际情况，在医院东西南北厂界至少各设 1 个厂界噪声监测点，共设 4 个点。噪声源监测点：锅炉鼓风机和引风机各设 1 个点。

④ 无组织排放监测点位布设。根据当地环保局的要求和该项目环评报告的实际情况，决定是否设定该项目污水处理站恶臭污染物无组织排放监测点。

4．该项目竣工环境保护验收监测中，污染源监测的重点是哪些？并简述该项目竣工验收监测的重点。

答：医院竣工环境保护验收监测的重点为：医疗废水处理系统的处理效果和粪大肠杆菌的达标率；医疗废物焚烧炉的处理效果和燃烧废气中污染物排放的达标情况。具体内容如下：

（1）现场踏勘与调查。调查污染处理设施医疗废水二氧化氯处理系统、医疗废物焚烧系统、医院的绿化面积是否按环境影响评价报告和批复进行建设，是否有环境保护管理机构、监测人员，有无环境保护管理制度。

（2）对建设项目排污情况和环保设施运转效果按照监测方案进行监测；监测布点见第 3 题。对监测结果从浓度、速率、排放总量等方面进行全面综合的评价。

（3）环保设施的处理能力和效率监测分析。污染治理设施是否达到企业的设计要求，是否按环境影响报告和批复进行建设，是否达到污染物排放标准的要求。

（4）分析环保设施运行中存在的问题。该项目中焚烧炉的烟囱高度为 6 m，无法达到《危险废物焚烧污染控制标准》（GB 18485—2001）的要求。

（5）提出竣工验收监测结论和建议。医疗废物得到焚烧处理，医疗废水经消毒处理，锅炉烟气被消烟除尘，环境保护制度已经建立和健全。医院的绿化面积、传染病区的安全设置距离、环保措施已符合要求。污水处理系统、医疗废物焚烧炉有专人管理。

经验收监测和评价，做出医疗废水、锅炉废气、焚烧炉的焚烧废气是否达标排放的结论。根据《危险废物焚烧污染控制标准》（GB 18485—2001）和焚烧炉的焚烧量，建议医疗废物焚烧炉烟囱高度至少加高到 20 m。

【考点分析】

1. 简述该项目竣工环保验收标准的确定原则。

《环境影响评价案例分析》考试大纲中"八、建设项目竣工环境保护验收监测与调查（3）选择建设项目竣工环境保护验收监测与调查的标准"。

本题一方面考查对于环境评价标准的掌握情况；另一方面考查对环境监测的测试方法的了解情况。也考查考生对于建设项目立项后出现的新标准、新政策的运用能力。

2. 分析该项目竣工环境保护验收监测的范围。

《环境影响评价案例分析》考试大纲中"八、建设项目竣工环境保护验收监测与调查（2）确定建设项目竣工环境保护验收监测与调查的范围"。

本题考查考生对竣工环境保护验收的工作范围的掌握情况，主要包括：污染处理系统的运行效果和达标情况、国控总量指标是否能满足环境主管部门下达的总量控制指标；对比环境影响评价报告、专家评审结论和环境主管部门的审批意见。本次验收的主要污染源及其环保设施；验收在施工期的该项目是否产生扰民等环境污染问题，并且验收施工期环境保护措施的落实情况。

3. 简述在该项目竣工环境保护验收中，废气和废水监测布点原则及点位布设。

《环境影响评价案例分析》考试大纲中"八、建设项目竣工环境保护验收监测与调查（4）确定竣工环境保护验收监测点位"。

本题主要考查考生对污染源和环境质量的衡量方法和具体的操作能力。掌握监测布点原则及布设点位的方法。

4. 该项目竣工环境保护验收监测中，污染源监测的重点是哪些？并简述本项目竣工验收监测的重点。

《环境影响评价案例分析》考试大纲中"八、建设项目竣工环境保护验收监测与调查（5）确定建设项目工环境保护验收监测与调查的重点与内容"。

本题主要考查建设项目竣工环境保护验收的重点，验收监测环境管理检查篇章应重点叙述环评结论与建议中提到的各项环保设施建成和措施落实情况及对其的检查情况，尤其应逐项归纳叙述行政主管部门环评批复中提到的建设项目在工程设计、建设中应重点注意的问题的落实情况和对其的检查情况。

环保验收污染源监测的主要内容包括：对污染防治设施建设、运行及管理情况的检查，污染防治设施运行效率测试，污染物排放浓度、排放速率和排放总量等达标测试；设施建成后，排放污染物对环境影响的检验。

举一反三：

（1）对于医院等产生危险废物的单位，对危险废物的安全处理和处置是一项重大的问题。一般的医疗危险废物采用焚烧方式处理；其他可高温降解的危险废物均可采用焚烧方式处理；不可高温降解的危险废物，采取其他集中安全处置方式处理。

（2）锅炉是大气污染源监测的基本单元，掌握锅炉的监测布点原则和方法，并能够很快地应用到炉窑、工艺废气排气筒等其他大气污染源方面。

（3）在医院废水监测中，要考虑将废水排入Ⅲ类水体；在采用液氯消毒的方式时，注意其出口的余氯要低于相应的排放值 0.5 mg/L。

（4）《危险废物焚烧污染控制标准》（GB 18485—2001）中对焚烧炉排放焚烧废气的烟囱高度最低要求为 20 m，具体项目中应该根据焚烧量和环评报告中的要求进行设定。

案例 2 铜冶炼竣工环保验收监测项目

【素材】

某公司年产 21 万 t 铜新建项目位于某特定工业园区，周围 1 km 内无居民区等环境敏感点。项目于 2005 年 4 月 20 日建成投产，主要用原料铜矿（主要成分为 Cu、S、As、Pb、Zn 等元素）进行冶炼，生产产品铜；烟气催化后生产硫酸，酸性废气通过酸洗后排空。经过两个月的试运行，生产设施、环保设施运行正常，现委托某监测站进行建设项目竣工验收监测。

项目生产废水采取"清污分流"的方式排放，厂区废水分为 3 个排水系统排出厂外。系统 1 为某路以北的北厂区的雨水，办公室生活污水，电解车间、制氧站排水，即北厂区废水排放口（属清洁水排放系统）；系统 2 为某路以南的动力车间、熔炼车间的冷却水，即南厂区废水排放口（属清洁水排放系统）；南、北废水排放口经城市下水道进入长江。系统 3 为硫酸、熔炼场面水、污酸后液（烟气酸洗后液体）等污水，该系统污水均进入厂区污水处理站处理后排往Ⅲ类水域，污水处理站污泥进行卫生填埋处理。当地环保部门分配给该公司的主要污染物总量控制指标为：SO_2 2 050 t、烟尘 278 t、砷 1.7 t。

【问题】

1. 简述该项目竣工验收的工况要求。
2. 列出该项目竣工验收执行的标准。
3. 简述该项目竣工验收监测与调查的主要内容。
4. 酸性废水中主要污染物是什么？该项目环保治理措施存在什么问题？

【参考答案】

1. 简述该项目竣工验收的工况要求。

答：为保证监测结果能正确反映企业正常生产时污染物的实际排放状况，要求监测期间企业的生产负荷达到 75%以上、生产工况基本稳定、各项污染治理设施运行正常。

2. 列出该项目竣工验收执行的标准。

答：该项目位于工业园区，周边没有环境敏感点，因此环境质量监测从简，竣工验收执行的主要标准包括污染物排放标准和当地环保主管部门下达的总量控制指标。（1）废水污染物执行《污水综合排放标准》（GB 8978—1996）表 1 和表 4 中的一级标准；废气污染物执行《大气污染物综合排放标准》（GB 16297—1996）中的三级标准和《工业炉窑大气污染物排放标准》（GB 9078 –1996）中的三级标准；厂界噪声执行《工业企业厂界噪声标准》（GB 12348—90）中的 3 类标准。（2）总量控制指标：SO_2 2 050 t，烟尘 278 t，砷 1.7 t。

3. 简述该项目竣工验收监测与调查的主要内容。

答：项目竣工验收监测的内容：① 大气污染源及环保设施。对干燥尾气、阳极炉烟气、硫酸尾气（两套）、环境集烟烟气（通过环境集烟罩收集闪速炉等冶金炉烟气）、高架排放源废气排放量、SO_2 和烟尘浓度进行监测，分析外排废气是否达标排放。根据全年工作日计算，判断 SO_2 和烟尘是否满足总量要求。② 废水污染源及环保设施。对北厂区废水排放口、南厂区废水排放口、厂区污水排放口的废水量、水质进行监测，分析外排水是否达标外排。根据全年工作日计算，判断砷外排是否满足总量要求。③ 污水处理设施处理效果监测。对污水处理站进出口水量、水质进行监测，测试污水处理设施的处理效率。④ 厂界噪声监测。分析厂界噪声是否达标。

项目竣工验收调查内容：① 工业固废综合利用和处置情况调查；② 环境管理情况调查；③ 企业日常监测手段、制度、人员配置调查；④ 环评、环评批复及初步设计的落实情况。

4. 酸性废水中主要污染物是什么？该项目环保治理措施存在什么问题？

答：酸性废水中主要污染物是硫酸、砷、铅等。

该项目生产废水污泥卫生填埋的处理措施不当，因为生产废水污泥中含有砷、铅等一类污染物，属于危险废物，而危险废物不能进行卫生填埋，必须送有资质单位进行处理。

【考点分析】

1. 简述该项目竣工验收的工况要求。

《环境影响评价案例分析》考试大纲中"一、相关法律法规运用和政策、规划的符合性分析（1）分析建设项目环境影响评价中运用的法律法规的适用性；（2）分析建设项目与相关环境保护政策及产业政策的符合性"。

验收监测应在工况稳定、生产负荷达到设计能力的 75% 以上时进行。工况应根据建设项目的产品产量、原材料消耗量、主要工程设施的运行负荷以及环境保护处理设施的负荷进行计算。

2. 列出该项目竣工验收执行标准。

《环境影响评价案例分析》考试大纲中"八、建设项目竣工环境保护验收监测与调查（3）选择建设项目竣工环境保护验收监测与调查的标准"。

污染物达标排放、环境质量达标和总量控制满足要求是建设项目竣工环境保护验收达标的主要依据。建设项目竣工验收执行标准以环评阶段的标准为验收标准，同时按新的污染物排放标准、质量标准对环评文件的相应标准进行校核。

举一反三：

评价阶段的标准已修订或废止，现行标准为新的或修订后的标准。竣工验收阶段仍应按原标准验收，同时应采用新标准对其进行校核。对符合原标准要求，但不能满足新标准要求的，可视为符合验收条件，但应提出进一步的改进要求，作为工程环境保护验收后需继续完成的工作。

3. 简述该项目竣工验收监测与调查主要内容。

《环境影响评价案例分析》考试大纲中"八、建设项目竣工环境保护验收监测与调查（5）确定建设项目竣工环境保护验收监测与调查的重点与内容"。

项目竣工验收监测内容一般分为污染源污染物监测、污染处理设施处理效果测试、环境敏感点（区）环境质量监测、无组织排放监测（对监控点和参照点进行监测）。

工业类项目竣工验收调查内容主要为环保措施落实情况、环境管理情况、企业日常监测情况、清洁生产情况、环评和环评批复及初步设计的落实情况。

验收重点主要为各项环境保护设施运行效果测试、污染物排放是否达标、敏感点保护、总量控制要求。

4. 酸性废水中主要污染物是什么？该项目环保治理措施存在什么问题？

《环境影响评价案例分析》考试大纲中"六、环境保护措施分析（2）分析污染控制措施及其技术经济可行性"和"八、建设项目竣工环境保护验收监测与调查（5）确定建设项目竣工环境保护验收监测与调查的重点与内容"。

该项目属于竣工验收监测案例，本题考点结合竣工验收中环保措施调查及污染控制措施的分析，与 2006 年环评工程师职业资格考试中汽车喷漆案例部分题考核思路一致，综合考查项目分析和竣工验收等多个考点，值得注意。

案例 1　高速公路竣工验收项目

【素材】

南方某高速公路，路线长度 49.55 km，设计行车速度为 100 km/h，按双向六车道进行建设。规划路基全宽 42 m，全线线路推荐方案共有特大桥 6 座（6 550 m）、大桥 7 座（1 944 m）、中桥 5 座（314 m）、高架桥 3 座（7 811 m）、涵洞 26 道、互通式立交 8 处、分离式立交 7 座（6 770 m）、通道及天桥 24 座。收费站 7 处、服务区 1 处、养管工区 1 处，另有道路排水、道路照明、道路绿化、交通管理、运营管理等设施。永久占地 6 804 亩，临时征地 420 亩。计价土石方 537.844 万 m^3，排水及防护工程 17.716 万 m^3，特殊路基处理 12.11 km。

项目所在地区属南亚热带海洋性季风气候。多年平均气温 21.8℃。最低月平均气温（1 月）12.4℃，最高月平均气温（7 月）28.4℃。全年降雨量充沛。多年平均降雨量为 1 694.1 mm，最大年降雨量为 2 566.8 mm，最小年降雨量为 1 045 mm。降雨集中在 4～9 月，以 5 月、6 月降雨量最多。历年 4～6 月为梅雨季节，7～9 月为台风季节。

所经区域的地貌类型大体可分为丘陵、中山、台地、三角洲平原、海涂。

沿线地区属南亚热带，多数亚热带常绿树种、经济林木和作物在这一地区均能生长。该项目由北向南，跨越了城乡结合部和郊区农村林地带，所经地区植被种类丰富且多样，经初步调查，有樟科、山茶科、野牡丹科等植物。

项目将经过由该市人民政府批准建立的两处森林公园，面积分别为 6.2 km^2 和 3.4 km^2，森林公园内有两处疗养区。

所经水域处于珠江入海口河网地区，项目从北往南先后跨越的水体有：A 水道、B 水道、C 水道，D 水道。评价范围内的 A 水道和 B 水道属农业用水区，评价范围内的 C 水道属饮用水源二级保护区，评价范围内的 D 水道属工业用水区。

在该高速公路的 AK7+000 的西向 80 m 处有一中学，在 AK12+150 的南向 60 m 处有一住宅小区，在 AK37+500～AK37+800 的北向 30～150 m 处有两处居民区。在 AK37+1 000 处穿过一高档住宅区。

2007 年该高速公路竣工环境保护验收时，技术人员在对噪声敏感点监测时，在公路两侧距路肩小于 200 m 范围内选取了 7 个有代表性的噪声敏感区域进行设点监测；在进行噪声衰减测量时，选择在公路垂直方向距公路中心线 30 m、60 m、120 m、180 m 处设点监测；对声屏障的降噪效果监测时在声屏障保护的敏感建筑物户内靠公路处布设观测点位；选择车流量有代表性的路段监测时，在距公路路肩 80 m、高度 1.5 m 范围内布设 12 h 连续测量点位。

【问题】

1. 该项目竣工环境保护验收时，验收调查的地理范围主要有哪些？
2. 该项目竣工环境保护验收时，水、声环境采用的验收标准有哪些？
3. 该项目竣工环境保护验收时，调查的重点及其基本内容有哪些？
4. 该项目竣工环境保护验收时，该技术人员对声环境监测布点的方法是否正确？如不正确，请更正。

【参考答案】

1. 该项目竣工环境保护验收时，验收调查的地理范围主要有哪些？

答：该项目竣工环境保护验收时，验收调查的地理范围如下：

（1）生态环境调查范围：以公路中心线两侧 500 m 内为主要调查范围。包括公路主要的取弃土（渣）场、临时占地、拦渣工程、护坡工程、土地整治工程、绿化工程及公路排水工程等。

（2）声环境调查范围：公路中心线两侧 200 m 范围内主要声环境敏感点，重点调查 100 m 范围内受影响的敏感点。

（3）水环境调查范围：公路沿线从北往南先后跨越的 A 水道、B 水道、C 水道、D 水道以及收费站（7 处）、服务区（1 处）、养管工区（1 处）的废水排放口。

（4）公众意见调查范围：公路沿线直接受影响的单位和居民以及在公路上行驶的司乘人员。

2. 该项目竣工环境保护验收时，水、声环境采用的验收标准有哪些？

答：该项目竣工环境保护验收时，水、声环境采用的验收标准如下：

（1）废水排放标准。该项目竣工验收时各公路设施排水均执行《污水综合排放标准》（GB 8978—1996），具体执行的级别见表 1。

表 1　验收水体的水域功能和相应执行的排放标准级别

河道水体名称	所属水域功能	应执行的排放标准级别
A 水道	农业用水区（V 类）	二级标准
B 水道	农业用水区（V 类）	二级标准
C 水道	饮用水源二级保护区（III 类）	禁止排污
D 水道	工业用水区（IV 类）	二级标准

（2）噪声。据《公路建设项目环境影响评价规范（试行）》中 5.1.4 的要求："一般评价对象和重点评价对象中的居民住宅，应执行 GB 3096 中的 4 类标准。重点评价对象中的学校教室、医院病房、疗养院住房和特殊宾馆，应执行《城市区域环境噪声标准》中的 2 类标准。"因此，该公路途经的森林公园的疗养院、中学执行 2 类标准，居民区和公路沿线执行 4 类标准。具体标准值见表 2。

表 2　环境噪声标准值（等效声级 L_{eq}）　　　　　　单位：dB´（A）

类别	昼间	夜间
0	50	40
1	55	45
2	60	50
4	70	55

3. 该项目竣工环境保护验收时，调查的重点及其基本内容有哪些？

答：（1）调查重点。公路建设及试运营期造成的生态环境影响和声环境影响，以及报告书和设计中提出的各项环境保护措施的落实情况及其有效性。

（2）生态环境影响调查的基本内容。

① 自然生态环境分析：

● 对水环境的影响。对 A 水道、B 水道、C 水道、D 水道和二级水源保护区水质环境和水生生态的影响。

● 对动物的影响。从涵洞、大小桥梁对动物的阻断效应方面进行分析。

● 对植物的影响。从现状和影响调查两方面进行分析。

② 农业生态环境影响分析。从采取的措施、对农业造成的损失方面进行分析。

③ 水土流失影响调查。从土石方调查、取弃土（渣）调查及措施的有效性、临时占地及其恢复措施的有效性、边坡整治措施、综合排水工程、防洪工程措施等方面调查。

④ 隧道生态环境影响分析。从排水、植被生长情况进行分析。

⑤ 景观影响分析。从对两处森林公园的影响、工程设计和周边环境景观的协调性进行分析。

（3）声环境影响调查的基本内容。

沿线声环境敏感点调查。包括中学、疗养院、居住区。

沿线声环境现状监测。监测的内容有四方面：敏感点的监测；公路垂直方向的噪声衰减监测；声屏障的降噪效果监测；车流量有代表性的路段的监测。

（4）大气环境的调查内容。对沿线敏感点包括中学、疗养院、居住区的环境空气质量的调查。

　　4．该项目竣工环境保护验收时，该技术人员对声环境监测布点的方法是否正确？如不正确，请更正。

　　答：错误有三处。更正如下：

　　（1）依据《建设项目竣工环境保护验收技术规范--公路》，建设项目竣工环境保护验收时，高速公路噪声监测应在公路垂直方向距路肩（非中心线）20 m，40 m，60 m，80 m，120 m 处设点进行噪声衰减测量。

　　（2）声屏障的降噪效果监测应在声屏障中部、屏后 10 m 和 20 m 及敏感建筑物户外 1 m 处布设观测点位，屏外平行位置同等距离设置对照站位。

　　（3）选择车流量有代表性的路段，在距公路路肩 60 m、高度大于 1.2 m 范围内布设 24 h 连续测量点位。

【考点分析】

　　1．该项目竣工环境保护验收时，验收调查的范围主要有哪些？

　　《环境影响评价案例分析》考试大纲中"八、建设项目竣工环境保护验收监测与调查（2）确定建设项目竣工环境保护验收监测与调查的范围"。

　　举一反三：

　　一般情况下，验收调查范围包括地理范围和工作范围，地理范围指的是依据环境影响评价文件所确定的评价范围和工程对环境的实际影响范围。根据《建设项目竣工环境保护验收管理办法》第四条的有关规定，建设项目竣工环境保护验收的工作范围应包括：

　　（1）与建设项目有关的各项环境保护设施，包括为防治污染和保护环境所建成或配备的工程、设备、装置和监测手段，各项生态保护设施。

　　（2）环境影响报告书（表）或者环境影响登记表和有关设计文件规定的应采取的其他各项环境保护措施。

　　2．该项目竣工环境保护验收时，水、声环境采用的验收标准有哪些？

　　《环境影响评价案例分析》考试大纲中"八、建设项目竣工环境保护验收监测与调查（3）选择建设项目竣工环境保护验收监测与调查的标准"。

　　举一反三：

　　由于建设项目污染防治设施的设计指标是按照评价阶段环境保护行政主管部门确认的环境标准设计或采购的，因此验收阶段应当按照设计阶段的环境标准进行验收，实际工作中往往会遇到以下情况：

　　（1）评价阶段的标准已修订或废止，现行标准为新的或修订后的标准．验收阶段仍应按原标准验收，同时应采用新标准对其进行校核。对符合原标准要求但不能满足新标准要求的，可视为符合验收条件，但应提出进一步的改进要求，作为工程环境保护验收后需继续完成的工作。

（2）评价阶段未确定评价标准．验收阶段应根据环境的实际功能要求或污染物的排放去向，用现行的环境标准进行验收。对污染物排放标准中未列入的项目，可以采用设计指标或设施的设计参数作为验收依据。

3．该项目竣工环境保护验收时，调查的重点及其基本内容有哪些？

《环境影响评价案例分析》考试大纲中"八、建设项目竣工环境保护验收监测与调查（5）确定建设项目竣工环境保护验收监测与调查的重点与内容"。

4．该项目竣工环境保护验收时，该技术人员对声环境监测布点的方法是否正确？如不正确，请更正。

《环境影响评价案例分析》考试大纲中"八、建设项目竣工环境保护验收监测与调查（4）确定建设项目竣工环境保护验收监测点位"。

验收监测布点原则上应与环境影响评价阶段的监测点位相同，根据验收调查的实际情况，也可适当增减或调整监测点位。调整的原则是：监测点位在总体和宏观上须能反映工程所在区域的环境质量状况；各点位的具体位置须能反映所在区域环境的污染特征；尽可能以最少的断面获取足够的有代表性的环境信息；环境敏感目标必须设置监测点位；同时还须考虑实际采样时的可行性和方便性。

案例 2 山西省某煤矿工程竣工环保验收调查

【素材】

该煤矿位于山西省晋城市，是一改扩建工程。井田面积 47.5 km²。原有工程包括主立井、副立井、井下运输系统、通风系统、排水系统与地面生产系统。本次改扩建主要包括以下几个方面：矿井新建四个井筒，新增综采和综掘工作面；新建釜山矿井进回风系统，井下排水系统增加部分设备，增加地面空气压缩系统；新建矿井配套选煤厂；新建铁路专用线；建设釜山风井场地联络道路。在工业场地和釜山风井场地各新建 1 座生活污水处理站和 1 座燃煤锅炉房；在釜山风井场地新增 1 座矿井水处理站。

改扩建工程完工后生产能力为 300 万 t/a，其中新增生产能力 270 万 t/a。

水环境现状监测表明，该工程受纳水体甲河监测因子中氨氮和氟化物存在超标现象，而在 2006 年环评阶段二者并未超标。

环评要求原工业场地矿井水处理站停用，原因是认为该处理站工艺落后，要求将该分区的矿井水引往釜山风井场地矿井水处理站一起处理；实际情况是原工业场地矿井水处理站并未停用，矿井水分区处理。

现有 2006 年环评时期原工业场地矿井水处理站的监测数据，废水排放满足《污水综合排放标准》一级标准。

工程于 2007 年 9 月开工，2008 年 12 月竣工。经山西省环保局同意，2009 年 2 月投入试运营。目前工程产煤量 6 000 t/d。

【问题】

1. 该工程是否满足验收条件？说明理由。
2. 原有矿井水处理站能否继续使用？并说明原因。
3. 说出水环境验收需进行哪些部位及点位监测？
4. 验收阶段能否使用 2006 年原工业场地矿井水处理站的监测数据？试说明理由。
5. 假如矿井水实际产生量比环评预测量小 10 倍，矿井水处理站规模比环评要求偏小，但处理结果达标，试问这种情况能否通过验收？

【参考答案】

1. 该工程是否满足验收条件？说明理由。

根据《建设项目竣工环境保护验收技术规范—生态影响类》中对于水利水电项目、输变电工程、油气开发工程（含集输管线）、矿山采选可按其行业特征执行，在工程正常运行的情况下即可开展验收调查工作的要求，该项目满足验收条件。

2. 原有矿井水处理站能否继续使用？并说明原因。

根据题目，该矿井水处理站经监测一直达标，环评要求停用的理由并不充分，也不合理，因此在验收过程中不能盲目针对环评所提措施去落实。对于该站，应调查其设计使用寿命，收集其监测数据，调查其水质监测记录，根据大量数据进行分析；在验收阶段，应重新进行验收监测，综合考虑。

3. 说出水环境验收需进行哪些部位及点位监测？

两个生活污水处理站、矿井水处理站进出口；总排放口；纳污河流排污口上方500 m，下游1 000 m，酌情增加其他断面；附近村庄居民饮用水水井。

4. 验收阶段能否使用2006年原工业场地矿井水处理站的监测数据？试说明理由。

不能。因为：改扩建工程完工后，试生产期间，水量水质都会发生变化，原有的监测数据不能准确说明该处理站的监测效果。验收监测是对工程在试生产阶段的处理效果和稳定性进行监测，而且必须是由有CMA认证的监测单位进行监测。

5. 假如矿井水实际产生量比环评预测量小10倍，矿井水处理站规模比环评要求偏小，但处理结果达标，试问这种情况能否通过验收？

应根据地质资料进一步预测矿井水产生量增大的可能性，或根据同一地质单元生产稳定的矿井的产水量进行类比、核算。如果进一步预测后矿井水产生量确实很小，或根据同一地质单元生产稳定的矿井的产水量类比核算结果也较小，则建议通过验收，但要提出加强观测，或适时扩大矿井水处理站规模的建议。

【考点分析】

1. 该工程是否满足验收条件？说明理由。

《环境影响评价案例分析》考试大纲中"八、建设项目竣工环境保护验收监测与调查（6）判别建设项目竣工环境保护验收监测与调查的结论及整改方案建议的正确性"。

本题参考答案曾经有人提出异议，这说明考生在复习时开动脑筋进行了思考。但请区分"该项目是否满足验收条件"和"该项目是否满足验收通过条件"这两句话的异同，满足竣工验收条件的项目在验收过程中可能发现其他问题，不一定会顺利通过验收。考试答题时应紧扣题干，不能主观添加其他信息。

举一反三：

《建设项目竣工环境保护验收技术规范—生态影响类》（HJ/T 394—2007）明确

规定：

> 4.5 验收调查运行工况要求
>
> 4.5.1 对于公路、铁路、轨道交通等线性工程以及港口项目，验收调查应在工况稳定、生产负荷达到近期预测生产能力（或交通量）75%以上的情况下进行；如果短期内生产能力（或交通量）确实无法达到设计能力 75%或以上的，验收调查应在主体工程运行稳定、环境保护设施运行正常的条件下进行，注明实际调查工况，并按环境影响评价文件近期的设计能力（或交通量）对主要环境要素进行影响分析。
>
> 4.5.2 生产能力（或交通量）达不到设计能力 75%时，可以通过调整工况达到设计能力 75%以上再进行验收调查。
>
> 4.5.3 国家、地方环境保护标准对建设项目运行工况另有规定的按相应标准规定执行。
>
> 4.5.4 对于水利水电项目、输变电工程、油气开发工程（含集输管线）、矿山采选可按其行业特征执行，在工程正常运行的情况下即可开展验收调查工作。
>
> 4.5.5 对分期建设、分期投入生产的建设项目应分阶段开展验收调查工作，如水利、水电项目分期蓄水、发电等。

工程正常运行一般可理解为：

- 项目正常生产或运营；
- 各污染防治措施和生态减缓措施正常运行；
- 企业各项手续齐全。

2. 原有矿井水处理站能否继续使用？并说明原因。

《环境影响评价案例分析》考试大纲中"八、建设项目竣工环境保护验收监测与调查（2）确定建设项目竣工环境保护验收监测与调查的范围"。

3. 说出水环境验收需进行哪些部位及点位监测？

《环境影响评价案例分析》考试大纲中"八、建设项目竣工环境保护验收监测与调查（4）确定建设项目竣工环境保护验收监测点位"。

4. 验收阶段能否使用 2006 年原工业场地矿井水处理站的监测数据？试说明理由。

《环境影响评价案例分析》考试大纲中"八、建设项目竣工环境保护验收监测与调查（3）选择建设项目竣工环境保护验收监测与调查的标准"。

5、假如矿井水实际产生量比环评预测量小 10 倍，矿井水处理站规模比环评要求偏小，但处理结果达标，试问这种情况能否通过验收？

《环境影响评价案例分析》考试大纲中"八、建设项目竣工环境保护验收监测与调查（6）判别建设项目竣工环境保护验收监测与调查的结论及整改方案建议的正确性"。

案例 3 某井工煤矿竣工验收调查

【题材】

某井工煤矿于 2011 年 10 月经批准投入试生产，试生产期间主体工程运行稳定，环保设施运行正常，拟开展竣工环境保护验收工作，项目环境影响报告书于 2008 年 8 月获得批复，批复的矿井建设规模为 3.00 Mt/a。配套建设同等规模选煤厂，主要建设内容包括：主体工程、辅助工程、储装运工程和公用工程。场地平面布置由矿井工业场地、排矸场、进矿道路、排矸场道路等四部分组成。工业场地（含道路）占地 40.0 m^2，矿井井田面积 1 800 hm^2，矿井开采采区接替顺序为"一采区→二采区→三采区"，首采区（一采区）为已采取，服务年限 10 年。

环评批复的主要环保措施包括：3 台 20 t/h 锅炉配套烟气除尘脱硫系统，除尘效率 95%，脱硫效率 60%；地埋式生活污水处理站，处理规模为 600 m^3/d，采用二级生活处理工艺；矿井水处理站，处理规模为 1.0 亿 m^3，配套建设拦挡坝、截排水设施；对于受开采沉陷影响的地面保护对象留设保护煤柱。

竣工环境保护验收调查单位初步调查获知：工程建设未发生重大变动，并按环评报告书与批复要求对受开采沉陷影响的地面保护对象留设了保护煤柱。试生产期间矿井与选煤厂产能达到 2.20 Mt/a。生活污水和矿井水处理量分别为 480 m^3/d、8 000 m^3/d。3 台 20 t/h 锅炉烟气除尘脱硫设施建成投入运行，排矸场拦挡坝、截排水工程已建成。调查发现，2010 年 8 月批准建设的西气东输管线穿越井田三采区。

环评批复后，与本项目有关的新颁布或修订并已实施的环境质量标准、污染物排放标准有《声环境质量标准》（GB 3096—2008）、《工业企业厂界环境噪声排放标准》（GB 12348—2008）。

【问题】

1. 指出竣工环境保护验收调查工作中，还需补充哪些工程调查内容？
2. 确定本项目竣工环境保护验收的生态调查范围。
3. 在本项目声环境验收调查中，应如何执行验收标准？
4. 指出生态环境保护措施落实情况调查还需补充哪些工作？
5. 判断试生产运行工况是否满足验收工况要求，并说明理由。

【参考答案】

1. 指出竣工环境保护验收调查工作中，还需补充哪些工程调查内容？

还需补充的工程调查内容大概分为如下几个方面：

（1）三个采区的工作面布设及留设保护煤柱的布局情况。

（2）选煤工艺，特别是洗煤废水能来回做到循环利用不外排。

（3）输煤栈桥（或廊道）、煤炭转载点及其环保措施。

（4）原煤堆存方式（或原煤仓）、精煤储存方式（或精煤仓）及外运方式（或外运道路）。

（5）风井场地布设情况及其噪声治理设施。

（6）移民安置区及其环境保护措施。

（7）矿井水及生活污水处理效果及处理后的利用途径。

（8）排矸场堆放方式、生态恢复方案及综合利用途径。

（9）矿井瓦斯情况。

（10）3台锅炉环保设施的运行效果。

（11）西气东输管线穿越井田三采区段的位置、长度、埋深、地面设施等，本工程对其采取的保护措施。

2. 确定本项目竣工环保验收的生态调查范围。

（1）与环境影响评价时生态影响评价的范围一致。

（2）重点调查矿井首采区（一采区）、工业场地周边、运矸道路及运煤道路（或铁路专用线）两侧以及排矸场范围内的生态影响。

3. 在本项目声环境验收调查中，应如何执行验收标准？

（1）采用环境影响报告书和环保部门确认的《城市区域环境噪声标准》（GB 3096—93）和《工业企业厂界噪声标准》（GB 12348—90）进行验收。

（2）以新标准《声环境质量标准》（GB 3096—2008）和《工业企业厂界环境噪声排放标准》（GB 12348—2008）进行校核或达标考核。

（3）符合旧标准，又符合新标准，则通过验收；符合旧标准，但不符合新标准，则建议通过验收，但应按新标准要求进行整改。

4. 指出生态环境保护措施落实情况调查还需补充哪些工作？

（1）首采区沉陷变形及生态整治。

（2）工程占地的生态补偿。

（3）各类临时占地的生态恢复。

（4）排矸场的生态恢复计划。

（5）井田土地复垦及生态整治计划。

（6）厂区及企业运输道路绿化情况。

（7）对穿越三采区的西气东输工程沿线采取的生态保护措施。

5. 判断试生产运行工况是否满足验收工况要求，并说明理由。

（1）满足验收工况要求。

（2）本项目试生产工况：2.2 Mt/a /3.00 Mt/a =73.3%，小于 75%。根据验收规范及有关规定，对于短期内生产能力确实达不到 75%以上的，在主体工程运行稳定、环保设施运行正常的情况下，可以进行验收调查。

【考点分析】

本题是根据 2012 年环评师考试《案例分析》真题修改而成，其中不少考点与本书 2012 年版"十二　验收调查 案例 2　山西省某煤矿工程竣工环保验收调查"类似，请各位考生认真分析，有备无患。

1. 指出竣工环境保护验收调查工作中，还需补充哪些工程调查内容？

《环境影响评价案例分析》考试大纲中"八、建设项目竣工环境保护验收监测与调查（2）确定建设项目竣工环境保护验收监测与调查的范围"。

此考点属于验收调查的工作范围。根据《建设项目竣工环境保护验收管理办法》第四条的有关规定，建设项目竣工环境保护验收的工作范围应包括：

（1）与建设项目有关的各项环境保护设施，包括为防治污染和保护环境所建成或配备的工程、设备、装置和监测手段，各项生态保护设施。

（2）环境影响报告书（表）或者环境影响登记表和有关设计文件规定的应采取的其他各项环境保护措施。

2. 确定本项目竣工环境保护验收的生态调查范围。

《环境影响评价案例分析》考试大纲中"八、建设项目竣工环境保护验收监测与调查（2）确定建设项目竣工环境保护验收监测与调查的范围"。

一般情况下，验收调查范围包括地理范围和工作范围，地理范围指的是依据环境影响评价文件所确定的评价范围和工程对环境的实际影响范围。生态调查范围属于验收调查的地理范围的范畴。

3. 在本项目声环境验收调查中，应如何执行验收标准？

《环境影响评价案例分析》考试大纲中"八、建设项目竣工环境保护验收监测与调查（3）选择建设项目竣工环境保护验收监测与调查的标准"。

此题与本书 2012 年版"十二　验收调查　案例 1　高速公路竣工验收项目"第 2 题类似。答题思路也完全一致。

4. 指出生态环境保护措施落实情况调查还需补充哪些工作？

《环境影响评价案例分析》考试大纲中"六、环境保护措施分析（2）分析污染控制措施及其技术经济可行性"和"八、建设项目竣工环境保护验收监测与调查（5）确定建设项目竣工环境保护验收监测与调查的重点与内容"。

5. 判断试生产运行工况是否满足验收工况要求，并说明理由。

《环境影响评价案例分析》考试大纲中"八、建设项目竣工环境保护验收监测与调查（6）判别建设项目竣工环境保护验收监测与调查的结论及整改方案建议的正确性"。

此题与本书 2012 年版"十二　验收调查 案例 2 山西省某煤矿工程竣工环保验收调查"第 1 题类似。一般情况下，根据《建设项目竣工环境保护验收技术规范—生态影响类》中"对于水利水电项目、输变电工程、油气开发工程（含集输管线）、矿山采选可按其行业特征执行，在工程正常运行的情况下即可开展验收调查工作"的要求，该项目满足验收条件。

工程正常运行一般可理解为：

● 项目正常生产或运营；

● 各项污染防治措施和生态减缓措施正常运行；

● 企业各项手续齐全。